Theorie der zusammengesetzten Waagen

Waagen mit Gewichtsschale, Laufgewichtswaagen
Neigungswaagen, Balkenwaagen, Brückenwaagen

Von

Julius Zingler

Oberregierungsrat und Mitglied der
Phys.-Techn.-Reichsanstalt i. R.

Mit 53 Textabbildungen

Berlin
Verlag von Julius Springer
1928

ISBN 978-3-642-51781-5   ISBN 978-3-642-51821-8 (eBook)
DOI 10.1007/978-3-642-51821-8

Vorwort.

Auf dem Gebiet der zusammengesetzten Waagen hat in den letzten Jahrzehnten eine ungewöhnlich starke Entwicklung eingesetzt. Veranlaßt durch die besonderen Bedürfnisse der verschiedenen Betriebszweige des Erwerbslebens, sind so zahlreiche und so verschiedenartige neue Bauarten entstanden, wie sie kein Meßgerät aufzuweisen hat. Eine Übersicht über dieses ganze Gebiet gibt die von dem Verfasser im amtlichen Auftrage bearbeitete und im Jahre 1914 von der damaligen Kais. Normal-Eichungs-Kommission veröffentlichte Beschreibung der bis dahin zur Eichung zugelassenen Waagenarten, sowie ihre Fortsetzungen in den Bekanntmachungen der Behörde.

Während durch diese Veröffentlichung eine vollständige Systematik der Waagen geschaffen war, fehlte es bisher noch an einer zusammenfassenden Theorie der zusammengesetzten Waagen, die inzwischen, zumal nach der Zulassung der Neigungswaagen im öffentlichen Verkehr, zu einem dringenden Bedürfnis geworden ist.

Zwar ist die Theorie der einfachen, gleicharmigen Feinwaage vollkommen durchgebildet und in dem Buch „Theorie, Konstruktion und Gebrauch der feineren Hebelwaage" von Felgenträger erschöpfend dargestellt. Mit dieser Theorie ist aber auf dem Gebiet der Großwaagen wenig anzufangen. Denn die Theorie der zusammengesetzten Waagen erfordert eine grundverschiedene Art der Behandlung, weil einerseits gewisse Fehlerquellen der Feinwaagen, bei denen die Genauigkeit der Massenbestimmung unter Umständen das Mehrtausendfache derjenigen der Großwaagen erreichen kann, bei diesen nicht in Betracht kommen, andererseits neue Fehlerquellen hinzutreten, die der Theorie der zusammengesetzten Waagen das ihr eigentümliche Gepräge geben.

Das vorliegende Buch, das im Verlauf der Tätigkeit des Verfassers bei der einstigen Kais. Normal-Eichungs-Kommission, späteren Reichsanstalt für Maß und Gewicht und jetzigen Abteilung I der Phys.-Techn. Reichsanstalt entstanden ist, behandelt im ersten Teil die allgemeinen, die Waage betreffenden physikalischen Grundbegriffe und -Gesetze, die verschiedenen vorkommenden Waagengattungen, die Bestandteile der Waagen und ihre Zusammensetzung, sowie die für die Theorie in Betracht kommenden mathematischen Grundgrößen.

Im zweiten Teil werden die Waagen mit fester Einspielungslage behandelt, die je nach der Einrichtung der Gewichtsseite in die beiden Hauptgruppen, die Waagen mit Gewichtsschale und Gewichtssatz und die Laufgewichtswaagen, und je nach der Einrichtung der Lastseite in Balken- und Brückenwaagen eingeteilt werden. In neun aufeinanderfolgenden Abschnitten werden die Bedingungsgleichungen für das Gleichgewicht der Waagen der verschiedenen Arten ohne und mit Berücksichtigung der Biegung der Hebel, die Formeln für die Empfindlichkeit, die Wägungsgleichungen und unter Einführung der Begriffe „Richtigkeit" und „Fehler" einer Waage die Fehlergleichungen entwickelt. Weiter werden der Einfluß der Biegung der Brücke bei Brückenwaagen und der anderer Fehlerquellen erörtert, und ferner die Formeln für die Schwingungsdauer der Ein- und Zweihebelwaage abgeleitet. Besonders eingehend ist mit Rücksicht auf das Eichwesen die Prüfung der Waagen, im besonderen die der Laufgewichtsskalen behandelt. Den Schluß dieses Teiles bildet die Erörterung der verschiedenen Möglichkeiten der Justierung der Waagen.

Im dritten und letzten Teil folgt die Theorie der seit etwa einem Jahrzehnt in Deutschland zur Eichung zugelassenen Neigungswaagen. Diese Waagen geben das Gewicht einer Stückware unmittelbar und im Augenblick an und gestatten auch im allgemeinen gegenüber den bisher gebräuchlichen Waagen ein schnelleres Abwägen eines bestimmten Gewichts einer Mengenware. Sie sind für den Verkäufer ganz besonders bequem, wenn sie, wie es bei Kleinwaagen wohl ausnahmslos der Fall ist, mit Preisskalen versehen sind.

Die hier entwickelte Theorie erstreckt sich auf die beiden Hauptarten, die Waagen mit Lastschneide am Neigungshebel und diejenigen mit exzentrisch angeordneter Kreiskurvenscheibe und auf- und abwickelbarem Stahlband.

Entsprechend dem Anwendungsgebiet der betrachteten Waagen, das sich ganz auf das praktische Erwerbsleben beschränkt, ist die Theorie stets nur soweit entwickelt, wie sie praktisch verwertbar und für das Verständnis der Waagen nötig ist. Auch ist sie, um sie weitesten Kreisen verständlich zu machen, soweit dies irgend angängig war, mit Beschränkung auf die Hilfsmittel der Elementarmathematik entwickelt worden, ohne ihrem streng wissenschaftlichen Charakter Abbruch zu tun. Nur in den Fällen, in denen die Ableitung der Formeln auf elementarem Wege unverhältnismäßig umständliche Berechnungen notwendig macht, wie z. B. bei Ableitung der Formeln für die Empfindlichkeit der Mehrhebelwaagen, sowie auch bei Bestimmung der Höchst- und Tiefstwerte der Fehlergleichungen mußte die Differentialrechnung zu Hilfe genommen werden. Dabei sind jedoch die Formeln für die Empfindlichkeit der einfachen Waagen auf elementarem Wege entwickelt worden, um dem mit der Differentialrechnung unbekannten Leser an einem Beispiel die Art der Entwicklung zu zeigen.

Berlin, im Januar 1928.

J. Zingler.

Inhaltsverzeichnis.

Erster Teil
Allgemeines

Zweiter Teil
Waagen mit fester Einspielungslage. Waagen mit Gewichtsschale.
Laufgewichtswaagen.

I. Gleichgewicht. Empfindlichkeit (E). Trägheit (Unempfindlichkeit U) der Waagen

II. Die Wägungsgleichungen unter der Annahme starrer Hebel

III. Allgemeine Wägungsgleichungen mit Berücksichtigung der Biegung der Hebel

IV. Sollwertgleichungen und Fehlergleichungen der Waagen

IX. Justierung der Waage

Dritter Teil

Neigungswaagen

Erster Teil.

Allgemeines.

1. Zweck der Waage.

Eine Waage dient zur Vergleichung der Gewichte zweier Körper. In ihrer einfachsten Form als einfache gleicharmige Waage zeigt sie, ob die beiden Gewichte einander gleich sind, oder welches von ihnen schwerer ist.

Das bloße Vergleichen der Gewichte zweier beliebiger Körper nützt aber wenig, wenn man nicht das Gewicht des einen Körpers von vornherein kennt. Der eigentliche Zweck der Waage ist daher die Vergleichung des Gewichtes eines Körpers mit dem bekannter Gewichte, die Bestimmung des Gewichtes in bekannten Einheiten. Zum Wägen bedarf man daher, wenn man sich einer gewöhnlichen Waage mit Gewichtsschale bedient, nicht nur einer Waage, sondern auch eines Gewichtssatzes, d. h. einer Reihe von Gewichten verschiedener Größe, die auf eine feste Einheit bezogen und so bemessen sind, daß sich jede beliebige ganze Zahl von Gewichtseinheiten, vom kleinsten Gewicht bis zur Summe sämtlicher, herstellen läßt.

2. Wägen und Abwägen.

Mit einer solchen aus Waage und Gewichtssatz bestehenden Vorrichtung lassen sich zwei Aufgaben lösen: Man kann entweder das unbekannte Gewicht irgendeines gegebenen Körpers bestimmen, den Körper „wägen", oder von einer Ware ein bestimmtes Gewicht durch Absonderung aus einem vorhandenen Vorrat herstellen, eine bestimmte Menge „abwägen". In diesen beiden Formen vollzieht sich derjenige Teil des Warenhandels, bei dem das Gewicht der Ware der Preisbemessung zugrunde gelegt wird. Der Käufer kauft entweder eine Ware im ganzen, oder er verlangt von einer Ware ein bestimmtes Gewicht.

Die Tätigkeiten des Wägens im engeren Sinne und des Abwägens unterscheiden sich nicht wesentlich voneinander. Beim Wägen ist die Ware gegeben und es wird ihr Gewicht gesucht. Beim Abwägen ist umgekehrt das Gewicht gegeben, und es wird die an Gewicht gleiche Menge Ware gesucht. Demgemäß legt man beim Wägen zuerst die Ware auf die Lastschale und setzt dann nach und nach so viel Gewichte auf die Gewichtsschale, bis die Waage in eine bestimmte Lage, die sogenannte Einspielungslage, gekommen ist. Beim Abwägen dagegen setzt man zuerst

1

das verlangte Gewicht auf die Gewichtsschale und bringt dann nach und nach so viel Ware auf die Lastschale, bis die Waage ebenfalls einspielt. Der wichtigste Teil des Wägevorganges, die eigentliche Wägetätigkeit, besteht demnach in dem letzten „Abgleichen“ oder „Ausgleichen“, das je nach Zufälligkeiten bald ein Hinzufügen, bald ein Hinwegnehmen kleiner Gewichtsmengen erfordert. Alle übrigen Vorgänge, die sonst noch mit einer Wägung verbunden sind, das Auf- und Absetzen der Gewichte, das Aufbringen und Herunternehmen der Last, die Betätigung einer etwa vorhandenen Entlastungsvorrichtung usw., sind nebensächlicher Art, da sie das eigentliche Ziel der Wägung, die Gewichtsbestimmung, im allgemeinen nicht beeinflussen.

Die verschiedenen zu einer Wägung erforderlichen Tätigkeiten werden gewöhnlich von Hand ausgeführt. Es gibt jedoch auch Waagen, bei denen diese zum Teil oder sämtlich selbsttätig erfolgen. Dies sind die halb oder ganz selbsttätigen Waagen.

3. Gewicht. Wahres Gewicht. Scheinbares Gewicht.

Wenn man einen Körper in die Hand nimmt, so fühlt man einen Druck, der lotrecht nach unten gerichtet ist. Einen solchen Druck übt der Körper auf jede Unterlage aus, also auch auf die Waagschale, auf der er ruht. Diesen Druck nennt man sein Gewicht. Das Gewicht ist also eine Kraft, und zwar eine Kraft, die scheinbar in einer von dem Erdkörper auf den Körper ausgeübten „Anziehung“ besteht.

Die Kraft, mit der die Erde einen Körper anzieht, ist von der Entfernung des Massenmittelpunktes des Körpers von dem der Erde abhängig, und zwar ist sie dem Quadrat dieser Entfernung umgekehrt proportional. Je höher die Lage des Körpers ist, um so kleiner ist sein Gewicht. Ist an einem Ort, dessen Entfernung vom Erdmittelpunkt $= r$ Meter ist, das Gewicht eines Körpers $= P$ Kilogramm, so ist sein Gewicht P' an einem um h Meter höher gelegenen Ort

$$P' = \left(\frac{r}{r+h} \right)^2 \cdot P.$$

Das Gewicht eines Kilogramms z. B. nimmt um 3 mg ab, wenn es von einem Punkt der Erdoberfläche an einen um 10 m höher gelegenen Punkt gebracht wird.

Das Gewicht eines Körpers wird ferner durch die Zentrifugalkraft der Erde beeinflußt. Bezeichnet man den Gewichtsverlust, den der Körper durch sie erfährt, mit $\varDelta P$, so ist

$$\varDelta P = m \varrho \, \omega^2 = \frac{P}{g} \varrho \, \omega^2.$$

Hierin bedeuten m die Masse des Körpers (vgl. nächsten Abschnitt), P sein Gewicht in Kilogramm, ϱ seinen Abstand von der Erdachse in Meter, g die Fallbeschleunigung $= 9{,}81$ m und ω die konstante Winkelgeschwindigkeit der Erde, die, da diese in 24 Stunden eine Umdrehung macht, also einen Winkel $= 2\pi$ beschreibt, $= \dfrac{2\pi}{24 \cdot 60 \cdot 60} = \dfrac{\pi}{43\,200}$ ist. Der Gewichtsverlust, den 1 kg durch die Zentrifugalkraft der Erdumdrehung erfährt, erreicht demnach auf dem Äquator seinen Höchstwert mit 3,430 g und nimmt nach den Polen hin bis auf 0 ab.

Das Gewicht eines Körpers ist aber nicht nur von der Lage des Ortes, an dem er sich befindet, abhängig, sondern auch von dem Mittel, von dem der Körper umgeben ist. Im luftleeren Raum ist sein Gewicht größer als im lufterfüllten Raum oder gar in einer Flüssigkeit. In einem luftförmigen oder flüssigen Mittel wird sein Gewicht verfälscht durch den Auftrieb, den der Körper erfährt. Dieser Auftrieb ist gleich dem Gewicht des von dem Körper verdrängten Teiles des umgebenden Mittels. Ist der Rauminhalt des Körpers $= v$ und die mittlere Dichte der verdrängten Luft- oder Flüssigkeitsmenge $= s$, so ist der Auftrieb oder Gewichtsverlust des Körpers

$$\Delta P' = - v \cdot s.$$

Die Anziehung, die ein Körper durch die Erde erfährt, zeigt sich daher unverfälscht nur im luftleeren Raum. Wir nennen demzufolge das Gewicht eines Körpers im luftleeren Raum sein wahres Gewicht, alle übrigen von irgendwelchen Auftrieben verfälschten seine scheinbaren Gewichte.

Die Waage vergleicht demnach, solange sie sich nicht im luftleeren Raum befindet, nur die scheinbaren Gewichte zweier Körper miteinander, und damit ist ihr Dienst erfüllt. Will man ihre wahren Gewichte vergleichen, so muß man den Rauminhalt jedes der beiden Körper und die mittlere Dichte der von ihnen verdrängten Teile des umgebenden Mittels bestimmen, hieraus die Auftriebe berechnen und zu den scheinbaren Gewichten hinzufügen.

4. Masse. Menge der Materie.

Wenn wir einen Körper wägen, so kommt es uns, im Grunde genommen, nicht darauf an, sein Gewicht zu bestimmen. Denn der Druck, den ein Körper auf seine Unterlage ausübt, interessiert im allgemeinen wenig. Wir suchen vielmehr hinter dem Gewicht eines Körpers etwas anderes, etwas, von dem sein Gewicht selbst abhängt, seine Masse, die Menge seiner Materie. Wir schreiben zwei Körpern gleiche Masse zu, wenn ihre wahren Gewichte in gleicher Entfernung vom Erdmittelpunkt und gleichem Abstand von der Erdachse einander gleich sind. Die Eigenschaft der Körper, die wir als ihr Gewicht bezeichnen, benutzen wir, um ihre Masse zu bestimmen. Die Gewichtssätze sind daher in Wirklichkeit Massensätze, d. h. Zusammenstellungen von Massen bekannter Größe. Das Gewicht der einzelnen Massen dient nur als Vergleichsmittel.

5. Hebel.

Wenn man die Gewichte zweier Körper auf mechanischem Wege miteinander vergleichen will, so muß man sie auf einen Körper so wirken lassen, daß sie einander entgegenwirken. Dazu eignet sich keine andere mechanische Vorrichtung besser als der Hebel, das ist in seiner Anwendung auf die Waage ein wagerecht gerichteter starrer Körper, der um eine wagerechte Achse drehbar ist und an seinen beiden Enden parallel zur Achse je eine scharf geschliffene Schneide trägt, deren Schneidenlinien als Angriffsstellen für die zu vergleichenden Gewichte dienen.

Hängt man einen Körper an einer Schneide z. B. mittels eines — gewichtslos gedachten — Fadens freipendelnd auf, so stellt sich sein Schwerpunkt, der den Angriffspunkt der Gewichtskraft des Körpers bildet, stets lotrecht unter die Schneide ein. Er liegt daher stets in der durch die — punktförmig gedachte — Schneide gehenden Lotrechten. Da man nun den Angriffspunkt einer Kraft in ihrer eigenen Richtung beliebig verschieben kann, ohne an ihrer Wirkung auf einen Körper etwas zu ändern, so kommt es auf dasselbe hinaus, als ob der Schwerpunkt in der Schneide selbst läge und sein Abstand von der Achse des Hebels wird unmittelbar meßbar. Befindet sich das Gewicht auf einer an der Schneide hängenden Schale, so stellt sich der gemeinsame Schwerpunkt von Gewicht und Schale lotrecht unter die Schneide. Da man sich aber die Gesamtmasse beider in den gemeinsamen Schwerpunkt verlegt denken kann, so kommt es auf dasselbe heraus, als wenn der Schwerpunkt des Gewichtes allein sich lotrecht einstellte.

6. Das Hebelgesetz. Arm einer Kraft. Hebelarm. Kraftwinkel. Arbeit.

Um die Bedingungen zu untersuchen, von denen das Gleichgewicht des Hebels abhängt, bedürfen wir eines weiteren physikalischen Begriffes, nämlich desjenigen der Arbeit, der sich kurz folgendermaßen erläutern läßt. Wenn ein Mann eine Last eine Treppe hinaufträgt, so leistet er eine Arbeit, die sowohl der Größe der Last, wie auch der von ihm überwundenen Höhe proportional ist. Die Arbeit ist gleich dem Produkt aus dem Gewicht der Last und der Höhe. Wie schräg die Treppe ist, kommt für die Größe der Arbeit nicht in Betracht, da diese ja darin besteht, daß die lotrecht wirkende Schwerkraft auf eine gewisse Strecke hin überwunden wird. Die Arbeit wird daher in der Physik definiert als das Produkt aus der Kraft und dem in der Kraftrichtung zurückgelegten Wege des Angriffspunktes der Kraft, oder als Produkt aus der Kraft und der Projektion des von ihrem Angriffspunkt zurückgelegten Weges auf die Richtung der Kraft. Wird die Last von dem Mann in zwei Hälften geteilt und diese einzeln die Treppe hinaufgetragen, so ist das

Endergebnis dasselbe und die geleistete Arbeit in beiden Fällen die gleiche. Das Produkt, das die Größe der Arbeit darstellt, ändert sich nicht. Es ändern sich nur die Faktoren. Das Gewicht ist auf die Hälfte gebracht und die Höhe zweimal überwunden, also der Arbeitsweg verdoppelt worden.

Denkt man sich nun diese beiden an Größe einander gleichen, in der Form verschiedenen Arbeiten auf ein und denselben Körper so übertragen, daß sie einander entgegenwirken, so müssen sie sich aufheben und der Körper muß im Gleichgewicht bleiben. Setzt man z. B. zwei Seilrollen auf dieselbe Achse und versieht sie mit zwei Seilen, die mit dem einen Ende auf den Rollen befestigt sind und an entgegengesetzten Seiten von den Rollen herabhängen, so wird, wenn die wirksamen Rollendurchmesser sich wie 2 : 1 verhalten, bei einer Drehung der Doppelrolle um einen Winkel das eine Seil sich um doppelt so viel heben, wie das andere sich senkt oder umgekehrt. Hängt man nun an das erste ein halb so großes Gewicht wie an das zweite, so sind die Arbeiten, die bei einer Drehung der Doppelrolle von beiden geleistet werden, einander entgegengesetzt gleich, d. h. die Vorrichtung befindet sich im Gleichgewicht.

Ein Hebel muß sich daher im Gleichgewichtszustand befinden, wenn die Arbeitswerte der beiden von ihm angreifenden Kräfte einander entgegengesetzt gleich sind. Im Ruhezustand des Hebels leistet zwar keine

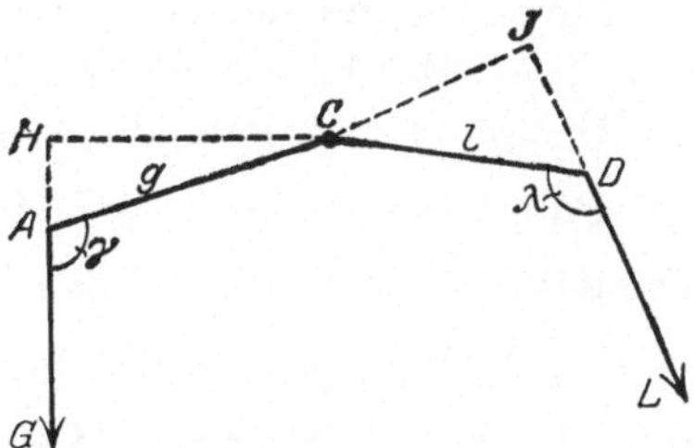

Abb. 1.   Gleichgewicht zweier Kräfte am
— gewichtslos gedachten — Hebel.

der beiden Kräfte eine Arbeit, sie haben aber beide ein Bestreben, Arbeit zu leisten, ein gewisses Arbeitsvermögen, das sich rechnerisch bestimmen läßt, wenn man dem Hebel eine kleine Drehung erteilt.

Um die folgende Ableitung ganz allgemein zu halten, denken wir uns die beiden auf den Hebel wirkenden Gewichte durch zwei beliebig gerichtete Kräfte ersetzt und schließen auch den Fall ein, daß die Kraftrichtung sich ändert, wie es z. B. bei den in Koppeln und Zugstangen wirkenden Übertragungskräften vorkommt, die bei einer Drehung der Hebel zugleich mit ihren Trägern die Richtung wechseln.

In Abb. 1 stelle ACD einen um C drehbaren (gewichtslos gedachten) Hebel dar, der unter der Einwirkung der in A angreifenden Kraft G und der in D entgegengesetzt wirkenden zweiten Kraft L in der gezeichneten Lage im Gleichgewicht sei. Die Kraft G wirkt in der Richtung AG, und die Kraft L in der Richtung DL. Denkt man sich nun den Hebel ACD um einen so kleinen Winkel $\Delta\varphi$ gedreht, daß die Richtung der Kräfte als gleichbleibend angenommen werden kann, so muß, da Gleichgewicht besteht, die Summe der Arbeiten, die die beiden Kräfte bei dieser

Drehung leisten, $= 0$ sein. Die Arbeit, die die Kraft G leistet, ist gleich dem Produkt aus der Kraft G und der Verschiebung ihres Angriffspunktes A in der Kraftrichtung, also in der Richtung AG. Der Punkt A bewegt sich nun nicht in der Richtung AG, sondern senkrecht zu dem nach ihm führenden Radius CA. Wir müßten also den von ihm zurückgelegten Weg auf die Richtung von AG projizieren. Wir wollen jedoch die gesuchte Arbeit der beiden Kräfte auf andere Weise ableiten.

Wie oben bereits angedeutet ist, ändert man nichts an der Wirkung einer Kraft auf einen Körper, wenn man ihren Angriffspunkt in ihrer eigenen Richtung verschiebt. Wir fällen nun von der Drehungsachse C zwei Senkrechte CH und CJ auf die Kraftrichtungen und verlegen den Angriffspunkt der Kraft G von A nach H und den der Kraft L von D nach J, indem wir uns die Punkte H und J mit dem Hebel fest verbunden denken. Dann ändert sich an dem Gleichgewicht des Kräftesystems nichts. Denken wir uns nun den Hebel um den kleinen Winkel $\Delta\varphi$ gedreht, so bewegt sich der neue Angriffspunkt H der Kraft G in der Kraftrichtung AG und der Angriffspunkt J der Kraft L in der Kraftrichtung DL. Da $\Delta\varphi$ den unendlich kleinen Bogen bedeutet, den ein Punkt im Abstand 1 von der Achse bei der Drehung beschreibt, so beschreibt der Punkt H den Bogen $\overset{\frown}{CH}\cdot\Delta\varphi$ und der Punkt J den Bogen $\overset{\frown}{CJ}\cdot\Delta\varphi$. Die Kraft G wirkt also auf dem Wege $\overset{\frown}{CH}\cdot\Delta\varphi$ und die Kraft L auf dem Wege $\overset{\frown}{CJ}\cdot\Delta\varphi$. Die Arbeit, die die Kraft G leistet, ist daher, vom Vorzeichen abgesehen, $= G\cdot\overset{\frown}{CH}\cdot\Delta\varphi$ und die von der Kraft L geleistete Arbeit $= L\cdot\overset{\frown}{CJ}\cdot\Delta\varphi$. Ist der Hebel im Sinne der Uhrzeigerbewegung gedreht worden, so bewegt sich der Punkt H entgegengesetzt der Kraftrichtung, der Punkt J dagegen im Sinne der Kraftrichtung. Die von G geleistete Arbeit ist demnach negativ und die von L geleistete positiv. Die Bedingung für das Gleichgewicht des Hebels ist daher

$$- G\cdot\overset{\frown}{CH}\cdot\Delta\varphi + L\cdot\overset{\frown}{CJ}\cdot\Delta\varphi = 0.$$

Diese Gleichung können wir auch in der Form schreiben:

$$- G\cdot\overset{\frown}{AC}\cdot\frac{\overset{\frown}{CH}}{\overset{\frown}{AC}}\cdot\Delta\varphi + L\cdot\overset{\frown}{DC}\cdot\frac{\overset{\frown}{CJ}}{\overset{\frown}{DC}}\cdot\Delta\varphi = 0,$$

oder da $\dfrac{\overset{\frown}{CH}}{\overset{\frown}{AC}} = \sin <HAC$ und $\dfrac{\overset{\frown}{CJ}}{\overset{\frown}{DC}} = \sin <JDC$ ist:

$$- G\cdot\overset{\frown}{AC}\cdot\sin <HAC\cdot\Delta\varphi + L\cdot\overset{\frown}{DC}\cdot\sin <JDC\cdot\Delta\varphi = 0.$$

Bezeichnet man noch den Arm AC, an dem G angreift, mit g und den Winkel, den die Richtung von G mit diesem Arm bildet, mit γ, ebenso den Arm DC mit l und den Winkel, den L mit diesem Arm bildet, mit λ und beachtet, daß $\sin <HAC = \sin (180° - <HAC) = \sin\gamma$

und $\sin JDC = \sin \lambda$ ist, so erhält man die Bedingung für das Gleichgewicht dieses in einer Ebene wirkenden Kräftesystems in der Form

$$- G \cdot g \cdot \sin \gamma \cdot \varDelta \varphi + L \cdot l \cdot \sin \lambda \cdot \varDelta \varphi = 0. \tag{1}$$

Für die Größe der Arbeit, die eine Kraft bei einer unendlich kleinen Drehung des Hebels leistet, ist also außer der Größe der Kraft selbst allein maßgebend der senkrechte Abstand der Drehungsachse von der Richtung der Kraft, für die Kraft G also der Abstand $CH = g \sin \gamma$ und für die Kraft L der Abstand $CJ = l \sin \lambda$.

Wir bezeichnen die beiden Konstanten g und l als die **Arme** der Kräfte oder des Hebels, das sind die Verbindungslinien der Angriffspunkte der Kräfte (Schneiden oder Schwerpunkte) mit der Achse, die beiden Winkel γ und λ als die **Kraftwinkel**, das sind die Winkel, die die Kräfte mit ihren Armen bilden, die Produkte $g \sin \gamma$ und $l \sin \lambda$ als die diesen beiden Winkeln entsprechenden **Hebelarme** und die Produkte $Gg \sin \varphi$ und $Ll \sin \lambda$ als die **Drehungsmomente** der Kräfte.

Die Arme sind unveränderliche Größen, die Kraftwinkel, Hebelarme und Drehungsmomente dagegen mit der Stellung des Hebels veränderlich. Ist der Kraftwinkel $= 90^\circ$, so nimmt der Hebelarm seinen größten Wert an und wird gleich dem Arm, ist er $= 0$ oder 180°, d. h. fällt die Richtung des Armes in die Richtung der Kraft, so wird der Hebelarm und damit auch das Drehungsmoment $= 0$.

Dividiert man die Gleichung (1) durch $Gl \sin \lambda \varDelta \varphi$ und bringt das erste Glied auf die rechte Seite der Gleichung, so erhält man

$$\frac{L}{G} = \frac{g \sin \gamma \cdot \varDelta \varphi}{l \sin \lambda \cdot \varDelta \varphi} \tag{2}$$

oder auch

$$\frac{L}{G} = \frac{g \sin \gamma}{l \sin \lambda}. \tag{3}$$

Diese beiden Formeln bringen zwei Gesetze zum Ausdruck, die sich folgendermaßen in Worte fassen lassen:

Ist ein gewichtslos gedachter Hebel unter der Einwirkung zweier Kräfte im Gleichgewicht, so verhalten sich die Kräfte umgekehrt wie die Verschiebungen, welche ihre Angriffspunkte in der Kraftrichtung erfahren, wenn der Hebel um einen sehr kleinen Winkel $\varDelta \varphi$ gedreht wird.

Das mathematische Gesetz der Formel (3) lautet in Worten: Wenn ein gewichtsloser Hebel unter der Einwirkung zweier Kräfte im Gleichgewicht ist, so verhalten sich die Kräfte umgekehrt wie ihre Hebelarme. Diese letztere ist die gebräuchliche Form des Hebelgesetzes.

7. Verschiedene Arten der Abgleichung. Waagengattungen. Waagen mit Gewichtsschale. Laufgewichtswaagen. Neigungswaagen. Balkenwaagen. Brückenwaagen.

Wir nehmen nun an, die beiden an dem Hebel angreifenden Kräfte seien Gewichte, die Richtung, in der sie wirken, demnach lotrecht. Wir führen außerdem das Gewicht B des Balkens ein. Dieses Gewicht greift im Schwerpunkt S (Abb. 2) des Balkens an und ist ebenfalls lotrecht abwärts gerichtet. Das Gewicht B wirkt also an dem Arm SC, den wir mit b bezeichnen, und seine Kraftrichtung, das ist die Lotrechte, bildet mit diesem Arm den Winkel BSC, den wir mit β bezeichnen. Sein Hebelarm ist also $b \sin \beta$.

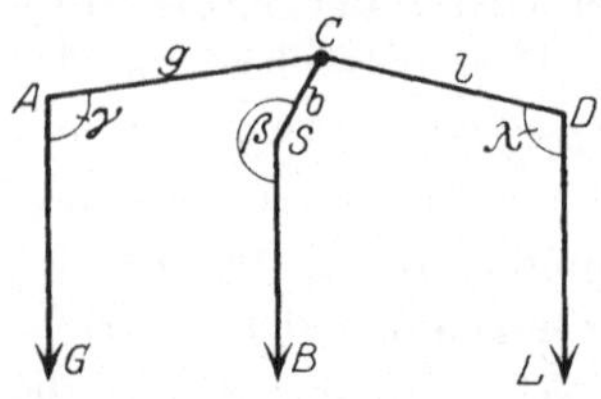

Abb. 2. Gleichgewicht eines Hebels unter dem Einfluß zweier Gewichte.

Befindet sich die Waage in der gezeichneten Stellung im Gleichgewicht, so muß bei einer sehr kleinen Drehung $\Delta\varphi$ des Hebels die Summe der von den Gewichten geleisteten Arbeiten $= 0$ sein. Bei einer kleinen Drehung im Sinne der Uhrzeigerbewegung sind die Arbeiten, die L und B leisten, positiv, die von G geleistete ist dagegen negativ. Die Bedingung für das Gleichgewicht ist daher

$$Ll \sin \lambda \, \Delta\varphi + Bb \sin \beta \, \Delta\varphi - Gg \sin \gamma \cdot \Delta\varphi = 0$$

oder
$$Ll \sin \lambda + Bb \sin \beta - Gg \sin \gamma = 0.$$

Schafft man die beiden letzten Glieder auf die rechte Seite und dividiert die Gleichung durch $l \sin \lambda$, so erhält man

$$L = \frac{Gg \sin \gamma - Bb \sin \beta}{l \sin \lambda}. \tag{4}$$

Dies ist die Formel für das Gleichgewicht einer einfachen Waage, bei der vorläufig die Schalen nicht berücksichtigt oder als gewichtslos angenommen sind.

Diese Formel zeigt uns nun, was für verschiedene Arten von Waagen sich bauen lassen. Gesucht ist das Gewicht L der Last, und zwar wird dieses mit Hilfe der Waage auf mechanischem Wege durch Abgleichung, d. h. durch Veränderung einer oder mehrerer der für die Wägung in Betracht kommenden Größen der Waage ermittelt. Wie aus der Formel ersichtlich ist, kommen für die Abgleichung acht Größen in Frage, die teils an sich veränderlich sind, wie die Winkel γ, β, λ; teils so eingerichtet werden können, daß sie sich verändern lassen, wie die Gewichte G, B und die Arme g, b, l. Diese acht Größen teilen sich in drei Gruppen, nämlich in

eine Gruppe von zwei Kräften G, B,

„   „   „   drei Armen g, b, l,

und „   „   „   „   Kraftwinkeln γ, β, λ.

Richtet man eine Waage so ein, daß sich eine der beiden Größen der ersten Gruppe verändern läßt, während alle übrigen unveränderlich bleiben, so kommt man zu der großen Gruppe der Waagen mit Gewichtsschale und Gewichtssatz. Diese Gruppe teilt sich scheinbar in zwei Untergruppen, da man sowohl G wie auch B veränderlich machen kann. In Wirklichkeit würde aber die Veränderlichkeit von B genau dieselbe Wirkung haben wie die von G, wenn man davon absieht, daß es praktisch schwierig ist. B veränderlich zu machen. Die erste Gruppe besteht daher nur aus einer einzigen Waagengattung.

Die Waagen, bei denen die Abgleichung durch Veränderung eines der Arme g, b, l erfolgt, bilden die große Gruppe der Armwaagen. Von den drei Armen kommt der Arm b des Gewichtes des Balkens für den Bau einer Waage nicht in Frage, weil er sich nicht veränderlich machen läßt, und weil seine Veränderlichkeit, auch wenn sie ausführbar wäre, keine andere Wirkung haben würde, als die des Armes g. Von den beiden übrigen Größen g und l eignet sich die Veränderliche l ebenfalls nicht für den Bau einer besonderen Gattung von Waagen, weil die Verschiebung der belasteten Lastschale längs ihres Armes zumal bei größeren Waagen zu schwierig wäre, und weil man die Abgleichung einfacher und bequemer durch Verschiebung eines konstanten Gewichtes, eines „Laufgewichtes" erreicht. Die zweite Gruppe besteht daher auch nur aus einer einzigen Gattung von Waagen, den Laufgewichtswaagen.

Die dritte Gruppe veränderlicher Größen, die Armwinkel γ, β, λ, liefern ebenfalls nur eine Waagengattung. Denn da die an dem Hebel wirkenden Kräfte G, B, L in jeder Lage des Hebels lotrecht gerichtet sind, so ändern sich die Armwinkel bei einer Drehung des Hebels sämtlich um den gleichen absoluten Betrag, der gleich dem der Drehung des Hebels ist. Bei diesen Waagen schließt man aus der Neigung des Hebels auf die Größe der Last. Man nennt sie daher Neigungswaagen.

Bei den beiden ersten Gruppen von Waagen bleiben die Winkel γ, β, λ unveränderlich, d. h. die Wägung erfolgt auf die Weise, daß die Waage in eine bestimmte Gebrauchslage gebracht wird. Diese Lage heißt die Einspielungslage der Waage, und die Waagen der beiden Gruppen bezeichnet man als Waagen mit fester Einspielungslage.

Außer den Waagen dieser drei Gruppen, die dadurch gekennzeichnet sind, daß zur Abgleichung der Last nur eine einzige Veränderliche benutzt wird, gibt es noch Waagen mit gemischter Abgleichung. So kommen besonders solche vor, bei denen der Hauptteil der Last durch Gewichte, ein kleiner Teil jedoch durch ein Laufgewicht ausgeglichen wird, bei denen also die eigentliche Abgleichung mit dem Laufgewicht ausgeführt wird.

Jede der drei großen Gruppen von Waagen teilen wir je nach der Einrichtung der Lastseite in zwei Untergruppen ein. Wir nennen eine Waage eine Balkenwaage, wenn ihre Lastschalengehänge an einer oder zwei in einer geraden Linie liegenden Schneiden nach Art eines Pendels aufgehängt ist, gleichviel ob die Schale sich über oder unter der Schneide befindet. Wir bezeichnen sie dagegen als Brückenwaage, wenn die Lastschale (Brücke), gleichviel ob diese sich über oder unter den Schneiden befindet, von drei oder mehreren nicht in einer geraden Linie liegen-

den Schneiden getragen, oder von einer oder zwei in einer Geraden
liegenden Schneiden getragen und von einem oder zwei Armen geführt
und vor dem Umschlagen bewahrt wird.

Wir wollen den Unterschied zwischen Balkenwaagen und Brückenwaagen an einem Beispiel erläutern, das deutlich zeigt, wo man die
Grenze zwischen beiden Gattungen zu ziehen hat. Es gibt eine einfache
Waage (Abb. 3). bei der die Schalen über den Schneiden angeordnet und
deren Gehänge mit Balanciergewichten unter den Schneiden versehen
sind, die so schwer sind, daß die Schwerpunkte der ganzen Gehänge auch
bei vollbelasteten Schalen unter den
Schneiden bleiben. Die Schalen-

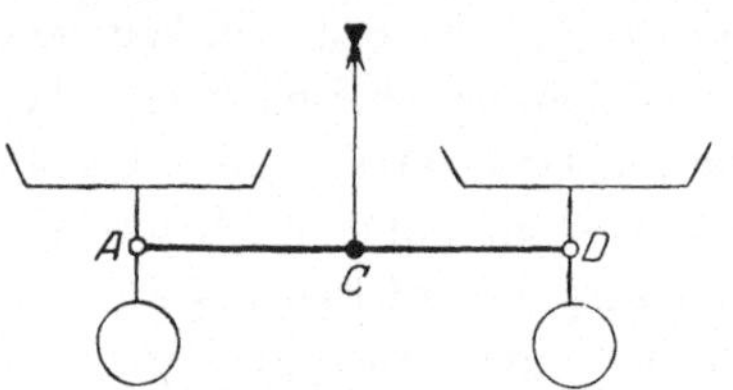

Abb. 3. Oberschalige Balkenwaage.

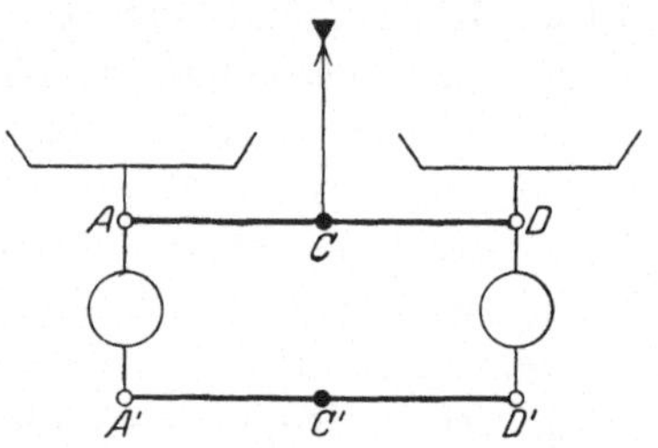

Abb. 3 a. Oberschalige Balkenwaage
mit Schalenlenkern.

gehänge stellen also Pendel dar, obwohl die Schalen sich über den
Schneiden befinden. Würde man die Gehänge, um Pendelungen zu ver-
hüten, mit Lenkern $C''A'$ und $C''D'$ (Abb. 3a) versehen, so würde an
dem Charakter der Waage nichts geändert werden, sie bliebe eine
Balkenwaage. Läßt man aber die Balanciergewichte weg (Abb. 4), so
werden aus den Lenkern Führungsarme, die die Schalen vor dem Um-

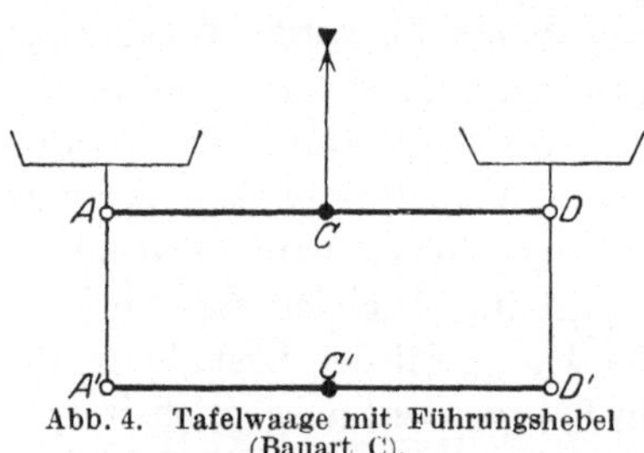

Abb. 4. Tafelwaage mit Führungshebel
(Bauart C).

schlagen bewahren. Diese Bindeglieder zwischen dem Gestell und
den Schalen haben demnach im
ersten Fall eine ganz andere Bestimmung als im zweiten. Dort
sind sie unwesentliche Bestandteile,
die man weglassen kann, ohne die
Wirksamkeit der Waage zu stören,
hier sind sie wesentliche Bestand-
teile, ohne die die Waage einfach unbrauchbar würde. Wir bezeichnen
die Bindeglieder daher im zweiten Falle nicht als Schalenlenker, sondern
als Führungshebel, weil sie gewissermaßen einen Hebel ersetzen.

Die Balkenwaagen teilen wir weiter ein in einfache, das sind solche,
die aus einem Hebel, und zusammengesetzte, das sind solche, die
aus mehreren Hebeln bestehen.

Die Brückenwaagen sind stets zusammengesetzt. Wir teilen daher
die Brückenwaagen der Hauptgruppen II und III nicht in Untergruppen
ein. Nur bei den Brückenwaagen der Hauptgruppe I unterscheiden wir

zwischen Tafelwaagen und Brückenwaagen im engeren Sinne. Wir bezeichnen solche Brückenwaagen mit Gewichtsschale und Gewichtssatz als Tafelwaagen, die ein Hebelverhältnis $= 1 : 1$ haben, alle übrigen schlechthin als Brückenwaagen.

Zu den bisher besprochenen, von Hand zu bedienenden Waagen kommen nun noch die selbsttätigen, das sind solche Waagen, bei denen die zu einer Wägung notwendigen Handleistungen zum Teil oder sämtlich selbsttätig erfolgen. Diese teilen wir ein in selbsttätige Abwaagen, das sind Waagen, die bestimmte Gewichtsmengen selbsttätig abwägen und zusammenzählen, und in selbsttätige Waagen, das sind solche Waagen, welche die Gewichte beliebiger Lasten selbsttätig ausgleichen, anzeigen und meistens auch zusammenzählen. Wir erhalten daher für die Gesamtheit der in der Praxis vorkommenden Waagen das folgende Gruppenbild:

A. Von Hand zu bedienende Waagen.

I. Waagen mit Gewichtsschale und Gewichtssatz.

1. Balkenwaagen,
a) einfache,
b) zusammengesetzte.

2. Brückenwaagen,
a) Tafelwaagen,
b) Brückenwaagen im engeren Sinne.

II. Laufgewichtswaagen.

1. Balkenwaagen,
a) einfache,
b) zusammengesetzte.

2. Brückenwaagen.

III. Neigungswaagen.

1. Balkenwaagen,
a) einfache,
b) zusammengesetzte.

2. Brückenwaagen.

B. Selbsttätige Waagen.

IV. Selbsttätige Abwaagen.

V. Selbsttätige Waagen (selbsttätige Laufgewichtswaagen).

Die folgenden Abbildungen stellen die Strichbilder einer Anzahl von Waagengattungen dar. In diesen Abbildungen sind alle aus Pfanne und Schneide bestehenden Drehkörperpaare durch kleine Kreise angedeutet. Ist der Kreis geschwärzt, so bedeutet dies, daß die Pfanne mit dem Gestell verbunden ist, daß sie also das Lager für die Drehungsachse des Hebels, das ist die Stützschneide, bildet. Ebenso sind auch andere mit dem Gestell verbundene Teile, z. B. der feste Gegenpunkt für die Zunge, geschwärzt. Dies hat den Vorteil, daß man das Gestell nicht zu zeichnen braucht, und daß infolgedessen das Hebelbild klarer hervortritt.

Abb. 5 stellt eine einfache Balkenwaage mit Gewichtsschale dar, die aus einem Hebel ACD mit zwei Schalen und einer Zeigereinrichtung besteht.

Abb. 6 stellt eine zusammengesetzte Waage gleicher Art dar. Sie besteht aus zwei hintereinandergeschalteten Hebeln $A_1C_1D_1$ und $A_2C_2D_2$, die durch eine Koppel D_1A_2 miteinander verbunden sind.

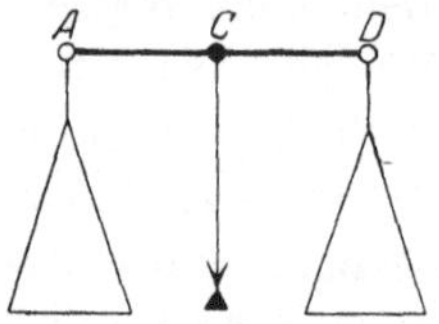

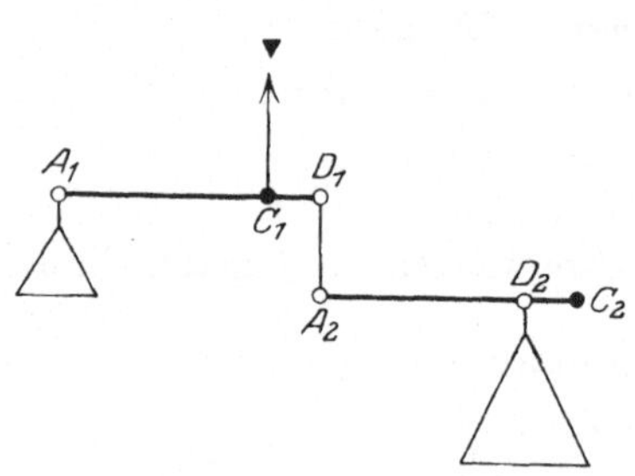

Abb. 5. Einfache Balkenwaage (Einhebelwaage).

Abb. 4 auf Seite 10 zeigt eine Tafelwaage der Bauart C (Roberval). Sie besteht aus einem Doppelhebel ACD als Traghebel und einem Führungshebel $A'C'D'$, der die Schalen vor dem Umschlagen bewahrt.

In Abb. 7 ist eine Tafelwaage der Bauart B (Béranger) dargestellt. Die Waage hat einen Doppelhebel $A_1C_1D_1$ als Haupthebel, hinter den auf jeder Seite ein Nebenhebel (rechts $A_2C_2D_2$) geschaltet ist. Die Schale wird von zwei Schneiden des Haupthebels und einer des Nebenhebels getragen. Dieser überträgt durch die Koppel A_2D_1' den auf ihn entfallenden An-

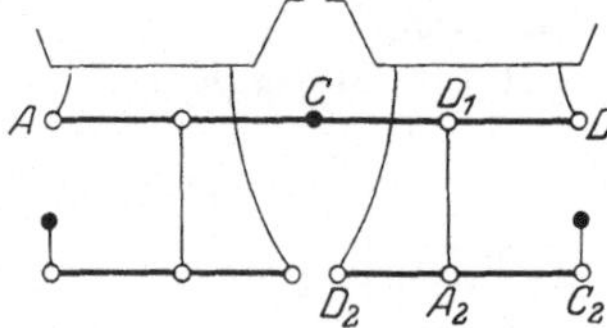

Abb. 6. Zusammengesetzte Balkenwaage (Zweihebelwaage).

Abb. 7. Tafelwaage der Bauart B.

teil an der Last verdoppelt auf den Haupthebel, der ihn seinerseits wieder auf die Hälfte verringert. Die Gewichtsseite der Waage ist ge-

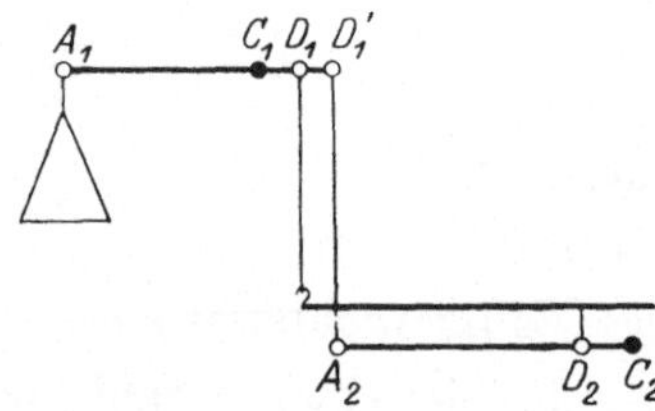

Abb. 8. Brückenwaage der Bauart A.

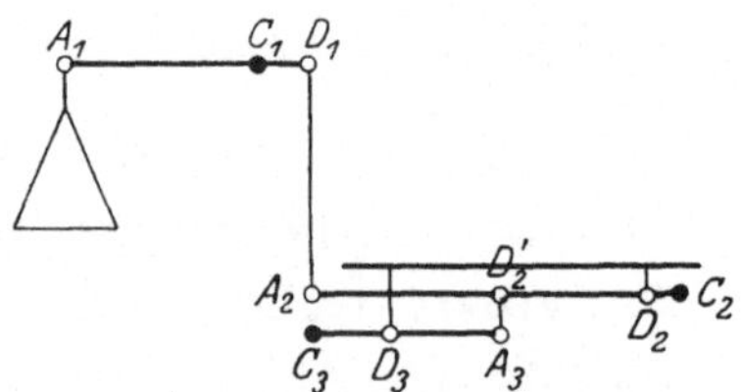

Abb. 9. Brückenwaage der Bauart B.

wöhnlich ebenso gebaut, wie die Lastseite, sie wird bisweilen aber auch mit Pendelschale versehen.

Abb. 8 stellt eine Brückenwaage der Bauart A (Straßburger Brückenwaage) dar. Bei dieser entspricht die Hebelschaltung der Lastseite genau derjenigen der vorigen Waage. Denn auch hier ist ein einfacher Hebel $A_1C_1D_1$ einer Hebelkette von zwei Hebeln $A_1C_1D_1' - A_2C_2D_2$ parallel geschaltet. Nur wird hier die Brücke von zwei Schneiden des Neben-hebels, der die Gestalt eines Dreiecks hat, und von einer Schneide des Haupthebels getragen, also umgekehrt wie bei der Tafelwaage der Bauart B.

Abb. 9 zeigt das Strichbild einer Brückenwaage der Bauart B. Bei dieser ist einer Hebelkette von zwei Gliedern $A_1 C_1 D_1 - A_2 C_2 D_2$ eine solche von drei Gliedern $A_1 C_1 D_1 - A_2 C_2 D'_2 - A_3 C_3 D_3$ parallel ge-schaltet. Sie unterscheidet sich von der Bauart A demnach nur dadurch, daß die Hebelkette um ein Glied vermehrt ist. $A_3 C_3 D_3$ ist ein Dreieckshebel gewöhn-licher Form, $A_2 C_2 D_2 D'_2$ ein solcher mit ver-längertem Gewichtsarm. Die Brücke ruht auf vier Lastschneiden.

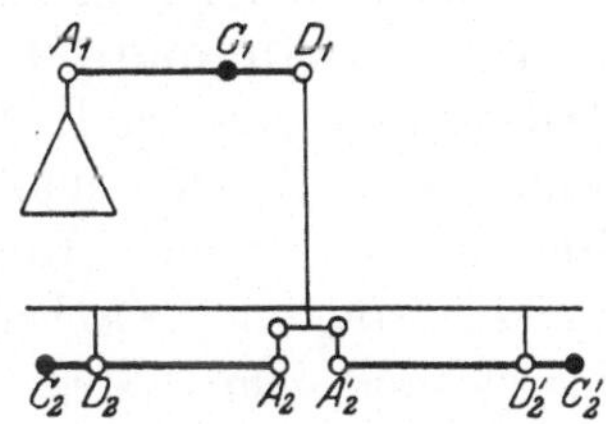

Abb. 10. Brückenwaage der Bauart E.

In den beiden Abb. 10 und 11 sind die beiden symmetrischen Bauarten E und D, und zwar letztere ohne Brücke und per-spektivisch dargestellt. Bei der Bauart E sind zwei Hebelketten $A_1 C_1 D_1 - A_2 C_2 D_2$ und $A_1 C_1 D_1 - A'_2 C'_2 D'_2$ von je zwei Gliedern einander parallel geschaltet, bei der Bauart D zwei Ketten von je drei Gliedern. Bauart D steht zu E in demselben Ver-hältnis wie Bauart B zu A.

Ersetzt man den Gewichtsarm mit Gewichtsschale durch eine Lauf-gewichtsschiene mit Laufgewicht, so erhält man die verschiedenen Arten von Laufge-wichtswaagen.

Die verschiedenen Bauarten von Brücken-waagen kann man auf drei Grundformen zu-rückführen, auf die un-symmetrischen, die symmetrischen und die Brückenwaagen mit

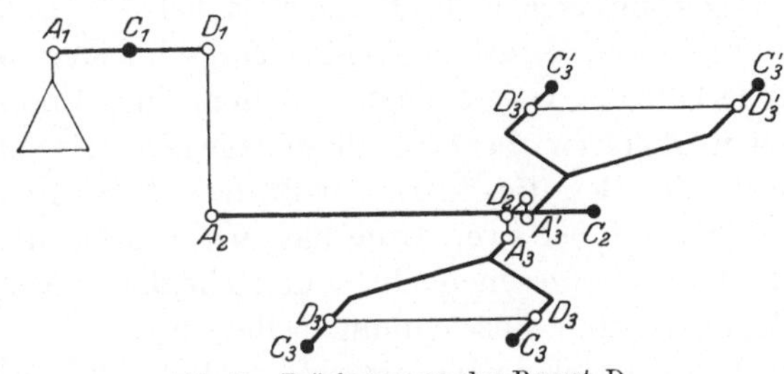

Abb. 11. Brückenwaage der Bauart D.

Trag- und Führungshebeln. Das wesentliche Merkmal der unsymme-trischen Brückenwaagen ist, daß die Brücke von zwei hinterein-andergeschalteten, das der symmetrischen, daß die Brücke von zwei nebeneinandergeschalteten Hebeln getragen wird.

8. Die Bestandteile der Waage und ihre Bezeichnung.

Wir wollen die Bestandteile einer zusammengesetzten Waage und ihre Zusammenfügung zu einem Ganzen an dem Beispiel der am häufig-sten vorkommenden, eichamtlich als Bauart D bezeichneten Brücken-waage (Abb. 11) erläutern.

Eine Waage besteht aus einem festen Teil, dem Gestell, und einem schwingenden Teil, der eigentlichen Waage. Der feste Teil hat einen doppelten Zweck: Er dient zur Auflagerung des schwingenden Teiles und zur Kennzeichnung der Einspielungslage bei Waagen mit fester Einspielungslage, bzw. der verschiedenen Zeigerstellungen bei Neigungswaagen. Von dem festen Teil wird weiter nichts verlangt, als Unveränderlichkeit des Gefüges und Unveränderlichkeit der Lage. Setzt man dies beides als selbstverständlich voraus, so hat das Gestell für die Theorie der Waage weiter keine Bedeutung.

Der schwingende Teil, die eigentliche Waage, setzt sich aus drei Teilen zusammen, den Hebeln, den Lastträgern (Gewichts- und Lastschale oder Brücke) und den Verbindungsgliedern zwischen den Hebeln untereinander (Koppeln, Zugstangen), zwischen den Hebeln und den Lastträgern (Zwischengehänge, Pendelgehänge) und zwischen den Hebeln und dem Gestell (Stützgehänge).

Sieht man bei den beiden Dreieckshebeln die beiden Lastschneiden, ebenso die beiden Stützschneiden als je eine Langschneide an, so hat die Waage vier Hebel $A_1 C_1 D_1$, $A_2 C_2 D_2$, $A_3 C_3 D_3$ und $A'_3 C'_3 D'_3$. Jeder dieser Hebel hat drei Schneiden, eine Stützschneide (C_1, C_2, C_3, C_3), mit der sich der Hebel auf das Gestell stützt, und um die als Achse er sich dreht, und zwei Tragschneiden an denen die Kräfte angreifen. Wenn man die Lage der Stützschneide zu den Tragschneiden an den einzelnen Hebeln betrachtet, so sieht man, daß der erste Hebel sich von den drei übrigen unterscheidet. Bei dem Hebel $A_1 C_1 D_1$ liegt nämlich die Stützschneide zwischen den beiden Tragschneiden, bei den anderen dagegen außerhalb der Tragschneiden, an dem einen Ende des Hebels. Man nennt jenen Hebel zweiarmig, diese dagegen einarmig. Nach unserer Definition des Begriffes „Arm" paßt diese Bezeichnung zwar nicht, da nach ihr jeder Hebel zwei Arme hat, wir würden die Hebel vielleicht besser als ein- und zweischenkelige unterscheiden, wollen uns aber trotzdem der eingebürgerten Bezeichnung bedienen.

Hat ein Hebel mehr als zwei, z. B. drei Tragschneiden, wie es der Fall ist bei der Straßburger Brückenwaage, so bedeutet dies, daß in einem Balken zwei Hebel vereinigt sind, welche die Stützschneide und eine Tragschneide gemeinsam haben.

An jedem Hebel greifen zwei Kräfte an, die einander entgegenwirken. Bei dem zweiarmigen Hebel geschieht dies dadurch, daß die Kräfte zwar gleichgerichtet sind, ihre Angriffspunkte aber an verschiedenen Seiten der Drehachse des Hebels liegen, bei den einarmigen dadurch, daß zwar die Angriffspunkte an derselben Seite der Drehachse liegen, die Kräfte selbst aber entgegengesetzt gerichtet sind.

Von den beiden Kräften, die an einem Hebel angreifen, wirkt die eine im Sinne des Gewichtes, die andere im Sinne der Last. An der Schneide A_1

wirkt das Gewicht selbst, an den Schneiden A_2, A_3 und A'_3 wirken Übertragungskräfte im Sinne des Gewichtes, die durch die Koppeln oder Zugstangen von Hebel zu Hebel übertragen werden. Ebenso wirkt an den Schneiden D_3 und D'_3 die Last selbst und an D_2 und D_1 Übertragungskräfte im Sinne der Last. Man kann sich von diesen Übertragungskräften am besten eine Vorstellung machen, wenn man sich die Koppeln und Zugstangen zerschnitten und an den Schnittstellen Kräfte angebracht denkt, die die einzelnen Waagen, in die die Gesamtwaage dadurch zerlegt wird, in demselben Gleichgewichtszustand erhalten, in dem sich die Gesamtwaage befand. Denkt man sich z. B. die Zugstange D_1A_2 in der Mitte zerschnitten, so muß man an der oberen Hälfte der Stange eine nach unten, an der unteren Hälfte eine gleichgroße nach oben gerichtete Kraft anbringen, um die beiden Einzelwaagen im Gleichgewicht zu halten. An den Schneiden A_1, A_2 . . . wirken also Kräfte im Sinne des Gewichtes, und an den Schneiden D_1, D_2 . . . Kräfte im Sinne der Last. Wir nennen daher jene Gewichtsschneiden und diese — Lastschneiden. Die Gewichtsschneide A_1, an der das Gewicht selbst wirkt, nennen wir die Hauptgewichtsschneide oder die Gewichtsschneide der Waage; ebenso nennen wir die Schneiden D_3 und D'_3, an denen die Last selbst angreift, die Hauptlastschneiden oder die Lastschneiden der Waage.

Wie wir an jedem Hebel eine Gewichts- und eine Lastschneide unterscheiden, so unterscheiden wir an ihm einen Gewichtsarm und einen Lastarm. Die Arme C_1A_1, C_2A_2, . . . nennen wir Gewichtsarme, weil an ihnen Kräfte im Sinne des Gewichtes, die Arme C_1D_1, C_2D_2, . . . Lastarme, weil an ihnen Kräfte im Sinne der Last wirken.

Die Art der Zusammenfügung mehrerer Hebel zu einer zusammengesetzten Waage nennen wir die Schaltung der Hebel. Ist ein Hebel mit einem anderen durch eine Koppel oder Zugstange verbunden, so daß die Hebel gegenseitig ihre Kräfte aufeinander übertragen, so bezeichnen wir sie als hintereinander geschaltet. Der Hebel $A_2C_2D_2$ ist demnach hinter den Hebel $A_1C_1D_1$ geschaltet. Ebenso sind die beiden Hebel $A_3C_3D_3$ und $A'_3C'_3D'_3$ gemeinsam hinter den Hebel $A_2C_2D_2$ geschaltet. Dabei können zwei miteinander verbundene Hebel auf die Koppel ziehend wirken (Zugkoppel, Zugstange), wie es bei der abgebildeten Waage der Fall ist, oder sie wirken drückend auf die Koppel (Druckkoppel), wie es bei manchen Bauarten, wenn auch selten, vorkommt.

Eine Reihe hintereinander geschalteter Hebel nennen wir eine Hebelkette oder Hebelreihe und unterscheiden solche nach der Anzahl der Glieder als zwei-, drei- usw. gliedrige Hebelketten. Die abgebildete Waage hat also eine dreigliedrige Hebelkette, obwohl das letzte Glied aus zwei Teilen besteht.

Zwei Hebel oder Hebelreihen, die an denselben dritten Hebel angehängt sind, also gemeinsam auf diesen wirken, nennen wir unter sich parallel oder nebeneinander geschaltet. Dabei ist das „Nebeneinander“ oder die Parallelität nicht räumlich zu verstehen, sondern es bezieht sich auf die Parallelität der Wirkung. Die beiden Hebel $A_3 C_3 D_3$ und $A'_3 C'_3 D'_3$ sind also nebeneinandergeschaltet, weil sie beide an den Hebel $A_2 C_2 D_2$ angehängt sind und beide gemeinsam auf ihn wirken. Eine Anzahl nebeneinander geschalteter Hebel nennen wir eine Hebelgruppe.

Von den Hebeln einer Reihe bezeichnen wir diejenigen, an dem das Gewicht angreift, als Gewichtshebel, den oder die Hebel, an denen die Last angreift, als Lasthebel, den oder die zwischen beide geschalteten als Zwischenhebel. $A_1 C_1 D_1$ ist also der Gewichtshebel, $A_2 C_2 D_2$ der Zwischenhebel und $A_3 C_3 D_3$ und $A'_3 C'_3 D'_3$ sind die Lasthebel.

Die Art der Bezeichnung der Abbildungen ist aus diesen Ausführungen schon klar geworden. Die Stützschneide wird stets mit C, die Gewichtsschneide mit A und die Lastschneide mit D bezeichnet. Die Hebel einer Reihe werden, vom Gewichtshebel angefangen, durch die den Buchstaben unten angefügten Kennziffern 1, 2, 3, . . ., die einer Gruppe durch Strichmarken oben unterschieden. Hat eine Waage nur einen Hebel, so brauchen wir ihn nicht zu beziffern. Ebenso lassen wir bei den Neigungswaagen den Neigungshebel stets ohne Bezifferung.

9. Die in der Theorie der Waagen vorkommenden Grundgrößen und ihre Bezeichnung.

In der Theorie der Waage kommen drei Arten mathematischer Größen vor, nämlich

1. Kräfte,

2. Arme, an denen diese Kräfte wirken,

3. Kraftwinkel, das sind die Winkel, unter denen die Kräfte an den Armen angreifen.

Wir bezeichnen die Kräfte mit großen lateinischen, ihre Arme mit gleichlautenden kleinen lateinischen und ihre Armwinkel mit kleinen griechischen Buchstaben.

Wir haben oben von Übertragungskräften gesprochen, das sind Kräfte, die in den Zugstangen und Koppeln auftreten. Ihre Richtung fällt, da man annehmen kann, daß die Reibung zwischen Pfannen und Schneiden verschwindend klein ist, in die jener Verbindungsglieder. Sie sind stets paarweise einander gleich und entgegengesetzt gerichtet, können also das Gleichgewicht der Waage nicht beeinflussen. Wir benutzen sie nur als Hilfsmittel zur Entwicklung der Formeln für zusammengesetzte Waagen, indem wir uns diese durch Zerschneiden der Koppeln und Zugstangen in einfache Waagen zerlegt denken. Wir bezeichnen diese Kräfte mit $K_1, K_2, \ldots$

Die für das Gleichgewicht der Waage maßgebenden Kräfte sind sämtlich Gewichte und daher sämtlich lotrecht gerichtet. Vorweg sei bemerkt, daß wir uns die Gewichte der Koppeln und Zugstangen zu denen der Hebel hinzugeschlagen denken, also außer Betracht lassen. Es bleiben dann als wirksame Gewichte

1. das Gesamtgewicht, das an der Hauptgewichtsschneide angreift,
2. die Gesamtlast, die an der oder den Lastschneiden angreift und
3. die Gewichte der verschiedenen Hebel.

Das an der Hauptgewichtsschneide wirkende Gesamtgewicht besteht aus dem **toten Gewicht der Gewichtsschale mit Gehänge**, das wir mit G_0, und aus dem auf der Schale befindlichen **Nutzgewicht**, das wir mit G bezeichnen. Das an der Schneide wirkende Gesamtgewicht ist also $G_0 + G$. Bei den Laufgewichtswaagen ist kein totes Gewicht vorhanden, das verschiebbare Laufgewicht ist Nutzgewicht und wird daher mit G bezeichnet.

Die an der oder den Hauptlastschneiden wirkende Gesamtlast besteht aus der **toten Last der Lastschale** oder Brücke, die wir mit L_0, und der auf ihr befindlichen **Nutzlast**, die wir mit L bezeichnen. Die Gesamtlast ist also $L_0 + L$.

Die Gewichte der Hebel bezeichnen wir mit B_1, B_2, ...

Die Längen der **Gewichtsarme** bezeichnen wir mit g_1, g_2, ..., die der **Lastarme** mit l_1, l_2, ... und die der Arme, an denen die Balkengewichte wirken, mit b_1, b_2, ... Die zu diesen Armen gehörigen Kraftwinkel bezeichnen wir entsprechend mit γ_1, γ_2, ..., bzw. λ_1, λ_2, ... und β_1, β_2, ... Die **Gewichtshebelarme** sind daher $g_1 \sin \gamma_1$, $g_2 \sin \gamma_2$, ..., die **Lasthebelarme** $l_1 \sin \lambda_1$, $l_2 \sin \lambda_2$, ... und die Hebelarme der Balkengewichte $b_1 \sin \beta_1$, $b_2 \sin \beta_2$, ...

Die Kraftrichtungen bilden mit den Armen zwei Winkel, einen konkaven und einen konvexen, die sich zu $360°$ ergänzen. Da die Sinus beider Winkel einander gleich sind, so sind die mathematischen Ausdrücke für die Hebelarme an sich richtig, gleichviel ob man den einen oder den anderen Winkel in Betracht zieht. Wir müssen jedoch eine besondere Festsetzung darüber treffen, welcher der beiden Winkel gemeint ist, weil hiervon der Sinn der Änderung, die die Winkel durch eine Drehung des Hebelwerkes erfahren, abhängig ist. Wir treffen daher folgende Festsetzungen:

1. Der Sinn der Drehung der einzelnen Hebel einer Waage wird als positiv gerechnet, wenn die Drehung des Hebelwerkes durch Belastung der Lastschale hervorgebracht ist.

2. Mit den **Kraftwinkeln** der **Last** und der im Sinne der Last wirkenden Kräfte, sowie der **Balkengewichte** sind diejenigen Winkel gemeint, die bei einer **positiven** Drehung des Hebelwerkes eine **Zunahme** erfahren.

3. Mit den Kraftwinkeln des Gewichtes und der im Sinne des Gewichtes wirkenden Kräfte sind diejenigen Winkel gemeint, die bei einer positiven Drehung des Hebelwerkes eine Abnahme erfahren.

Man kann die Winkel auch folgendermaßen kennzeichnen: Mit den Kraftwinkeln der Last und des Balkens einerseits und dem des Gewichtes andererseits sind bei dem zweiarmigen Hebel diejenigen Winkel gemeint, die einander zugekehrt sind. Für den einarmigen Hebel gilt das gleiche, wenn man sich vorstellt, der Gewichtsarm mit der Zugstange wäre um 180° geschwenkt und der einarmige Hebel auf diese Weise in einen zweiarmigen verwandelt worden. Die Kraftwinkel der Last und des Balkengewichtes werden daher stets nach derselben Richtung und beide Kräfte in demselben Sinne wirkend, angenommen. Wirkt der Balken tatsächlich im Sinne des Gewichtes, so kommt dies dadurch zum Ausdruck, daß, da in diesem Fall der Kraftwinkel $\beta > 180°$ ist, $\sin \beta$ und damit auch der Hebelarm $b \sin \beta$ des Balkengewichtes negativ wird.

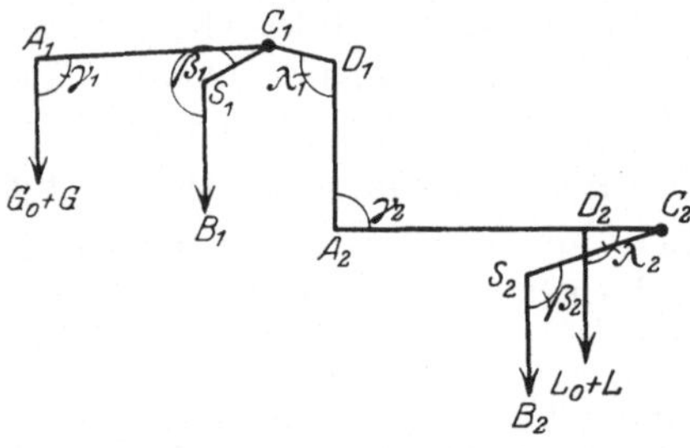

Abb. 12. Die Lage der Kraftwinkel.

Aus Abb. 12 ist ersichtlich, welche Winkel gemeint sind. Dreht sich die Hebelkette im Sinne der Last, so nehmen die Kraftwinkel λ_1, λ_2, ebenso β_1, β_2 zu, während die Winkel γ_1, γ_2 abnehmen.

10. Die Brückenwaage eine Vereinigung von Balkenwaagen. Belastungspunkt, Belastungsfeld der Brücke. Mittenabstand, Einseitigkeit der Last. Verteilung der Last auf die Lastschneiden.

Man kann eine Brückenwaage als eine Vereinigung mehrerer nebeneinander geschalteter und miteinander verketteter Balkenwaagen ansehen. Sie besteht aus so viel Balkenwaagen, wie Hauptlastschneiden vorhanden sind. Um sie in ihre Einzelwaagen zu zerlegen, braucht man nur, von jeder einzelnen Hauptlastschneide ausgehend, die Hebelkette zu verfolgen, die diese mit der Hauptgewichtsschneide verbindet. Jede von diesen Einzelwaagen trägt und wägt einen Teil der Nutzlast, dessen Größe von der Lage der Last auf der Brücke abhängt. Die Ergebnisse dieser Teilwägungen werden infolge der Verkettung der Einzelwaagen mechanisch summiert und gemeinsam auf den Gewichtshebel übertragen.

Eine Brückenwaage hat gewöhnlich vier Lasthebel, von denen je zwei zu einem Doppelhebel vereinigt sind. Diese Doppelhebel haben meistens die Form eines Dreiecks, dessen Grundlinie von der Stützschneide und dessen Spitze von der gemeinsamen Gewichtsschneide gebildet wird. Die

Last verteilt sich daher auf vier Lastschneiden, und eine Wägung setzt sich aus vier Teilwägungen zusammen. Da jedoch die beiden zu einem Doppelhebel vereinigten Lasthebel ziemlich nahe aneinander liegen, so kann die Lastverteilung zwischen ihnen nicht sehr verschieden sein. Sie werden stets nahezu gleich belastet sein. Wir können daher den Doppelhebel als einen einzigen Hebel ansehen, dessen Hebelverhältnis gleich dem Mittel aus den Hebelverhältnissen der beiden Einzelhebel ist. Wir betrachten demgemäß eine Brückenwaage als eine Vereinigung zweier Balkenwaagen.

Die von den beiden Dreieckshebeln getragene Gesamtlast besteht aus der toten Last der Brücke und der Nutzlast. Da die beiden Hebel gewöhnlich symmetrisch zur Brücke gelagert sind, so trägt jeder die Hälfte $1/2\,L_0$ des Brückengewichtes. Die Verteilung der Nutzlast richtet sich dagegen ganz nach der Lage der Last auf der Brücke, im besonderen nach der Lage des Belastungspunktes der Brücke. Hierunter verstehen wir denjenigen Punkt, in dem die Lotrechte durch den Schwerpunkt der Nutzlast die Brückenebene trifft.

Da wir die beiden zu einem Dreieckshebel vereinigten Einzelhebel als gleich belastet angenommen haben, so liegt der Belastungspunkt auf der Längsmittellinie der Brücke. Er hat jedoch von der Quermittellinie oder von dem Mittelpunkt der Brücke im allgemeinen einen bestimmten Abstand. Diesen nennen wir den Mittenabstand der Nutzlast und bezeichnen ihn mit $+\,e$, wenn der Belastungspunkt der Brücke zwischen der Mitte und der Lastschneide D_3', mit $-\,e$, wenn er zwischen der Brückenmitte und der Lastschneide D_3 gelegen ist. Wir rechnen also die Richtung vom Mittelpunkt der Brücke nach der Lastschneide D_3' hin als positiv.

Denkt man sich die beiden Lastschneiden D_3 und D_3' lotrecht verschoben, bis sie in die Brückenebene fallen, so wird von ihnen in dieser Ebene eine Figur abgezeichnet, die bei größeren Waagen die Gestalt eines Rechtecks hat. Diese Figur stellt das Belastungsfeld der Brücke dar. Dieses Belastungsfeld darf der Belastungspunkt der Brücke nicht überschreiten, wenn die Brücke mit Sicherheit vor dem Hochkippen bewahrt bleiben soll. Bezeichnet man den Abstand der beiden Lastschneiden voneinander mit $2\,r$, ihren Mittenabstand also mit r, so ist der höchste Wert, den der Mittenabstand e der Nutzlast annehmen darf, gleich r.

Die Nutzlast L wird von den beiden Lastschneiden im allgemeinen zu ungleichen Teilen getragen. Trägt D_3 den Teil $u\,L$ und D_3' den Teil $v\,L$ der Nutzlast, so ist

$$u\,L + v\,L = L \atop u + v = 1 \left.\right\} \tag{5}$$

oder

u und v sind also zwei echte Brüche, die sich zu 1 ergänzen. Um für die Abhängigkeit der Lastverteilung von dem Mittenabstand der Nutzlast eine Formel aufzustellen, nehmen wir an, der Mittenabstand des Belastungspunktes sei gleich $+\,e$. Denkt man sich in Abb. 13 die Lastschneide D'_3, die den Bruchteil $v\,L$ der Nutzlast trägt, weg und an ihrer Stelle, um die Brücke — diese selbst als gewichtslos gedacht — im Gleichgewicht zu halten, eine nach oben gerichtete lotrechte Kraft $v\,L$ angebracht, so muß das Drehungsmoment dieser Kraft in bezug auf die Achse D_3 dem Drehungsmoment der Nutzlast entgegengesetzt gleich sein. Es ist also

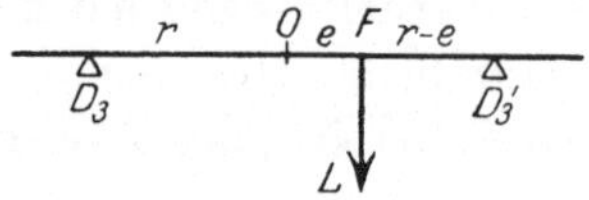

$$(r+e)\,L - 2\,r v\,L = 0$$

Abb. 13. Verteilung der Last auf die Lastschneiden.

oder

$$v = \frac{r+e}{2r} \quad \Bigg\rbrace$$

und, da $u = 1 - v$,

$$u = \frac{r-e}{2r} \quad \Bigg\rbrace \tag{6}$$

Die Lastschneiden D_3 und D'_3 tragen daher die Teile

$$uL = \frac{r-e}{2r}\,L \quad \Bigg\rbrace$$

und

$$vL = \frac{r+e}{2r}\,L \quad \Bigg\rbrace \tag{7}$$

der Nutzlast.

Dividiert man in den Formeln (6) Zähler und Nenner der Brüche durch r und bezeichnet $\frac{e}{r}$ mit ε, so ergibt sich

$$u = \frac{1-\varepsilon}{2} \quad \Bigg\rbrace$$

und

$$v = \frac{1+\varepsilon}{2} \quad \Bigg\rbrace \tag{8}$$

Die Größe ε bezeichnen wir als die **Einseitigkeit** der Nutzlast. Sie wird definiert durch die Gleichung

$$\varepsilon = \frac{e}{r} \tag{9}$$

und stellt einen echten Bruch dar, der im äußersten Fall den Wert $\pm\,1$ annehmen kann.

Zweiter Teil

Waagen mit fester Einspielungslage. Waagen mit Gewichtsschale. Laufgewichtswaagen.

I. Gleichgewicht. Empfindlichkeit (E). Trägheit (Unempfindlichkeit U) der Waagen.

11. Beschränkende Voraussetzungen.

Für die Theorie der Waagen mit fester Einspielungslage machen wir folgende Voraussetzungen:

1. Die Stützschneiden, um die sich die Hebel drehen, seien wagerecht und die Zugstangen und Koppeln in der Einspielungslage der Waage lotrecht gerichtet.

2. Die Tragschneiden seien punktförmig.

3. Der Bewegungsbereich der Waage werde als so klein angenommen, daß die Richtungen der Zugstangen und Koppeln in den verschiedenen Lagen der Hebel als mit sich selbst parallel angesehen werden können.

4. Die Waage sei reibungslos.

Von diesen vier Voraussetzungen lassen sich die unter Nr. 1, 2 und 4 bis zu jedem gewünschten oder erforderlichen Grade der Genauigkeit verwirklichen. Insbesondere läßt sich ein punktförmiger Angriff der Kräfte an den Tragschneiden dadurch erzielen, daß man die Zugstangen, Koppeln und Zwischengehänge mit ihren Pfannen nicht unmittelbar auf die Tragschneiden setzt, sondern dazwischen eine zweite Pfanne mit zweiteiliger Kreuzschneide einschaltet, kurz sämtliche Gelenke kardanisch einrichtet. Der Schnittpunkt der beiden in einer Ebene liegenden Schneidenlinien bildet den unveränderlichen Angriffspunkt der Kraft. Die Voraussetzung unter 3. ist auch für den wirklichen Bewegungsbereich der Waage als erfüllt anzusehen, wenn man die mit diesen Waagen überhaupt erreichbare Genauigkeit in Betracht zieht.

Zufolge der Voraussetzungen 1. bis 3. können die Kräfte als in einer Ebene wirkend betrachtet und ihr Zusammenwirken durch ebene Figuren dargestellt werden.

12. Begriffsbestimmungen.

Fügt man auf der Lastschale einer in beliebiger Lage im Gleichgewicht befindlichen Waage zu der Last L ein kleines Zulagegewicht ΔL hinzu, so ändert sich die Gleichgewichtslage der Waage um einen kleinen

Winkel $\Delta\varphi$, der — nebenbei bemerkt — nicht nur von der Größe des Zulagegewichtes, sondern im allgemeinen auch von der Größe der Belastung, sowie von der Lage, in der sich die Waage im Gleichgewicht befindet, abhängig ist. Bringt das Zulagegewicht ΔL einen Ausschlag $= \Delta\varphi$ hervor, so bewirkt das Zulagegewicht 1 — Proportionalität im Bewegungsbereich der Waage vorausgesetzt — einen Ausschlag $= \dfrac{\Delta\varphi}{\Delta L}$, und diesen Bruch bezeichnen wir als die Empfindlichkeit der Waage. Es ist daher

$$E = \frac{\Delta\varphi}{\Delta L}\,. \tag{10}$$

Unter der Empfindlichkeit einer Waage für eine bestimmte Belastung und eine bestimmte Gleichgewichtslage verstehen wir also den unter diesen Verhältnissen durch die Zulage 1 auf der Lastschale bewirkten Ausschlagswinkel des Zeigers.

Bezeichnet man den Ausschlag der Zeigerspitze mit Δa, die Länge des Zeigers von der Spitze bis zur Stützschneide mit z, so ist

$$\Delta\varphi = \frac{\Delta a}{z}\,. \tag{11}$$

Mißt man also Δa und z in Millimeter und dividiert den Ausschlag durch die Zeigerlänge, so erhält man den durch die Zulage ΔL bewirkten Ausschlagswinkel $\Delta\varphi$, und zwar in Bogenmaß ausgedrückt.

Die oben gegebene Definition der Empfindlichkeit ist nun im praktischen Betriebe nicht gebräuchlich. Der Handel fragt nicht danach, welchen Ausschlag die Zulage der Gewichtseinheit zur Last hervorbringt. Er will vielmehr wissen, auf welches kleinste Gewicht die Waage noch anspricht, welches kleinste Gewicht noch einen deutlichen Ausschlag, z. B. einen solchen von 1 mm, an der Zeigerspitze hervorbringt. Er benutzt den umgekehrten Begriff, die Trägheit (Unempfindlichkeit U) der Waage, und setzt an die Stelle des Ausschlagwinkels des Zeigers den Ausschlag der Zeigerspitze, der ja auch für den Gebrauch der Waage allein in Betracht kommt.

Wir benutzen in den nachfolgenden Ableitungen ebenfalls den Begriff der Trägheit, beziehen diese aber auf den Ausschlagswinkel und definieren

$$U = \frac{1}{E} = \frac{\Delta L}{\Delta\varphi}\,. \tag{12}$$

Sieht man nämlich die Trägheit oder Empfindlichkeit als ein Wertmaß für die Güte einer Waage an, so darf man sie nicht auf den Ausschlag der Zeigerspitze beziehen, weil dieser von der Länge des Zeigers mit abhängig ist, und weil man damit die Waage zu einem Teil nach der Länge ihres Zeigers beurteilen würde. Theoretisch ist also die vorstehende Definition die richtigere. Wir werden sie daher bei Entwicklung von allgemeinen Formeln beibehalten. Bei Berechnung von Beispielen ist es zweckmäßiger, die Trägheit zu definieren als das Gewicht, welches einen Ausschlag der Zeigerspitze von 1 mm bewirkt. Um zu dieser Definition $U' = \dfrac{\varDelta L}{\varDelta a}$ überzugehen, braucht man in vorstehender Gleichung nur $\varDelta \varphi = \dfrac{\varDelta a}{z}$ zu setzen und erhält die Formel

$$U' = \frac{1}{z}\, U = \frac{\varDelta L}{\varDelta a}\,. \tag{13}$$

Man braucht also nur die rechten Seiten der für die Trägheit U geltenden Gleichungen durch z zu dividieren, um die auf die Einheit des Ausschlages der Zeigerspitze bezogene Trägheit der Waage zu erhalten.

13. Änderung der Kraftwinkel bei einer Drehung des Hebels oder Hebelwerkes.

Als positiv bezeichnen wir, wie oben bereits bemerkt ist, die Drehung der einzelnen Hebel einer Waage, wenn sie im Sinne der Last erfolgt. Legt man also zu der Last einer in der Einspielungslage befindlichen einfachen Waage ein Gewicht hinzu, so dreht sich die Waage, und zwar im besonderen der Waagebalken um einen Winkel $+\varphi$. Bei einer einfachen Waage kommen als Kräfte nur Gewichte, d. h. stets lotrecht gerichtete Kräfte, in Betracht. Die Richtung der Kräfte, die den einen Schenkel der Kraftwinkel bildet, wird demnach durch die Drehung nicht geändert. Die Richtungen der Arme dagegen, die die anderen Schenkel der Kraftwinkel bilden, ändern sich um den Winkel φ. Infolgedessen ändern sich sämtliche Kraftwinkel dem absoluten Betrage nach um den Winkel φ, und zwar nehmen λ und β um φ zu, γ dagegen nimmt um φ ab. Dies gilt für beliebig große Drehungen des Hebels.

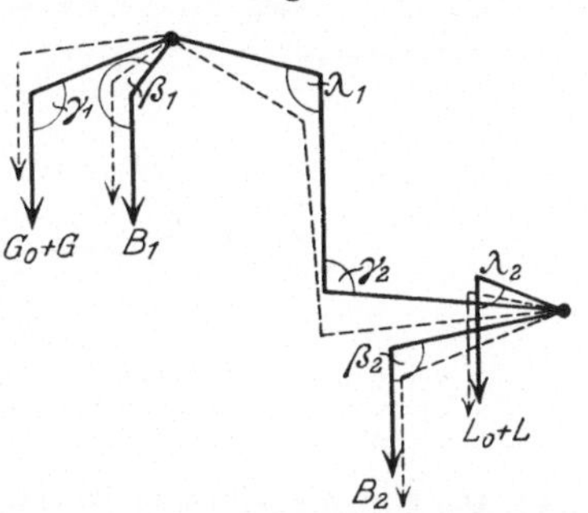

Abb. 14. Änderung der Kraftwinkel bei einer Drehung der Hebelkette.

Bei den zusammengesetzten Waagen kommen außer den Gewichtskräften noch Übertragungskräfte in Betracht, die in den Verbindungsgliedern (Zugstange, Koppel) wirken. Die Zugstange einer Zweihebelwaage hat einen Kraftwinkel λ_1 in bezug auf den Gewichtshebel und einen Kraftwinkel γ_2 in bezug auf den Lasthebel. Diese Winkel ändern sich im allgemeinen in doppelter Weise, einerseits durch die Drehung der Hebel, andererseits durch die Richtungsänderung der Zugstange. Bei so geringen Drehungen der Hebel, wie sie bei der Bestimmung der Empfindlichkeit der Waage auftreten, kann man jedoch die Richtung der Verbindungsglieder als unveränderlich ansehen. Es ändern sich daher durch die Drehung der Hebelkette sämtliche Kraftwinkel des Gewichtshebels dem absoluten Betrage nach um den Winkel φ und die Kraftwinkel des Lasthebels um den kleinen Winkel ψ, und zwar nehmen bei einer positiven Drehung der Hebelkette alle λ und β zu und alle γ ab. In Abb. 14 ist eine Zweihebelkette in zwei um einen Winkel φ voneinander abweichenden Lagen gezeichnet.

14. Schwingungsverhältnis hintereinander geschalteter Hebel.

Legt man zu der Last einer Zweihebelwaage ein Empfindlichkeitsgewicht hinzu, so dreht sich der Gewichtshebel um einen kleinen Winkel $\varDelta\varphi$ und der Lasthebel um einen noch kleineren Winkel $\varDelta\psi$. Die Fußpunkte F_1 und F_2 (Abb. 15) der beiden von den Stützschneiden auf die Richtung der Zugstange gefällten Senkrechten, das sind die Endpunkte der betreffenden Hebelarme, beschreiben daher, da diese Hebelarme $= l_1 \sin \lambda_1$ bzw. $= g_2 \sin \gamma_2$ sind, die kleinen Kreisbogen $l_1 \sin \gamma_1 \cdot \varDelta\varphi$, bzw. $g_2 \sin \gamma_2 \cdot \varDelta\psi$. Da diese Kreisbogen bei der Kleinheit der Drehung

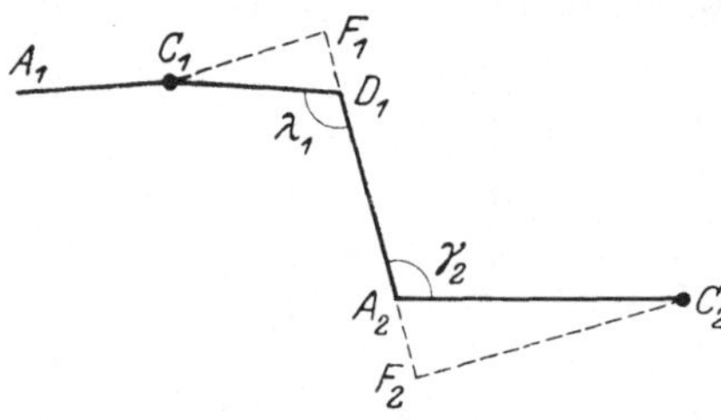

Abb. 15. Schwingungsverhältnis zweier hintereinander geschalteter Hebel.

als gerade Linien anzusehen sind und in die Richtung der Zugstange fallen, so sind sie einander gleich. Es ist daher

$$l_1 \sin \gamma_1 \, \varDelta\varphi = g_2 \sin \gamma_2 \cdot \varDelta\psi$$

oder
$$\frac{\varDelta\psi}{\varDelta\varphi} = \frac{l_1 \sin \lambda_1}{g_2 \sin \gamma_2} . \qquad (14)$$

Der Drehungswinkel des Lasthebels verhält sich demnach zu dem des Gewichtshebels wie der Lasthebelarm des Gewichtshebels zu dem Gewichtshebelarm des Lasthebels. Da dieses Verhältnis zugleich auch das der Schwingungsweiten beider Hebel darstellt, so wollen wir es kurz das Schwingungsverhältnis beider Hebel nennen, und zwar das des Lasthebels zum Gewichtshebel, und bezeichnen es mit m, wo m also einen kleinen echten Bruch bedeutet. Bei einer Dreihebelwaage ist das Schwingungsverhältnis des dritten Hebels (Lasthebel) zum zweiten (Zwischenhebel) $= \dfrac{l_2 \sin \lambda_2}{g_3 \sin \gamma_3} = n$. Das Schwingungsverhältnis des Lasthebels zum Gewichtshebel ist daher $= m \cdot n$.

15. Gleichgewicht und Trägheit der einfachen Balkenwaage (Einhebelwaage).

Eine Waage ist im Gleichgewicht, wenn die Drehwirkungen der Kräfte, die in dem einen Sinne wirken, gleich den Drehwirkungen der im entgegengesetzten Sinne wirkenden Kräfte sind, wobei natürlich bei zusammengesetzten Waagen alle Drehwirkungen auf denselben Hebel, z. B. den Gewichtshebel, bezogen werden müssen.

An der Einhebelwaage wirken drei Kräfte: $G_0 + G$ (totes Gewicht der Gewichtsschale + Nutzgewicht), $L_0 + L$ (tote Last der Lastschale + Nutzlast) und das Balkengewicht B. In der Einspielungslage der Waage sind die Drehwirkungen dieser Kräfte der Reihe nach $= (G_0 + G) g \sin \gamma$, $(L_0 + L) l \sin \lambda$ und $B b \sin \beta$.

Da wir die Kraftwinkel der Hebelgewichte genau so definiert haben wie den der Last, und damit die Hebel als im Sinne der Last wirkend ansehen, so erhalten wir die Bedingungsgleichung für das Gleichgewicht der Waage, wenn wir die Drehwirkungen der Last und des Hebelgewichtes addieren und die Summe beider der Hebelwirkung des Gewichtes gleichsetzen. Es ist daher

$$(L_0 + L) l \sin \lambda + B b \sin \beta = (G_0 + G) g \sin \gamma. \tag{15}$$

Legt man nun zu der Last ein kleines Empfindlichkeitsgewicht ΔL hinzu, so ändern sich λ und β um $+ \Delta \varphi$ und γ um $- \Delta \varphi$. Die Bedingung für das Gleichgewicht der Waage in der neuen Lage ist daher

$$\left.\begin{aligned}(L_0 + L + \Delta L) l \sin (\lambda + \Delta \varphi) + B b \sin (\beta + \Delta \varphi)\\ = (G_0 + G) g \sin (\gamma - \Delta \varphi).\end{aligned}\right\} \tag{16}$$

Löst man hierin die Sinus nach der Formel $\sin (\alpha + \beta) = \sin \alpha \cos \beta \pm \sin \beta \cos \alpha$ auf und berücksichtigt, daß man bei der Kleinheit von $\Delta \varphi$ setzen kann $\sin \Delta \varphi = \Delta \varphi$ und $\cos \Delta \varphi = 1$, so ergibt sich

$$(L_0 + L + \Delta L) l (\sin \lambda + \Delta \varphi \cos \lambda) + B b (\sin \beta + \Delta \varphi \cos \beta)$$
$$= (G_0 + G) g (\sin \gamma - \Delta \varphi \cos \gamma).$$

Löst man hierin die Klammern auf unter Beibehaltung der Summen $L_0 + L$ und $G_0 + G$ und beachtet, daß der Ausdruck $\Delta L \Delta \varphi \cos \lambda$ als kleine Größe zweiter Ordnung $= 0$ gesetzt werden kann, so folgt

$$(L_0 + L) l \sin \lambda + (L_0 + L) l \Delta \varphi \cos \lambda + \Delta L \cdot l \sin \lambda + B b \sin \beta +$$
$$+ B b \Delta \varphi \cos \beta = (G_0 + G) g \sin \gamma - (G_0 + G) g \Delta \varphi \cos \gamma.$$

Zieht man von dieser Gleichung die Gleichung (15) ab und dividiert beide Seiten der neuen Gleichung durch $l \sin \lambda \cdot \Delta \varphi$, so ergibt sich

$$\frac{\Delta L}{\Delta \varphi} = U = \frac{- (L_0 + L) l \cos \lambda - B b \cos \beta - (G_0 + G) g \cos \gamma}{l \sin \lambda}. \tag{17}$$

Um diese Gleichung zu deuten, entwickeln wir noch eine andere Formel für die Trägheit der Waage. Da die Schneiden nach Voraussetzung 2 in Nr. 11 punktförmig gedacht sind, und demzufolge die belasteten Schalen bei jeder Stellung des Hebels in denselben Punkten angreifen und stets lotrecht wirken, so kann man sich ihre Massen in diese Punkte verlegt denken und die ganze Waage als einen starren, um eine wagerechte Achse drehbaren Körper ansehen. Die Waage stellt daher ein einfaches Pendel dar, wenn auch ein solches von ungewöhnlicher Form, dessen Gesamtgewicht $L_0 + L + G_0 + G + B = P$ und dessen sehr kleine Länge ($=$ Abstand des Schwerpunktes von der Stützschneide) $= p$ sei. Da es für unsere Ableitungen nur auf das Gewicht und die Länge des Pendels ankommt, so stellen wir uns dieses vor als starre Linie, die um die Stützschneide drehbar ist, die in der Einspielungslage der Waage von dieser aus lotrecht abwärts gerichtet ist und in deren unterem Endpunkt die Gesamtmasse P vereinigt ist.

Wird ein Pendel aus seiner lotrechten Lage abgelenkt, so strebt es in diese Lage zurück, es übt eine Drehwirkung aus. Ist der Ablenkungswinkel $= \varphi$, so ist die zurückdrehende Wirkung $= P p \sin \varphi$. Ist der Winkel klein $= \varDelta \varphi$, so kann man $\sin \varDelta \varphi = \varDelta \varphi$ setzen und die Drehwirkung ist $= P p \varDelta \varphi$. Das Produkt $P p$ aus Gewicht und Länge ist für ein Pendel kennzeichnend. Es gibt die Dreh- oder Richtwirkung an, die das Pendel bei der Einheit der Ablenkung ausübt. Wir bezeichnen dieses Produkt als Richtkraft (in der Physik Direktionskraft) der Waage.

Legt man zu der Last L einer in der Einspielungslage befindlichen Waage ein kleines Zulagegewicht $\varDelta L$ hinzu, so wird das Waagenpendel aus seiner lotrechten Lage um einen kleinen Winkel $\varDelta \varphi$ abgelenkt. In dieser Lage ist die Drehwirkung des Zulagegewichtes

$$= l \sin (\lambda + \varDelta \varphi) \cdot \varDelta L$$

oder auch $= l \sin \lambda \cdot \varDelta L$, da $\lambda =$ oder nahezu $= 90°$ ist und der Sinus sich in der Nähe von $90°$ nur sehr wenig ändert. Die zurückdrehende Wirkung des Pendels andererseits ist $= P p \varDelta \varphi$. Da beide Kräfte sich miteinander im Gleichgewicht befinden, so wird

$$l \sin \lambda \cdot \varDelta L = P p \varDelta \varphi$$

oder
$$\frac{\varDelta L}{\varDelta \varphi} = U = \frac{P p}{l \sin \lambda} \, . \tag{18}$$

Aus den beiden Formeln (17) und (18) folgt die Gleichung

$$P p = - (L_0 + L) \, l \cos \lambda - B b \cos \beta - (G_0 + G) \, g \cos \gamma . \tag{19}$$

Vergleicht man die beiden Seiten dieser Gleichung miteinander, so sieht man, daß das zusammengesetzte Pendel in drei Teilpendel aufgelöst ist, deren Gewichte der Reihe nach $= L_0 + L, G_0 + G$ und B und deren Pendellängen entsprechend $= - l \cos \lambda, - g \cos \gamma$ und $- b \cos \beta$ sind.

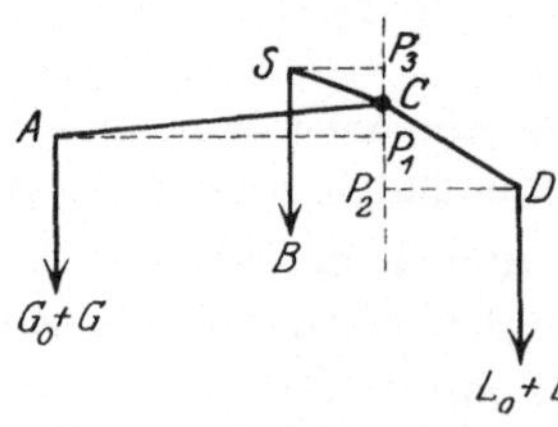

Abb. 16. Die Pendelarme der Einzelkräfte.

Diese Längen sind die Projektionen der drei Arme l, g und b auf die durch die Stützschneide gehende Lotrechte. In Abb. 16 ist $- l \cos \lambda = C P_2, - g \cos \gamma = C P_1$ und $- b \cos \beta = C P_3$. Um die Teilpendel zu erhalten, braucht man also nur die Angriffspunkte der drei Kräfte wagerecht verschoben zu denken bis zur Lotrechten durch die Stützschneide. Ist ein Armwinkel größer als $90°$, so wird der Kosinus, z. B. $\cos \lambda$, negativ und die Pendellänge $- l \cos \lambda$ positiv. Der Teilschwerpunkt liegt demnach unter der Stützschneide. Ist $\lambda < 90°$, so ist $\cos \lambda$ positiv und $- l \cos \lambda$ negativ, d. h. der Schwerpunkt liegt über der Stützschneide.

Die drei Glieder der rechten Seite der Gleichung stellen die Richtkräfte der Teilpendel dar. Die Summe der Richtkräfte der Teilpendel ist demnach, wie auch ohne weiteres einleuchtet, gleich der Richtkraft des Gesamtpendels.

Zwischen den Formeln für das Gleichgewicht und die Trägheit der einfachen Balkenwaage besteht eine gewisse Ähnlichkeit. Für das Gleichgewicht sind, wie Formel (15) zeigt, die wagerechten Abstände der Angriffspunkte der Kräfte von der Stützschneide, die Hebelarme, maßgebend. Für die Trägheit dagegen sind, wie Formel (17) zeigt, die lotrechten Abstände der Angriffspunkte der Kräfte von der Stützschneide, die Pendellängen, maßgebend. Wir nennen daher in Anlehnung an die Bezeichnung „Hebelarm" die Pendellänge den „Pendelarm" des betreffenden Gewichtes. Balkenarm, Hebelarm und Pendelarm bilden ein rechtwinkliges Dreieck, das den Balkenarm zur Hypotenuse hat.

Ist eine Kraft nicht lotrecht gerichtet, z. B. die Übertragungskraft in einer schräg gerichteten Zugstange, so zieht man durch die Stützschneide eine Parallele zur Kraftrichtung, also zur Zugstange, fällt von dem Angriffspunkt der Zugstange, das ist die Endschneide des Balkenarmes, eine Senkrechte auf die Parallele und erhält wieder ein rechtwinkliges Dreieck, in dem die eine Kathete den Hebelarm, die andere den Pendelarm der Übertragungskraft darstellt. Der Pendelarm ist in diesem Fall nicht lotrecht gerichtet, für die Richtkraft des Teilpendels ist dies jedoch von keiner Bedeutung, da diese sich zu den übrigen Richtwirkungen einfach addiert.

16. Gleichgewichtszustand der Waage. Stabiles, indifferentes, labiles Gleichgewicht.

In der Formel (17) sind die Gewichte $G_0 + G$, $L_0 + L$ und B, sowie der Lasthebelarm $l \sin \lambda$ positive Größen, die zugehörigen Pendelarme können dagegen positiv, $= 0$ oder negativ sein. Demzufolge kann auch die Trägheit $U = \dfrac{\varDelta L}{\varDelta \varphi}$ positiv, $= 0$ oder negativ sein. Ist sie positiv, so entspricht einer positiven Zulage ein positiver Ausschlag der Waage oder einer negativen Zulage ein negativer Ausschlag. Die Waage geht in eine feste Ruhelage über, ihr Gleichgewicht ist stabil. Ist die Trägheit $U = 0$, so ist $E = \dfrac{1}{U} = \dfrac{1}{0} = \infty \cdot$ Einer kleinen Zulage entspricht ein unendlicher großer Ausschlag. Die Waage hat keine Richtkraft, sie bleibt bei vollkommener Ausgleichung in jeder Lage stehen und geht bei dem kleinsten Übergewicht in die äußerste Lage über. Ihr Gleichgewicht ist indifferent. In Wirklichkeit kann freilich die Empfindlichkeit nicht unendlich groß werden, weil die Voraussetzung vollkommener Reibungslosigkeit nicht ganz zutrifft. Ist U negativ, so entspricht einer positiven Zulage ein negativer Ausschlag oder umgekehrt. Die Waage schlägt um, ihr Gleichgewicht ist labil.

17. Abhängigkeit der Trägheit der Waage von der Größe der Belastung bei Annahme starrer Hebel.

Um den Wechsel der Trägheit der Einhebelwaage über den ganzen Wägebereich hin zu untersuchen, müssen wir in Formel (17) die Einzelkräfte anders gruppieren. Wir hatten dort jeder einzelnen Kraft, dem Gewicht und der Last, einen besonderen Pendelarm zugeschrieben. Wir fassen nun die tote Last der Schalen, sowie die Nutzbelastung jede für sich zusammen, so daß wir drei Kräfte erhalten $G_0 + L_0$, $G + L$ und B. Wir nehmen an, die Schalen seien unter sich ausgeglichen. Ist dies in Wirklichkeit nicht der Fall, so können wir uns einen Teil der einen Schale mit dem Balken vereinigt denken und den übrigen Teil als die ausgeglichene Schale ansehen. Ist die tote Belastung, sowie auch die Nutzbelastung in der Einspielungslage der Waage, also bei wagerechter Lage des Balkens, in sich ausgeglichen, so haben beide den gleichen Pendelarm. Man erhält diesen, wenn man die beiden Tragschneiden durch eine Gerade miteinander verbindet und durch die Stützschneide eine Lotrechte zieht. Der Schnittpunkt beider bildet den gemeinsamen Schwerpunkt der toten und der Nutzbelastung und seine Entfernung von der Stützschneide den gemeinsamen Pendelarm. Bezeichnet man diesen mit p und den des Balkens mit p_0, so erhält man die Gleichung

$$l' = \frac{\varDelta L}{\varDelta \varphi} = \frac{Bp_0 + (G_0 + L_0)p + (G + L)p}{l \sin \lambda}. \tag{20}$$

Die Trägheit der Einhebelwaage hängt daher von drei Gliedern ab, von denen die beiden ersten konstant sind, das dritte dagegen mit der Nutzlast veränderlich ist. Die Hebel nehmen wir vorläufig als starr an, demnach die Pendelarme als unveränderlich.

Eine Waage ist nur brauchbar, wenn sie bei allen Belastungen von 0 bis zur Höchstbelastung stabiles Gleichgewicht hat oder, kurz ausgedrückt, stabil ist. Wir sahen oben, daß die Waage stabil ist, wenn die Trägheit oder Empfindlichkeit positiv ist. Es müssen daher, da bei der Belastung 0 das dritte Glied $= 0$ wird, die Summe der beiden ersten konstanten Glieder, sowie auch die Summe aller drei Glieder, und zwar diese für alle vorkommenden Belastungen positiv sein.

Bezeichnet man die drei Glieder der Kürze halber der Reihe nach mit I, II, III, so kommen folgende Kombinationen in Betracht. Es kann sein

	I	II $= 0$	III $= 0$
oder	I $= 0$	II $+$	III $+$
oder	I $-$	II $+$	III $+$
oder	I $-$	II $-$	III $-$.

Da wir bei Erläuterung der einzelnen Fälle auch Beispiele angeben wollen, so benutzen wir hier die in der Praxis gebräuchliche Definition der Trägheit $U' = \dfrac{\mathit{\Delta} L'}{\mathit{\Delta} a} = \dfrac{U}{z}$ [vgl. Formel (13)], verstehen also unter der Trägheit der Waage dasjenige Gewicht, das an der Zeigerspitze einen Ausschlag von 1 mm bewirkt. Führt man diese Größe in die Gleichung (20) ein, so wird

$$U' = \frac{\mathit{\Delta} L'}{\mathit{\Delta} a} = \frac{Bp_0 + (G_0 + L_0)\,p + (G + L)\,p}{z \cdot l \sin \lambda}\,, \tag{21}$$

worin z die Länge des Zeigers bedeutet. Wir kommen nun zur Erläuterung der einzelnen Fälle.

Im ersten Fall ist das erste Glied positiv, der Pendelarm des Balkens also nach unten gerichtet, der Balken demnach stabil. Die beiden anderen Glieder sind $= 0$, d. h. der Pendelarm p der Belastung ist $= 0$. Die drei Schneiden liegen in einer Ebene, und die Trägheit der Waage ist von der Belastung unabhängig, sie ist für alle Lasten die gleiche. Umgekehrt kann man aus der Tatsache, daß die Empfindlichkeit für alle Lasten die gleiche ist, den Schluß ziehen, daß die drei Schneiden in einer Ebene liegen.

Die Gleichung (21) nimmt für diesen ersten Fall die Form an:

$$U'' = \frac{Bp_0}{z \cdot l \sin \lambda}\,. \tag{22}$$

Wie die Formel zeigt, wird die Trägheit der Waage um so kleiner, die Empfindlichkeit demnach um so größer, je leichter der Balken B, je kleiner sein Pendelarm p_0 und je größer der Lasthebelarm $l \sin \lambda$ ist. Den Abmessungen des Balkens und seiner Arme sind zwar mit Rücksicht auf seine Festigkeit gewisse Grenzen gesetzt, dafür läßt sich sein Pendelarm aber beliebig klein machen, so daß man beliebig hohe Empfindlichkeiten erzielen kann. Die Hersteller von Waagen suchen daher diesen Fall zu verwirklichen, im besonderen die Empfindlichkeit von der Last unabhängig zu machen, indem sie die drei Schneiden möglichst in eine Ebene bringen.

Beispiel: Es sei

das Gewicht des Balkens $\qquad\qquad B = 1000$ g,

der Lasthebelarm $\qquad\qquad l \sin \lambda = 100$ mm,

die Länge des Zeigers $\qquad\qquad z = 200$ mm,

und der Pendelarm des Balkens $p_0' = +\,0{,}1$ mm.

Setzt man diese Werte in die vorstehende Gleichung ein, so ergibt sich

$$U' = \frac{1000 \cdot 0{,}1}{200 \cdot 100} = 0{,}005 \text{ g,}$$

d. h. ein Empfindlichkeitsgewicht von 5 mg bewirkt einen Ausschlag der Zeigerspitze von 1 mm.

Im zweiten Fall ist das erste Glied $= 0$, d. h. der Pendelarm des Balkens p_0' ist $= 0$, sein Schwerpunkt liegt in der Stützschneide, der

Balken ist im indifferenten Gleichgewicht und ohne Einfluß auf die Trägheit der Waage. Die beiden anderen Glieder sind positiv, d. h. der Pendelarm der Belastung ist positiv, also nach unten gerichtet. Die Tragschneiden liegen tiefer als die Stützschneide. Die Gleichung (21) nimmt
für diesen Fall die Form an

$$U' = \frac{(G_0 + L_0)\, p + (G + L)\, p}{z \cdot l \sin \lambda}. \tag{23}$$

Die Trägheit nimmt mit wachsender Belastung $G + L$ zu, die Empfindlichkeit somit ab. Umgekehrt kann man — von etwaiger Durchbiegung
abgesehen — aus der Tatsache, daß die Empfindlichkeit mit zunehmender Last abnimmt, den Schluß ziehen, daß die Tragschneiden tiefer
liegen als die Stützschneide.

Beispiel: Es sei

das Gesamtgewicht der beiden Schalen $G_0 + L_0 = 500$ g,
der Lasthebelarm $\hspace{6em} l \sin \lambda = 125$ mm,
die Länge des Zeigers $\hspace{6em} z = 200$ mm
und der Pendelarm der Belastung $\hspace{3em} p = + 0{,}1$ mm.

Dann wird die Trägheit der unbelasteten Waage, da in diesem Fall
$G + L = 0$ ist.

$$U'_0 = \frac{500 \cdot 0{,}1}{200 \cdot 125} = 0{,}002 \text{ g}.$$

Ist die Höchstlast der Waage $L_m = 1000$ g, die höchste Nutzbelastung
im Fall einer gleicharmigen Waage also $G_m + L_m = 2000$ g, so wird die
Trägheit der Waage für die Höchstlast

$$U_m = \frac{500 \cdot 0{,}1 + 2000 \cdot 0{,}1}{200 \cdot 125} = 0{,}010 \text{ g}.$$

Um einen Ausschlag der Zeigerspitze von 1 mm zu bewirken, ist demnach bei leerer Waage ein Empfindlichkeitsgewicht von 2 mg, bei vollbelasteter Waage dagegen ein solches von 10 mg erforderlich.

Die Trägheit steigt von 0 bis zur Höchstlast gleichmäßig an. Sie ist
z. B. bei $^7/_{10}$ der Höchstlast

$$U_{0{,}7\,m} = 2 + 0{,}7\,(10 - 2) = 7{,}6 \text{ mg,}$$

Der dritte Fall unterscheidet sich von dem zweiten nur dadurch,
daß das erste Glied nicht $= 0$, sondern negativ ist. Der Pendelarm p'_0
des Balkens ist negativ, d. h. aufwärts gerichtet. Der Schwerpunkt liegt
über der Stützschneide. Zu der rechten Seite der Gleichung des zweiten
Falles kommt das Glied $\dfrac{B p'_0}{z \cdot l \sin \lambda}$ hinzu.

Ist z. B. der Balken $B = 750$ g und liegt sein Schwerpunkt 0,02 mm
über der Stützschneide, so daß $p'_0 = - 0{,}02$ mm ist, so verändert sich,
um bei dem umstehenden Beispiel zu bleiben, die Trägheit der Waage
für jede beliebige Last um $- \dfrac{750 \cdot 0{,}02}{200 \cdot 125} = - 0{,}0006$ g oder $- 0{,}6$ mg.

Die Trägheit wird also bei leerer Waage $= 2 - 0{,}6 = 1{,}4$ mg und bei vollbelasteter Waage $= 10 - 0{,}6 = 9{,}4$ mg.

Der vierte Fall bildet die Umkehrung des dritten. Der Pendelarm des Balkens ist positiv, d. h. abwärts gerichtet, der Pendelarm der Belastung dagegen negativ, d. h. aufwärts gerichtet. Die Tragschneiden liegen höher als die Stützschneide. Die Trägheit hat ihren größten, die Empfindlichkeit demnach ihren kleinsten Wert bei leerer Waage. Die Empfindlichkeit nimmt mit wachsender Last zu und erreicht ihren größten Wert bei vollbelasteter Waage. Umgekehrt kann man aus der Tatsache, daß bei einer Waage die Empfindlichkeit mit wachsender Last zunimmt, den Schluß ziehen, daß die Tragschneiden höher liegen als die Stützschneide.

Beispiel: Es sei

das Gewicht des Balkens $\qquad\qquad B = 1000$ g,

das Gesamtgewicht der beiden Schalen $\quad G_0 + L_0 = 750$ g,

der Lasthebelarm $\qquad\qquad\qquad\quad l \sin \lambda = 125$ mm,

der Zeiger $\qquad\qquad\qquad\qquad\qquad z = 200$ mm,

der Pendelarm des Balkens $\qquad\qquad p_0 = +0{,}3$ mm,

der Pendelarm der Belastung $\qquad\qquad p = -0{,}1$ mm.

Dann ist die Trägheit der unbelasteten Waage

$$U_0'' = \frac{1000 \cdot 0{,}3 - 750 \cdot 0{,}1}{200 \cdot 125} = 0{,}009 \text{ mg} = 9 \text{ mg}.$$

Ist die Höchstlast $= 1000$ g, so wird, falls die Waage gleicharmig ist, die größte Nutzbelastung $= 2000$ g und die Trägheit für die Höchstlast ist

$$U_m'' = \frac{1000 \cdot 0{,}3 - 750 \cdot 0{,}1 - 2000 \cdot 0{,}1}{200 \cdot 125} = 0{,}001 \, g = 1 \, mg.$$

Die Empfindlichkeit der vollbelasteten Waage ist daher neunmal so groß wie die der unbelasteten.

18. Abhängigkeit der Trägheit der Waage von der Biegung des Hebels.

Werden die Schalen belastet, so biegt sich der Balken je nach seiner Form und seinen Abmessungen mehr oder weniger durch, und die Schneiden werden zusammengedrückt. Beide Formveränderungen, mögen sie nun in den einzelnen Fällen praktisch in Betracht kommen oder nicht, beeinflussen die Empfindlichkeit der Waage in demselben Sinne. Infolge der Biegung des Balkens senken sich sowohl die Tragschneiden, wie auch der Schwerpunkt des Balkens. Das bedeutet, daß die Pendelarme des Balkens und der Belastung sich im positiven Sinne ändern. Da demzufolge auch die Richtkräfte zunehmen, so vergrößert sich die Trägheit und verkleinert sich die Empfindlichkeit der Waage. In gleichem Sinne wirkt die Zusammendrückung der Schneiden, die der Vollständigkeit wegen mit erwähnt sei, obwohl sie praktisch nicht in Betracht kommt.

Durch die Zusammendrückung der Stützschneide wird deren Schneidenlinie am Balken höher gelegt, während durch die der Tragschneiden die Schneidenlinien dieser tiefer gelegt werden. Beides wirkt auf eine Zunahme der Pendelarme und damit auch der Richtkräfte hin. Beide Formveränderungen, Biegung und Zusammendrückung, machen daher die Waage unempfindlicher.

Die Änderungen, die die Pendelarme infolge der Biegung erfahren, sind der Gesamtbelastung (Gesamtlast + Gesamtgewicht) des Hebels proportional. Da sich die Waage aber in der Einspielungslage befindet und nicht nur die Drehungsmomente von L und G, sondern auch die von L_0 und G_0 unter sich ausgeglichen sind, so ist die Gesamtlast $L_0 + L$ der Gesamtbelastung proportional. Man kann daher die Änderungen der Pendelarme der Gesamtlast proportional setzen. Versteht man daher unter Δp_0 die Änderung, die der Pendelarm des Balkens, unter Δp die Änderung, die der Pendelarm der Belastung durch die Einheit der Last an der Lastschneide bei ausgeglichener Waage erfährt, so sind die Änderungen, die die Pendelarme durch die Last $L_0 + L$ erfahren, $= (L_0 + L)\,\Delta p_0$, bzw. $(L_0 + L)\,\Delta p$. Fügt man in Gleichung (20) diese Beträge zu den Pendelarmen hinzu, so ergibt sich

$$U = \frac{B\,[p_0 + (L_0 + L)\,\Delta p_0] + (G_0 + L_0 + G + L)\,[p + (L_0 + L)\,\Delta p]}{l \sin \lambda}. \tag{24}$$

Da G und L einander proportional sind und in demselben Verhältnis zueinander stehen wie G_0 und L_0, so kann man

$$G_0 = \varkappa L_0$$

und

$$G = \varkappa L$$

setzen, wo $\varkappa = 1$ oder $= 0{,}1$ ist, je nachdem es sich um eine gleicharmige oder eine Dezimalwaage handelt.

Setzt man diese Werte in die vorstehende Gleichung ein und führt zugleich den in der Praxis gebräuchlichen Begriff der Trägheit der Waage ein, so ergibt sich

$$U' = \frac{\Delta L}{\Delta a} = \frac{B\,[p_0 + (L_0 + L)\,\Delta p_0] + (1 + \varkappa)\,(L_0 + L)\,[p + (L_0 + L)\,\Delta p]}{z \cdot l \sin \lambda}.$$

Löst man in dieser Gleichung die Klammern auf und ordnet die Glieder nach Potenzen von L, so erhält man eine Gleichung von der Form

$$U' = C_0 + C_1 L + C_2 L^2. \tag{25}$$

Hierin ist

$$C_0 = \frac{(p_0 + L_0\,\Delta p_0)\,B + (1 + \varkappa)\,(p + L_0\,\Delta p)\,L_0}{z \cdot l \sin \lambda}$$

$$C_1 = \frac{B\,\Delta p_0 + (1 + \varkappa)\,(p + 2 L_0\,\Delta p)}{z \cdot l \sin \lambda} \tag{26}$$

und

$$C_2 = \frac{(1 + \varkappa)\,\Delta p}{z \cdot l \sin \lambda}.$$

Sieht man von der Zusammensetzung der drei Konstanten C ab, so gilt die Formel (25) für sämtliche Waagen mit Gewichtsschale. Auf

Laufgewichtswaagen ist sie jedoch nicht anwendbar, weil die bei ihnen notwendige Voraussetzung, daß der Schwerpunkt sich in einer Geraden bewegt, nie genau zutrifft und kleine Abweichungen schon ins Gewicht fallen.

19. Tabelle der Trägheiten und Trägheitskurve der Einhebelwaage.

Kennt man die drei Konstanten C_0, C_1 und C_2, die wir die Trägheitskonstanten der Waage nennen wollen, so kann man die Trägheit der Waage für jede beliebige Last berechnen. Man kann weiter eine Tabelle aufstellen und eine Kurve zeichnen, die beide eine Übersicht über den Verlauf der Trägheiten der Waage in ihrem Wägungsbereich geben.

Um die drei Trägheitskonstanten berechnen zu können, brauchen wir nur die Trägheit der Waage für drei verschiedene Belastungen, z. B. für die Lasten 0, L_1 und L_2 zu bestimmen. Damit erhalten wir folgende Gleichungen

$$U'_0 = C_0$$
$$U'_1 = C_0 + C_1 L_1 + C_2 L_1^2$$
und
$$U'_2 = C_0 + C_1 L_2 + C_2 L_2^2.$$

Hierin sind U_0, U_1, U_2, L_1 und L_2 bekannt. Man kann also C_0, C_1 und C_2 aus ihnen berechnen, und zwar wird

$$
\begin{aligned}
C_0 &= U'_0 \\
C_1 &= \frac{L_2^2(U'_1 - U'_0) - L_1^2(U'_2 - U'_0)}{L_1 L_2 (L_2 - L_1)} \\
\text{und}\qquad C_2 &= \frac{L_1(U'_2 - U'_0) - L_2(U'_1 - U'_0)}{L_1 L_2 (L_2 - L_1)}
\end{aligned}
\qquad (27)
$$

Setzt man diese Werte in die allgemeine Trägheitsformel

$$U' = C_0 + C_1 L + C_2 L^2$$

ein, so kann man die jeder Last L entsprechende Trägheit U' berechnen und die Tabelle der Trägheiten aufstellen oder die Trägheitskurve zeichnen.

Um die Höhe- oder Tiefpunkte dieser Kurve zu bestimmen, bilden wir den ersten und zweiten Differentialquotienten:

$$\frac{dU'}{dL} = C_1 + 2C_2 L$$

und

$$\frac{d^2U'}{dL^2} = 2C_2 .$$

Setzt man $\dfrac{dU'}{dL} = 0$, so wird $L = -\dfrac{C_1}{2C_2}.$ Diesem Wert von L entspricht demnach ein Höhe- oder Tiefpunkt der Kurve, je nachdem $\dfrac{d^2U'}{dL^2}$ negativ oder positiv ist. Da nun C_2 nur positiv sein kann, weil die Biegung des Hebels die Trägheit stets vergrößert, so kann die Kurve nur einen Tiefpunkt (Minimum), niemals einen Höhepunkt (Maximum) haben. Da ferner L stets positiv ist, so muß, wenn $L = -\dfrac{C_1}{2\,C_2}$ positiv sein soll C_1 negativ sein. Die Trägheitskurve hat also nur dann einen Tiefpunkt, wenn C_1 negativ ist, d. h. wenn die Last im Sinne labilen Gleichgewichtes wirkt. Anderenfalls hat die Kurve keinen ausgezeichneten Punkt, sondern steigt stetig an, da dann sämtliche drei Glieder positiv sind. Denn C_0 muß ebenso wie C_2 stets positiv sein, weil die Waage im unbelasteten Zustand stabil sein muß, damit sie austariert werden kann.

Beispiel: Die Trägheiten einer gleicharmigen Balkenwaage für 100 kg seien bestimmt worden bei drei Belastungen der Waage, für $L = 0$, $= 50$ und $= 100$ kg. Es sei gefunden worden
$$U'_0 = 0,0020,\quad U'_{50} = 0,0010 \text{ und } U'_{100} = 0,0012 \text{ kg/mm}.$$
Setzt man diese Werte in die Formeln (27) ein, so ergeben sich für die Konstanten die Werte $C_0 = +\,0,0020$, $C_1 = -0,000032$ und $C_2 = +\,0,00000024$. Setzt man weiter diese Werte in die Hauptformel (25) ein und berechnet die Trägheiten der Menge von 10 zu 10 kg, so erhält man folgende Tabelle der Trägheiten, ausgedrückt in g/mm.

L kg	C_0 g/mm	$C_1 L$ g mm	$C_2 L^2$ g/mm	U' g/mm
0	2,00	0,00	0,00	+ 2,00
10	2,00	− 0,32	+ 0,02	+ 1,70
20	2,00	− 0,64	+ 0,10	+ 1,46
30	2,00	− 0,96	+ 0,22	+ 1,26
40	2,00	− 1,28	+ 0,38	+ 1,10
50	2,00	− 1,60	+ 0,60	+ 1,00
60	2,00	− 1,92	+ 0,86	+ 0,94
70	2,00	− 2,24	+ 1,18	+ 0,94
80	2,00	− 2,56	+ 1,54	+ 0,98
90	2,00	− 2,88	+ 1,94	+ 1,06
100	2,00	− 3,20	+ 2,40	+ 1,20

Wie die Tabelle zeigt, ist die Trägheit der Waage am größten, die Empfindlichkeit also am kleinsten für $L = 0$, d. h. bei unbelasteter Waage. Mit wachsender Last nimmt die Empfindlichkeit zu und erreicht ihren größten Wert für $L = -\dfrac{C_1}{2\,C_2} = 66,7$ kg. Von hier an nimmt sie wieder ab. Sie bleibt aber bis zur Höchstlast stets größer als bei unbelasteter Waage und würde erst bei einer Überlastung der Waage auf 133 kg den gleichen Wert wieder annehmen, wie sich aus der Hauptformel
$$U = 0,020 - 0,00032\,L + 0,0000024\,L^2$$
ergibt, wenn man $U = 0,020$ setzt.

Aus den Konstanten C und den Abmessungen und Gewichten der Einzelteile der Waage lassen sich nun auch mit Hilfe der Formeln (26) die Pendelarme p_0 und p und die Koeffizienten ihrer Verlängerungen Δp_0 und Δp berechnen. Da für gleicharmige Waagen $\varkappa = 1$ ist, so nehmen die Gleichungen folgende Form an:

$$C_0 = \frac{(p_0 + L_0 \Delta p_0) B + 2 (p + L_0 \Delta p) L_0}{z \cdot l \sin \lambda}$$

$$C_1 = \frac{B \Delta p_0 + 2 (p + 2 L_0 \Delta p)}{z \cdot l \sin \lambda}$$

und

$$C_2 = \frac{2 \Delta p}{z \cdot l \sin \lambda} .$$

Es stehen hiernach drei Gleichungen zur Verfügung, in denen scheinbar vier Unbekannte vorkommen, so daß diese sich nicht zahlenmäßig berechnen lassen würden. In Wirklichkeit sind es jedoch nur drei Unbekannte, da die Koeffizienten Δp_0 und Δp der Pendelarmverlängerungen in einem bestimmten, von den Abmessungen des Hebels abhängigen Verhältnis zueinander stehen. Hat z. B. der Hebel überall gleichen Querschnitt, so ist, wie sich aus der Theorie der Elastizität ergibt, $\Delta p_0 = \frac{3}{8} \Delta p$. Hat der Hebel überall gleiche Breite, nimmt aber die Höhe von der Stützschneide bis zu den Tragschneiden gleichmäßig bis auf die Hälfte ab, so ist rund $\Delta p_0 = \frac{1}{3} \Delta p$.

Wir nehmen an, der Hebel habe die letztere Form. Ferner sei

$$\begin{aligned}
&\text{der Lasthebelarm} & l \sin \lambda &= 400 \text{ mm,} \\
&\text{der Zeiger} & z &= 500 \text{ mm,} \\
&\text{das Gewicht einer Schale} & L_0 &= 5 \text{ kg} \\
&\text{und das Gewicht des Balkens} & B &= 12 \text{ kg.}
\end{aligned}$$

Setzt man diese Werte, sowie die der Konstanten C in die vorstehenden Gleichungen ein und ordnet die Glieder nach den Unbekannten, so ergibt sich

$$\begin{aligned}
400 &= 12 \, p_0 + 10 \, p + 70 \, \Delta p \\
-6{,}4 &= 2 \, p + 24 \, \Delta p \\
0{,}048 &= 2 \, \Delta p.
\end{aligned}$$

Durch Auflösung der Gleichungen erhält man für die drei Unbekannten die Werte

$$p_0 = 35{,}22 \text{ mm}, \quad p = -2{,}91 \text{ mm} \quad \text{und} \quad \Delta p = 0{,}024 \text{ mm}.$$

Die Tragschneiden liegen demnach nahezu 3 mm höher als die Stützschneide, der Pendelarm der Belastung ist dementsprechend nach oben gerichtet und sie selbst befindet sich im labilen Gleichgewicht. Die Waage wird im stabilen Gleichgewicht gehalten durch die große Richtkraft des Balkens, dessen Schwerpunkt 35 mm unter der Stützschneide liegt.

20. Die Gleichung für die Trägheit der Einhebelwaage in anderer Form.

Wir haben in Nr. 15 die Formel für die Trägheit der Einhebelwaage auf elementarem Wege abgeleitet und gesehen, wie umständlich dies Verfahren schon bei dieser einfachsten Waage ist. Bei der Zweihebelwaage wären die Berechnungen kaum noch durchzuführen. Wir werden uns daher von nun an der Differentialrechnung bedienen, da die Trägheit durch den Differentialquotienten der Gleichung für das Gleichgewicht der Waage in der Lage φ dargestellt und die Rechnung dadurch außerordentlich vereinfacht wird.

Setzt man in Formel (15) $\lambda + \varphi$ statt λ, $\beta + \varphi$ statt β und $\gamma - \varphi$ statt γ, so erhält man die Bedingungsgleichung für das Gleichgewicht der Waage in der Lage $+\varphi$, nämlich

$$(L_0 + L)\, l \sin (\lambda + \varphi) - Bb \sin (\beta + \varphi) = (G_0 + G)\, g \sin (\gamma - \varphi). \quad (28)$$

Bildet man hieraus durch totale Differentiation den Differentialquotienten $\dfrac{dL}{d\varphi}$, der die Trägheit der Waage in der Lage $+\varphi$ darstellt und praktisch dieselbe Bedeutung hat wie der Quotient $\dfrac{\varDelta L}{\varDelta \varphi}$, so ergibt sich

$$\frac{dL}{d\varphi} = \frac{-(L_0 + L)\, l \cos (\lambda + \varphi) - (G_0 + G)\, g \cos (\gamma - \varphi) - Bb \cos (\beta + \varphi)}{l \sin (\lambda + \varphi)}. \quad (29$$

Setzt man hierin $\varphi = 0$, so erhält man, übereinstimmend mit der Formel (17), die Gleichung für die Trägheit der Waage in der Einspielungslage

$$\frac{dL}{d\varphi} = \frac{(L_0 + L)\, l \cos \lambda - (G_0 + G)\, g \cos \gamma - Bb \cos \beta}{l \sin \lambda}. \quad (30)$$

Führt man weiter $\sin \lambda \cdot \operatorname{ctg} \lambda$ statt $\cos \lambda$ ein und entsprechende Werte für $\cos \gamma$ und $\cos \beta$ und dividiert die einzelnen Glieder durch $l \sin \lambda$, so folgt

$$\frac{dL}{d\varphi} = -(L_0 + L)\, \operatorname{ctg} \lambda - (G_0 + G)\, \frac{g \sin \gamma}{l \sin \lambda} \cdot \operatorname{ctg} \gamma - B\, \frac{b \sin \beta}{l \sin \lambda} \cdot \operatorname{ctg} \beta \ldots \quad (31)$$

In dieser Gleichung bedeuten $(G_0 + G)\, \dfrac{g \sin \gamma}{l \sin \lambda}$ und $B\, \dfrac{b \sin \beta}{l \sin \lambda}$ dem absoluten Werte nach die Kräfte, mit denen die Gewichte $G_0 + G$ bzw. B auf die Lastschneide wirken. Denkt man sich diese Kräfte mit ihrem Vorzeichen an der Lastschneide unmittelbar angebracht, so besteht zwischen ihnen und der Last $L_0 + L$ Gleichgewicht. Wir bezeichnen der Kürze halber die beiden Ersatzkräfte durch wagerechte Striche über den Buchstaben und definieren sie durch die Gleichungen

$$\left.\begin{aligned} (G_0 + G)\, \frac{g \sin \gamma}{l \sin \lambda} &= \overline{G_0} + \overline{G} \\ B\, \frac{b \sin \beta}{l \sin \lambda} &= \overline{B} \end{aligned}\right\} \quad (32)$$

und

Die Gleichung für das Gleichgewicht zwischen den Ersatzkräften und der Last lautet demnach

$$L_0 + L + B = \overline{G_0} + \overline{G} \quad (33)$$

und die Gleichung für die Trägheit

$$\frac{dL}{d\varphi} = -(L_0 + L)\,\text{ctg}\,\lambda - (G_0 + G)\,\text{ctg}\,\gamma - B\,\text{ctg}\,\beta. \qquad (34)$$

Entnimmt man aus Formel (33) den Wert für $G_0 + G$ und setzt ihn in vorstehende Formel ein, so wird

$$\frac{dL}{d\varphi} = -(L_0 + L)(\text{ctg}\,\lambda + \text{ctg}\,\gamma) - B(\text{ctg}\,\beta + \text{ctg}\,\gamma). \qquad (35)$$

Ersetzt man hierin ctg durch $\frac{\cos}{\sin}$ und bringt die in den einzelnen Klammern enthaltenen Brüche auf gleichen Nenner, so erhält man mit Benutzung der Formel für den Sinus der Summe zweier Winkel folgende Endformel:

$$U = \frac{1}{E} = \frac{dL}{d\varphi} = -(L_0 + L)\frac{\sin(\gamma + \lambda)}{\sin\gamma\cdot\sin\lambda} - B\frac{\sin(\gamma + \beta)}{\sin\gamma\cdot\sin\beta}. \qquad (36)$$

Die Kraftwinkel γ und λ des Gewichtes und der Last liegen stets in der Nähe von $90°$. Ihr Sinus ist daher stets positiv. Das Vorzeichen des ersten Gliedes der rechten Seite hängt daher allein von der Summe der beiden Winkel ab. Ist $\gamma + \lambda > 180°$, so ist $\sin(\gamma + \lambda)$ negativ und das erste Glied wird positiv, d. h. die Last wirkt im Sinne stabilen Gleichgewichtes der Waage. Ist $\gamma + \lambda < 180°$, so ist $\sin(\gamma + \lambda)$ positiv und das Glied wird negativ, d. h. die Last wirkt auf labiles Gleichgewicht hin. Für $\gamma + \lambda = 180°$ wird $\sin(\gamma + \lambda) = 0$, das erste Glied also auch $= 0$, d. h. die Belastung, für sich betrachtet, befindet sich im indifferenten Gleichgewicht und die Empfindlichkeit ist von der Größe der Belastung unabhängig, sie ist konstant.

Diese Überlegungen gelten für beliebig gerichtete Kräfte. Sind die Kräfte, wie im vorliegenden Fall, wo es sich ausschließlich um Gewichte handelt, einander parallel, so ist $\gamma + \lambda = 360° - \angle A C D$ (Abb. 2) $= 360°$ weniger dem von den Balkenarmen g und l nach unten hin gebildeten Winkel und $\sin(\gamma + \lambda) = \sin \angle A C D$. In diesem Sonderfall hängt also der Gleichgewichtszustand der Belastung an sich davon ab, ob $\angle A C D > $ oder $=$ oder $< 180°$ ist.

21. Gleichgewicht und Trägheit der Zweihebelwaage.

Rechnet man bei der Zweihebelwaage das Gewicht der Zugstange zur Hälfte zu dem des Gewichtshebels, zur Hälfte zu dem des Lasthebels hinzu, so kommt zu den an der Einhebelwaage wirkenden Kräften nur das Gewicht des zweiten Hebels, des Lasthebels, hinzu.

Um die Bedingungsgleichung für das Gleichgewicht der Zweihebelwaage aufzustellen, denken wir uns die Zugstange in der Mitte zerschnitten und an der Schnittstelle zwei gleiche und entgegengesetzt gerichtete Kräfte K angebracht, die gleich der in der Zugstange wirkenden Zugkraft sind und in deren Richtung wirken. Dann erhalten wir zwei

Einhebelwaagen, die ebenso im Gleichgewicht sind, wie vorher die zusammengesetzte Waage. Die Übertragungskraft K stellt in bezug auf die Oberwaage die Last, in bezug auf die Unterwaage das Gewicht dar. Wir können daher auf beide Waagen die Formel (15) anwenden und erhalten für das Gleichgewicht in der Einspielungslage die beiden Gleichungen

$$K l_1 \sin \lambda_1 + B_1 b_1 \sin \beta_1 = (G_0 + G) g_1 \sin \gamma_1$$

und

$$(L_0 + L) l_2 \sin \lambda_2 + B_2 b_2 \sin \beta_2 = K g_2 \sin \gamma_2.$$

Bringt man in den beiden Gleichungen K auf eine Seite und setzt ihre Werte einander gleich, so erhält man nach einigen leichten Umformungen die Formel für das Gleichgewicht der Zweihebelwaage in der Einspielungslage:

$$\left. \begin{aligned} (L_0 + L) l_1 \sin \lambda_1 \, l_2 \sin \lambda_2 + B_1 b_1 \sin \beta_1 \cdot g_2 \sin \gamma_2 + B_2 b_2 \sin \beta_2 \cdot l_1 \sin \lambda_1 \\ = (G_0 + G) g_1 \sin \gamma_1 \cdot g_2 \sin \gamma_2. \end{aligned} \right\} \quad (37)$$

Nimmt man an, die Waage befinde sich in einer Lage $+ \varphi$ im Gleichgewicht, die nur soweit von der Einspielungslage abweicht, daß das Schwingungsverhältnis des Lasthebels zum Gewichtshebel $\dfrac{\psi}{\varphi} = m$ noch als richtig angenommen werden kann, so erhält man die Gleichung für die neue Lage, wenn man in vorstehender Formel zu λ_1 und β_1 den Winkel $+ \varphi$, zu γ_1 den Winkel $- \varphi$, ferner zu λ_2 und β_2 den kleinen Winkel $+ m\varphi$ und zu γ_2 den kleinen Winkel $- m\varphi$ hinzufügt. Aus dieser Gleichung ergibt sich, wie bei der Einhebelwaage, durch totale Differentiation die Formel für die Trägheit der Waage:

$$\left. \begin{aligned} l_1 \sin \lambda_1 \cdot l_2 \sin \lambda_2 \frac{dL}{d\varphi} = {}& - (L_0 + L)(l_1 \cos \lambda_1 \cdot l_2 \sin \lambda_2 + m l_1 \sin \lambda_1 \, l_2 \cos \lambda_2) \\ & - (G_0 + G)(g_1 \cos \gamma_1 \cdot g_2 \sin \gamma_2 + m g_1 \sin \gamma_1 \cdot g_2 \cos \gamma_2) \\ & - B_1 (b_1 \cos \beta_1 \cdot g_2 \sin \gamma_2 + m b_1 \sin \beta_1 \, g_2 \cos \gamma_2) \\ & - B_2 (l_1 \cos \lambda_1 \cdot b_2 \sin \beta_2 + m l_1 \sin \lambda_1 \cdot b_2 \cos \beta_2) \end{aligned} \right\} \quad (38)$$

Die rechte Seite dieser Gleichung stellt die **Richtkraft der Zweihebelwaage** dar.

Setzt man in der Gleichung für cos überall $\sin \cdot \mathrm{ctg}$ und zieht aus den Klammern die je zwei Gliedern gemeinsamen Faktoren heraus, so ergibt sich

$$\begin{aligned} l_1 \sin \lambda_1 \cdot l_2 \sin \lambda_2 \frac{dL}{d\varphi} = {}& - (L_0 + L) l_1 \sin \lambda_1 \, l_2 \sin \lambda_2 \, (\mathrm{ctg}\, \lambda_1 + m \, \mathrm{ctg}\, \lambda_2) \\ & - (G_0 + G) g_1 \sin \gamma_1 \cdot g_2 \sin \gamma_2 \, (\mathrm{ctg}\, \gamma_1 + m \, \mathrm{ctg}\, \gamma_2) \\ & - B_1 \cdot b_1 \sin \beta_1 \cdot g_2 \sin \gamma_2 \, (\mathrm{ctg}\, \beta_1 + m \, \mathrm{ctg}\, \gamma_2) \\ & - B_2 \cdot l_1 \sin \lambda_1 \cdot b_2 \sin \beta_2 \, (\mathrm{ctg}\, \lambda_1 + m \, \mathrm{ctg}\, \beta_2). \end{aligned}$$

Dividiert man die Gleichung durch $l_1 \sin \lambda_1 \cdot l_2 \sin \lambda_2$ und führt die Ersatzkräfte ein, so wird

$$\frac{dL}{dq} = - (L_0 + L)(\operatorname{ctg} \lambda_1 + m \operatorname{ctg} \lambda_2)$$
$$- (G_0 + G)(\operatorname{ctg} \gamma_1 + m \operatorname{ctg} \gamma_2)$$
$$- B_1 (\operatorname{ctg} \beta_1 + m \operatorname{ctg} \gamma_2) \tag{39}$$
$$- B_2 (\operatorname{ctg} \lambda_1 + m \operatorname{ctg} \beta_2)$$

Eliminiert man mit Hilfe der Gleichung

$$(L_0 + L) + B_1 + B_2 - (G_0 + G) = 0$$

$G_0 + G$ aus der Gleichung (39) und nimmt ähnliche Umformungen vor, wie bei der Ableitung der Trägheitsformel der Einhebelwaage, so erhält man die Endgleichung

$$U = \frac{1}{E} = \frac{dL}{dq} = - (L_0 + L) \left| \frac{\sin(\gamma_1 + \lambda_1)}{\sin \gamma_1 \cdot \sin \lambda_1} + m \frac{\sin(\gamma_2 + \lambda_2)}{\sin \gamma_2 \cdot \sin \lambda_2} \right|$$
$$- B_2 \left| \frac{\sin(\gamma_1 + \lambda_1)}{\sin \gamma_1 \cdot \sin \lambda_1} + m \frac{\sin(\gamma_2 + \beta_2)}{\sin \gamma_2 \cdot \sin \beta_2} \right| \tag{40}$$
$$- B_1 \frac{\sin(\gamma_1 + \beta_1)}{\sin \gamma_1 \cdot \sin \beta_1}$$

22. Abhängigkeit der Trägheit der Zweihebelwaage von den Trägheiten der beiden Einhebelwaagen, aus denen sie zusammengesetzt ist.

Denkt man sich die Zweihebelwaage durch Zerschneiden der Zugstange in zwei Einhebelwaagen zerlegt und an der Schnittstelle die entgegengesetzt gleichen Zugkräfte K angebracht, so kann man, da sich beide Waagen in der Einspielungslage und im Gleichgewicht befinden, auf beide die Formel (36) anwenden. Bezeichnet man die Trägheit der Gewichtshebelwaage mit U_1, die der Lasthebelwaage mit U_2, so ist

$$U_1 = - K \frac{\sin(\gamma_1 + \lambda_1)}{\sin \gamma_1 \cdot \sin \lambda_1} - \dot{B}_1 \frac{\sin(\gamma_1 + \beta_1)}{\sin \gamma_1 \cdot \sin \beta_1}. \tag{41}$$

Hierin bedeutet $\dot{B}_1$ eine Ersatzkraft, die, an der Lastschneide des Hebels B_1 in der Richtung der Zugstange angebracht, dieselbe Wirkung ausüben würde, wie der Hebel selbst, die Oberwaage also ebenfalls im Gleichgewicht halten würde. Die in der Gleichung für die Zweihebelwaage vorkommende Ersatzkraft desselben Hebels, jedoch in bezug auf die Lastschneide des Unterhebels hatten wir mit B_1 bezeichnet. Da beide Kräfte dieselbe Kraft ersetzen, so müssen ihre Drehungsmomente in bezug auf den Lasthebel einander gleich sein. Es ist daher

$$\dot{B}_1 \, g_2 \sin \gamma_2 = B_1 \, l_2 \sin \lambda_2$$

oder, wenn man die Gleichung durch $g_2 \sin \gamma_2$ dividiert und das Hebelverhältnis $\dfrac{g_2 \sin \gamma_2}{l_2 \sin \lambda_2}$ des Lasthebels mit h_2 bezeichnet,

$$\dot{B}_1 = \frac{B_1}{h_2}.$$

In ähnlicher Weise ergibt sich für die Zugkraft K die Gleichung

$$K = \frac{L_0 + L + B_2}{h_2}.$$

Setzt man diese beiden Werte in Gleichung (41) ein und multipliziert beide Seiten mit h_2, so wird

$$h_2\,U_1 = -\,(L_0 + L + B_2)\,\frac{\sin\,(\gamma_1 + \lambda_1)}{\sin\,\gamma_1 \cdot \sin\,\lambda_1} - B_1\,\frac{\sin\,(\gamma_1 + \beta_1)}{\sin\,\gamma_1 \cdot \sin\,\beta_1}. \qquad (42)$$

Die Formel für die Trägheit der Lasthebelgrenze ergibt sich unmittelbar aus der Formel (36). Es ist

$$U_2 = \frac{d\,L}{d\,\psi} = -\,(L_0 + L)\,\frac{\sin\,(\gamma_2 + \lambda_2)}{\sin\,\gamma_2 \cdot \sin\,\lambda_2} - B_2\,\frac{\sin\,(\gamma_2 + \beta_2)}{\sin\,\gamma_2 \cdot \sin\,\beta_2}. \qquad (43)$$

Multipliziert man die beiden Seiten dieser Gleichung mit dem Schwingungsverhältnis m, addiert die so gewonnene Gleichung zu der Gleichung (42) und ordnet die Glieder der ersten Seite der neuen Gleichung in derselben Weise wie in Gleichung (40), so sieht man, daß die rechten Seiten beider übereinstimmen. Folglich ist

$$U = h_2\,U_1 + m\,U_2 \qquad (44)$$

oder, wenn man statt der Trägheiten die Empfindlichkeiten einführt,

$$\frac{1}{E} = \frac{h_2}{E_1} + \frac{m}{E_1} \qquad (45)$$

oder

$$E = \frac{1}{\dfrac{h_2}{E_1} + \dfrac{m}{E_2}}. \qquad (46)$$

Aus Formel (44) geht hervor, daß die Trägheit der Zweihebelwaage und demnach auch ihre Empfindlichkeit bei annähernd gleicher Empfindlichkeit beider Einhebelwaagen zum weitaus größten Teil von der der Gewichtshebelwaage abhängt. Denn ist z. B. das Hebelverhältnis des Lasthebels $h_2 = 10$ und das Schwingungsverhältnis des Lasthebels zum Gewichtshebel $m = 0,1$ und sind die Trägheiten beider einander gleich, so beträgt der Anteil der Lasthebelwaage an der Trägheit der ganzen Waage nur 1 vH.

Dies gilt jedoch nur für gleiche Empfindlichkeit beider Einzelwaagen. Nun läßt sich aber die Empfindlichkeit jeder Waage mit Leichtigkeit auf jeden beliebigen positiven oder negativen Wert bringen, indem man die Stützschneide mehr oder weniger unter oder über die durch die Tragschneiden gehende Ebene legt. Man kann daher durch geeignete Kombination der Trägheiten beider Waagen jede beliebige Empfindlichkeit der Gesamtwaage erzielen.

Durch Ausgleichung läßt es sich auch erreichen, daß die Trägheit der Gesamtwaage von der Größe der Last unabhängig, also konstant wird, obwohl die Trägheiten der Einzelwaagen diese Eigenschaft nicht haben. Dazu muß in Formel (40) das erste Glied der rechten Seite $= 0$ werden,

oder

$$\frac{\sin\,(\gamma_1 + \lambda_1)}{\sin\,\gamma_1 \cdot \sin\,\lambda_1} + m\,\frac{\sin\,(\gamma_2 + \lambda_2)}{\sin\,\gamma_2 \cdot \sin\,\lambda_2} = 0,$$

oder auch, wenn man die Sinus der Winkelsummen auflöst,
$$\operatorname{ctg}\gamma_1 + \operatorname{ctg}\lambda_1 = -\,m\,(\operatorname{ctg}\gamma_2 + \operatorname{ctg}\lambda_2).$$
Ist also z. B. $\gamma_1 = \gamma_2 = 90^\circ$, somit $\operatorname{ctg}\gamma_1 = \operatorname{ctg}\gamma_2 = 0$ und ist $m = 0{,}1$, so muß $\operatorname{ctg}\lambda_1 = -0{,}1\,\operatorname{ctg}\lambda_2$ oder $\operatorname{ctg}\lambda_2 = -10\,\operatorname{ctg}\lambda_1$ gemacht werden. Sind daher die Gewichtsarme wagerecht und die Zugstange lotrecht gerichtet, so daß $\gamma_1 = \gamma_2 = 90^\circ$ ist, und liegt die Lastschneide des Gewichtshebels 2 mm unter der wagerechten Gewichtsarmlinie, so ist, wenn der Lasthebelarm 100 mm lang ist, $\operatorname{ctg}\lambda_1 = -0{,}02$. Es muß daher $\operatorname{ctg}\lambda_2 = +0{,}2$ gemacht werden, d. h. es muß die Lastschneide des Lasthebels, wenn der Lasthebelarm 200 mm lang ist, um $0{,}2\cdot 200 = 40$ mm über die wagerechte Gewichtsarmlinie gelegt werden.

Die oben angegebene Bedingung für Unabhängigkeit der Empfindlichkeit von der Last ist auch dann erfüllt, wenn die beiden Glieder der Gleichung einzeln $= 0$ sind. Das ist der Fall, wenn $\gamma_1 + \lambda_1 = \gamma_2 + \lambda_2 = 180^\circ$ ist, und diesen Fall werden die Hersteller von Waagen möglichst zu verwirklichen suchen. Sie werden dem Gewichtshebel eine möglichst hohe und von der Last unabhängige Empfindlichkeit geben und die Lasthebel mit der Last in den indifferenten Gleichgewichtszustand bringen, indem sie die drei Schneiden und den Schwerpunkt des Hebels in dieselbe Ebene verlegen.

Es sei hier noch auf ein einfaches Verfahren aufmerksam gemacht, um bei zusammengesetzten Waagen eine etwa noch bestehende Abhängigkeit der Empfindlichkeit von der Last zu verkleinern oder zu beseitigen. Setzt man nämlich die Stützpfanne des Gewichtshebels auf einen Schlitten, der wagerecht verschiebbar und feststellbar ist, so kann man durch die Verschiebung die Winkel λ_1 und γ_2 und damit die Summen $\gamma_1 + \lambda_1$ und $\gamma_2 + \lambda_2$ ändern und, worauf es hauptsächlich ankommt, $\gamma_1 + \lambda_1$ so einstellen, daß die Empfindlichkeit nahezu oder ganz konstant wird.

23. Gleichgewicht und Trägheit der Straßburger Brückenwaage (Bauart A).

In der Straßburger Brückenwaage ist ein einfacher Hebel $A_1C_1D_1$ (Abb. 8) einer Zweihebelkette $A_1C_1D'_1 - A_2C_2D_2$ parallel geschaltet. In dem Gewichtshebel sind zwei Hebel mit verschiedenen Hebelverhältnissen vereinigt, die die Gewichtsschneide A und die Stützschneide C gemeinsam haben. Die Waage gehört daher zu den unsymmetrischen Bauarten.

Um die Bedingungsgleichung für das Gleichgewicht der Waage in der Einspielungslage aufzustellen, denken wir uns wieder die Zugstange zerschnitten und an der Schnittstelle die entgegengesetzt gleichen Zugkräfte L_1 angebracht. Dann erhalten wir zwei im Gleichgewicht befindliche einfache Waagen, von denen die obere zwei Lastarme $C_1D_1 = l_1$ und $C_1D'_1 = l'_1$ hat. Nimmt man an, daß die Schneide D_1 den Bruchteil u' des Brückengewichtes und den Bruchteil u der Nutzlast, die

Schneide D_2 demnach den Bruchteil v' des Brückengewichtes und v der Nutzlast trägt, wo $u' + v' = u + v = 1$ ist, so sind die Bedingungsgleichungen für das Gleichgewicht der beiden Waagen:

$$(u'L_0 + uL)\,l_1\,\sin\lambda_1 + L_1'l_1'\,\sin\lambda_1' + B_1 b_1\,\sin\beta_1 = (G_0 + G)\,g_1\,\sin\gamma_1$$

und

$$L_1'\,g_2\,\sin\gamma_2 = (v'L_0 + vL)\,l_2\,\sin\lambda_2 + B_2 b_2\,\sin\beta_2.$$

Multipliziert man die erste Gleichung mit $g_2 \sin\gamma_2$ und die zweite mit $l_1' \sin\lambda_1'$ und zieht die untere Gleichung von der oberen ab, indem man zugleich alle Glieder, die L und B enthalten, auf eine Seite bringt, so wird

$$
\begin{aligned}
(u'L_0 + uL)\,l_1\,\sin\lambda_1 \cdot g_2\,\sin\gamma_2 &+ (v'L_0 + vL)\,l_1'\,\sin\lambda_1' \cdot l_2\,\sin\lambda_2 \\
+ B_1 b_1\,\sin\beta_1 \cdot g_2\,\sin\gamma_2 &+ B_2 b_2\,\sin\beta_2 \cdot l_1'\,\sin\lambda_1' \\
= (G_0 + G)\,g_1\,\sin\gamma_1 \cdot g_2\,\sin\gamma_2. &
\end{aligned}
\tag{47}
$$

Die Formel für die Trägheit der Waage erhält man, wenn man die Bedingung für das Gleichgewicht in der Lage $+\varphi$ durch Hinzufügen der Neigungswinkel φ bzw. $m\varphi$ aufstellt, den Differentialquotienten $\dfrac{dL}{d\varphi}$ bildet und ähnliche Umformungen vornimmt wie bei der Einhebelwaage. Die Formel lautet

$$
\begin{aligned}
\frac{dL}{d\varphi} = &-(u'L_0 + uL)\,\frac{\sin(\gamma_1 + \lambda_1)}{\sin\gamma_1 \cdot \sin\lambda_1} \\
&-(v'L_0 + vL)\left[\frac{\sin(\gamma_1 + \lambda_1')}{\sin\gamma_1 \cdot \sin\lambda_1'} + m\,\frac{\sin(\gamma_2 + \lambda_2)}{\sin\gamma_2 \cdot \sin\lambda_2}\right] \\
&- B_2\left[\frac{\sin(\gamma_1 + \lambda_1')}{\sin\gamma_1 \cdot \sin\lambda_1'} + m\,\frac{\sin(\gamma_2 + \beta_2)}{\sin\gamma_2 \cdot \sin\beta_2}\right] \\
&- B_1\,\frac{\sin(\gamma_1 + \beta_1)}{\sin\gamma_1 \cdot \sin\beta_1}.
\end{aligned}
\tag{48}
$$

Diese Gleichung zeigt deutlich, wie die Trägheit der Gesamtwaage aus den Trägheiten der beiden miteinander parallel geschalteten Waagen zusammengesetzt ist. Denkt man sich nämlich den Gewichtshebel durch einen lotrechten Längsschnitt in zwei gleiche Hebel zerlegt und das Gewicht $G_0 + G$ in zwei Teile geteilt, von denen der eine der Last $u'L_0 + uL$, der andere der Last $v'L_0 + vL$ das Gleichgewicht hält, so daß die beiden parallel geschalteten Waagen vollständig voneinander getrennt sind, so ist die Trägheit der Einhebelwaage nach Formel (36)

$$U_1 = -(u'L_0 + uL)\,\frac{\sin(\gamma_1 + \lambda_1)}{\sin\gamma_1 \cdot \sin\lambda_1} - \frac{1}{2}\,B_1\,\frac{\sin(\gamma_1 + \beta_1)}{\sin\gamma_1 \cdot \sin\beta_1}$$

und die Trägheit der Zweihebelwaage nach Formel (40)

$$
\begin{aligned}
U_2 = &-(v'L_0 + vL)\left[\frac{\sin(\gamma_1 + \lambda_1')}{\sin\gamma_1 \cdot \sin\lambda_1'} + m\,\frac{\sin(\gamma_2 + \lambda_2)}{\sin\gamma_2 \cdot \sin\lambda_2}\right] \\
&- B_2\left[\frac{\sin(\gamma_1 + \lambda_1')}{\sin\gamma_1 \cdot \sin\lambda_1'} + m\,\frac{\sin(\gamma_2 + \beta_2)}{\sin\gamma_2 \cdot \sin\beta_2}\right] \\
&- \frac{1}{2}\,B_1\,\frac{\sin(\gamma_1 + \beta_1)}{\sin\gamma_1 \cdot \sin\beta_1}.
\end{aligned}
$$

Zählt man beide Gleichungen zusammen, so erhält man die Gleichung (47). Es ist daher

$$U = U_1 + U_2. \tag{49}$$

Die Trägheit einer Waage, die aus parallel geschalteten Einzelwaagen besteht, ist demnach gleich der Summe der Trägheiten der Einzelwaagen, während für die Trägheit der aus zwei hintereinander geschalteten Hebeln bestehenden Waage die Formel gilt

$$U = h_2 U_1 + m U_2,$$

die hier zum Vergleich noch einmal wiederholt sei.

24. Gleichgewicht und Trägheit der Brückenwaage der Bauart E.

Die Waage der Bauart E (Abb. 10) besteht aus zwei — gewöhnlich dreieckförmigen — parallel geschalteten und mit ihren Gewichtsschneiden symmetrisch gegeneinander gelagerten Lasthebeln, die mit dem Gewichtshebel unmittelbar durch eine Zugstange verbunden sind. Wie in Nr. 10 bereits bemerkt, sehen wir die Dreieckshebel als einfache Hebel an, da die Belastung ihrer Lastschneiden meistens nahezu gleichmäßig ist, so daß für sie ein mittleres Hebelverhältnis angenommen werden kann.

Die Waage ist vollkommen symmetrisch. Jeder der beiden Lasthebel trägt daher das halbe Brückengewicht. Welchen Teil der Nutzlast er zu tragen hat, hängt von der Lage des Belastungspunktes der Brücke ab.

Die Formeln für das Gleichgewicht und die Trägheit werden bei dieser Waage in ganz ähnlicher Weise abgeleitet, wie bei der Brückenwaage der Bauart A. Wir geben sie daher ohne Ableitung wieder. Die Gleichgewichtsbedingung lautet:

$$\left.\begin{aligned}
&\left(\tfrac{1}{2} L_0 + u L\right) l_1 \sin \lambda_1 \cdot l_2 \sin \lambda_2 \cdot g_2' \sin \gamma_2' \\
&+ \left(\tfrac{1}{2} L_0 + v L\right) l_1 \sin \lambda_1 \cdot l_2' \sin \lambda_2' \cdot g_2 \sin \gamma_2 \\
&+ B_1 b_1 \sin \beta_1 \cdot g_2 \sin \gamma_2 \cdot g_2' \sin \gamma_2' \\
&+ B_2 \cdot l_1 \sin \lambda_1 \cdot b_2 \sin \beta_2 \cdot g_2' \sin \gamma_2' \\
&+ B_2' \cdot l_1 \sin \lambda_1 \cdot b_2' \sin \beta_2' \cdot g_2 \sin \gamma_2 \\
&= (G_0 + G)\, g_1 \sin \gamma_1 \cdot g_2 \sin \gamma_2 \cdot g_2' \sin \gamma_2'.
\end{aligned}\right\} \qquad (50)$$

Wie man sieht, kommt auch in der Formel die volle Symmetrie der Waage zum Ausdruck.

Die Formel für die Trägheit der Waage lautet:

$$\left.\begin{aligned}
\frac{dL}{d\varphi} = &- \left(\tfrac{1}{2} L_0 + u L\right)\left[\frac{\sin(\gamma_1 + \lambda_1)}{\sin\gamma_1 \cdot \sin\lambda_1} + m\,\frac{\sin(\gamma_2 + \lambda_2)}{\sin\gamma_2 \cdot \sin\lambda_2}\right] \\
&- \left(\tfrac{1}{2} L_0 + v L\right)\left[\frac{\sin(\gamma_1 + \lambda_1)}{\sin\gamma_1 \cdot \sin\lambda_1} + m\,\frac{\sin(\gamma_2' + \lambda_2')}{\sin\gamma_2' \cdot \sin\lambda_2'}\right] \\
&- B_2 \left[\frac{\sin(\gamma_1 + \lambda_1)}{\sin\gamma_1 \cdot \sin\lambda_1} + m\,\frac{\sin(\gamma_2 + \beta_2)}{\sin\gamma_2 \cdot \sin\beta_2}\right] \\
&- B_2' \left[\frac{\sin(\gamma_1 + \lambda_1)}{\sin\gamma_1 \cdot \sin\lambda_1} + m\,\frac{\sin(\gamma_2' + \beta_2')}{\sin\gamma_2' \cdot \sin\beta_2'}\right] \\
&- B_1\,\frac{\sin(\gamma_1 + \beta_1)}{\sin\gamma_1 \cdot \sin\lambda_1}.
\end{aligned}\right\} \qquad (51)$$

Setzt man in dieser Gleichung $L = 0$, so erhält man die Formel für die Trägheit U_0 der unbelasteten Waage. Zieht man diese von der vorstehenden ab, so ergibt sich die Formel für die Differenz der Trägheiten der belasteten und der unbelasteten Waage, nämlich

$$U - U_0 = - L \left\{ \frac{\sin (\gamma_1 + \lambda_1)}{\sin \gamma_1 \cdot \sin \lambda_1} + m \left[u \frac{\sin (\gamma_2 + \lambda_2)}{\sin \gamma_2 \cdot \sin \lambda_2} + v \frac{\sin (\gamma'_2 + \lambda'_2)}{\sin \gamma'_2 \cdot \sin \lambda'_2} \right] \right\}.$$

Die Trägheit ist demnach von der Lage der Last auf der Brücke abhängig.

25. Besonderheiten der Laufgewichtswaagen. Toter Arm des Laufgewichtes. Nutzarm. Wahre Skale. Scheinbare Skale.

Die Laufgewichtswaagen unterscheiden sich von den Waagen mit Gewichtsschale nur durch die Einrichtung der Gewichtsseite. Die Abgleichung wird bei ihnen nicht durch Änderung des Gewichtes an einem unveränderlichen Hebelarm, sondern durch Änderung des Hebelarmes eines unveränderlichen Gewichtes vorgenommen. Das Gewicht ist verschiebbar eingerichtet und heißt deshalb Laufgewicht. Es besteht gewöhnlich aus einem schweren, zylindrisch oder parallelepipedisch gestalteten Metallkörper, der den Gewichtsarm, die sogenannte Laufschiene, hülsenförmig umschließt.

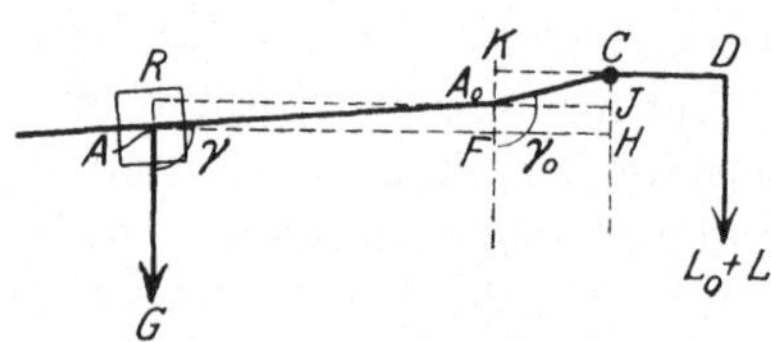

Abb. 17. Laufgewichtswaagebalken mit Laufgewicht.

Den Laufgewichtsbalken fehlt daher die Gewichtsschneide und an ihre Stelle tritt als Angriffspunkt des Gewichtes der Schwerpunkt des Laufgewichtes. Der Arm, an dem das Laufgewicht wirkt, wird von seinem Schwerpunkt und der Stützschneide begrenzt.

Das Laufgewicht ist von einer Anfangsstellung, die wir Nullstellung nennen, bis zu einer Endstellung verschiebbar. Dementsprechend hat sein Schwerpunkt eine Anfangslage A_0 (Abb. 17) und eine Endlage A_m. In der Anfangslage wirkt das Laufgewicht an einem Arm $A_0 C$, den wir mit g_0 bezeichnen, und den wir den toten Arm des Laufgewichtes nennen, geradeso wie wir bei den Waagen mit Gewichtsschale das Gewicht G_0 der Gewichtsschale als totes Gewicht bezeichnet haben. Die Verschiebungsstrecke $A_0 A_m$ stellt den nutzbaren Arm dar. Wir bezeichnen die ganze Länge des Nutzarmes mit g_m und den Nutzarm für irgendeine Einstellung des Laufgewichtes mit g.

Wie bei den Waagen mit Gewichtsschale der zum Wägen notwendige Gewichtssatz aus Teilgewichten besteht, die so zusammengesetzt sind, daß man jede beliebige ganze Anzahl von Gewichtseinheiten von dem kleinsten Gewicht bis zur Summe aller herstellen kann, so wird bei den Laufgewichtswaagen der Nutzarm in eine Anzahl gleicher Teile eingeteilt, damit man jeden beliebigen Arm von 1, 2, 3, . . . bis g_m Teilen herstellen kann. Den so eingeteilten Nutzarm g_m nennen wir die **Laufgewichts-skala**. Diese Skala, die von dem Schwerpunkt des Laufgewichtes in seinen verschiedenen Lagen gebildet wird, stellt die **wahre Skala** der Waage dar.

Da der Schwerpunkt im Innern des Laufgewichtes gelegen, also weder mechanisch noch auch nur der Beobachtung zugänglich ist, so muß man diese Schwerpunktsskale durch eine andere Skale ersetzen, die man am besten an der Laufschiene anbringt. Man versieht das Laufgewicht mit einer Marke und die Laufschiene mit Skalenstrichen, um das Laufgewicht auf jeden beliebigen Hebelarm einstellen zu können. Noch zweckdienlicher ist es, die Laufschiene mit Kerben und das Laufgewicht mit einem in diese hineinpassenden Zahn zu versehen, damit die Einstellung von persönlichen Fehlern frei wird.

Den Kraftwinkel, unter dem das Laufgewicht in seiner Nullstellung wirkt, bezeichnen wir mit γ_0, sein Hebelarm in dieser Stellung ist demnach $g_0 \sin \gamma_0$. Der Kraftwinkel, unter dem das Laufgewicht in irgendeiner Stellung g wirkt, würde nach unseren bisherigen Festsetzungen $= GAC$ sein. Wir wollen jedoch nicht diesen Winkel als Kraftwinkel bezeichnen, sondern den Winkel, den die Kraftrichtung des Laufgewichtes, das ist die Lotrechte mit dem Nutzarm AA_0, an dem Einstellungspunkt bildet. Den Gesamthebelarm des Laufgewichtes (Nutzhebelarm $+$ toten Hebelarm) kann man sich dann zusammengesetzt denken aus dem toten Hebelarm $AJ = KC = g_0 \sin \gamma_0$ und dem Nutzhebelarm $AF = RA_0 = g \sin \gamma$, er ist demnach $= g_0 \sin \gamma_0 + g \sin \gamma$.

Da die Gewichtsseite einer Laufgewichtswaage infolge der starken Hebelwirkung, die nicht nur die lange und schwere Laufschiene, sondern auch das Laufgewicht in seiner Nullstellung ausübt, ein bedeutendes Übergewicht hat, so muß der Laufgewichtsbalken auf der Lastseite meistens mit einem schweren Tariergewicht ausgerüstet werden, das zur Austarierung der leeren Waage dient. Dieses Tariergewicht sehen wir als festen Bestandteil des Balkens an und rechnen es zu dem Balkengewicht hinzu.

26. Gleichgewicht und Trägheit der Einhebel-Laufgewichtswaage.

Für das Gleichgewicht der einfachen Laufgewichtswaage kommen drei Kräfte in Betracht, nämlich die Gewichte der Last $L_0 + L$, des Laufgewichtes G und des Balkens B. Die Bedingungsgleichung für das Gleichgewicht der Waage in der Einspielungslage unterscheidet sich von der der Einhebelwaage durch den hier aus zwei Gliedern bestehenden Ausdruck für den Hebelarm des Laufgewichtes. Sie lautet demnach

$$(L_0 + L)\, l \sin \lambda + Bb \sin \beta = G\, (g_0 \sin \gamma_0 + g \sin \gamma). \tag{52}$$

Da die Ableitung der Trägheitsformel auf elementarem Wege zugleich zeigt, wie man den Differentialquotienten einer Gleichung entwickelt, wenden wir hier noch einmal das elementare Verfahren an.

Legt man zu der Last ein kleines Empfindlichkeitsgewicht $\varDelta L$ hinzu, so ändert sich die Gleichgewichtslage um einen kleinen Winkel $\varDelta \varphi$ und die Bedingungsgleichung für das Gleichgewicht der Waage in der neuen Lage wird

$$(L_0 + L + \varDelta L)\, l \sin (\lambda + \varDelta \varphi) + Bb \sin (\beta + \varDelta \varphi)$$
$$= G\, [g_0 \sin (\gamma_0 - \varDelta \varphi) + g \sin (\gamma - \varDelta \varphi)].$$

Löst man die Sinus der Winkelsummen auf und beachtet, daß man $\cos \varDelta \varphi = 1$ und $\sin \varDelta \varphi = \varDelta \varphi$ setzen kann, so folgt

$$(L_0 + L + \varDelta L)(\sin \lambda + \varDelta \varphi \cos \lambda) + Bb\, (\sin \beta + \varDelta \varphi \cos \beta)$$
$$= G\, [g_0\, (\sin \gamma_0 - \varDelta \varphi \cos \gamma_0) + g\, (\sin \gamma - \varDelta \varphi \cos \gamma)].$$

Nimmt man $\varDelta L$ aus der Klammer heraus und zieht die Gleichung (52) von dieser Gleichung ab, so ergibt sich

$$\varDelta Ll\, (\sin \lambda + \varDelta \varphi \cos \lambda) + \varDelta \varphi\, (L_0 + L)\, l \cos \lambda + \varDelta \varphi\, Bb \cos \beta$$
$$= - \varDelta \varphi G\, (g_0 \cos \gamma_0 + g \cos \gamma).$$

Löst man im ersten Gliede die Klammer auf, beachtet, daß man den Ausdruck $\varDelta L \cdot l \cdot \varDelta \varphi \cos \lambda = 0$ setzen kann und dividiert die Gleichung durch $l \sin \lambda \cdot \varDelta \varphi$, so erhält man die Gleichung für die Trägheit der Waage:

$$\frac{\varDelta L}{\varDelta \varphi} = -\,\frac{(L_0 + L)\, l \cos \lambda + Bb \cos \beta + G(g_0 \cos \gamma_0 + g \cos \gamma)}{l \sin \lambda}. \tag{53}$$

Um auch die zweite Form der Gleichung für die Trägheit abzuleiten, zerlegen wir den Bruch auf der rechten Seite der vorstehenden Gleichung in drei Glieder und setzen überall $\cos = \sin \cdot \operatorname{ctg}$. Dann ergibt sich

$$\frac{\varDelta L}{\varDelta \varphi} = -\,(L_0 + L)\operatorname{ctg}\lambda - \frac{Bb \sin \beta}{l \sin \lambda}\operatorname{ctg}\beta - G\,\frac{g_0 \sin \gamma_0}{l \sin \lambda}\operatorname{ctg}\gamma_0 - G\,\frac{g \sin \gamma}{l \sin \lambda}\operatorname{ctg}\gamma.$$

Hierin bedeuten die Ausdrücke in den drei letzten Gliedern, mit denen die Kotangenten multipliziert sind, die Ersatzkräfte, die, an der Lastschneide unmittelbar angebracht, dieselbe Wirkung ausüben würden, wie die wirklichen Kräfte. Wir haben diese Ersatzkräfte durch Striche über den Buchstaben bezeichnet und müssen hier, da die Wirkung des Laufgewichtes in zwei Teile getrennt ist, noch eine besondere Bezeichnung einführen. Wir verstehen unter $\bar{G}_0$ die Ersatzkraft für die Wirkung des Laufgewichtes an dem toten Arm, unter $\bar{G}$ dagegen die Ersatzkraft für die hinzukommende Wirkung des Laufgewichtes an dem Nutzarm. Die Gleichung für die Trägheit nimmt daher folgende Form an:

$$\frac{\varDelta L}{\varDelta \varphi} = -\,(L_0 + L)\operatorname{ctg}\lambda - \bar{B}\operatorname{ctg}\beta - \bar{G}_0\operatorname{ctg}\gamma_0 - \bar{G}\operatorname{ctg}\gamma.$$

Um hieraus G zu eliminieren, dividieren wir die Gleichung (52) durch $l \sin \lambda$ und erhalten folgende Beziehung zwischen den Ersatzkräften:

$$L_0 + L + \bar{B} = \bar{G}_0 + \bar{G}.$$

Setzt man aus dieser Gleichung den Wert für G in die vorige Gleichung ein, so ergibt sich

$$\frac{\varDelta L}{\varDelta \varphi} = -(L_0 + L)(\operatorname{ctg} \lambda + \operatorname{ctg} \gamma) - B(\operatorname{ctg} \beta + \operatorname{ctg} \gamma) - G_0(\operatorname{ctg} \gamma_0 - \operatorname{ctg} \gamma).$$

Setzt man in dieser Gleichung $\operatorname{ctg} = \dfrac{\cos}{\sin}$, bringt die beiden Brüche in den einzelnen Klammern auf gleichen Nenner und wendet den Satz für den Sinus der Summe zweier Winkel an, so erhält man die Endformel:

$$\frac{\varDelta L}{\varDelta \varphi} = -(L_0 + L)\frac{\sin(\gamma + \lambda)}{\sin\gamma \cdot \sin\lambda} - B\frac{\sin(\gamma + \beta)}{\sin\gamma \cdot \sin\beta} - G_0\frac{\sin(\gamma - \gamma_0)}{\sin\gamma \cdot \sin\gamma_0}. \tag{54}$$

Bewegt sich der Schwerpunkt des Laufgewichtes, wie es sein soll, auf einer geraden Linie, so hat γ in allen Einstellungen des Laufgewichtes denselben Wert. Ist nun $\gamma + \lambda = 180°$, so ist $\sin(\gamma + \lambda) = 0$ und die Trägheit der Waage von der Größe der Last unabhängig. Da die Kraftrichtungen der Last und des Laufgewichtes einander parallel sind, so ist $\gamma + \lambda = 180°$, wenn der Lastarm des Laufgewichtsbalkens und die Schwerpunktsskale ebenfalls einander parallel sind oder in eine gerade Linie fallen.

Vergleicht man die Trägheitsformel (36) für die Einhebelwaage mit Gewichtsschale mit der vorstehenden für die Einhebel-Laufgewichtswaage, so sieht man, daß zu den beiden von der toten Last L_0 und dem Balkengewicht B abhängigen konstanten Gliedern ein drittes, von dem toten Arm g_0 und dem Laufgewicht abhängiges Glied hinzugekommen ist. Ist $\gamma_0 = \gamma$, d. h. bilden toter Arm und Nutzarm eine gerade Linie, so wird das Glied $= 0$ und die Formel geht in die für die Einhebelwaage mit Gewichtsschale über.

27. Gleichgewicht und Trägheit der zusammengesetzten Laufgewichtswaagen.

Da sich die Laufgewichtswaagen von den Waagen mit Gewichtsschale bei gleicher Einrichtung auf der Lastseite nur durch die Gewichtseinrichtung unterscheiden, so ändert sich in den Formeln für das Gleichgewicht nur der eine Ausdruck, der das Gewicht enthält. An die Stelle des Ausdruckes $(G_0 + G)\,g \sin\gamma$ bei den Waagen mit Gewichtsschale tritt bei den Laufgewichtswaagen der Ausdruck $G\,(g_0 \sin\gamma_0 + g \sin\gamma)$.

Andererseits unterscheiden sich die Formeln der zweiten Form für die Trägheit der Laufgewichtswaagen von denen für die Trägheit der Waagen mit Gewichtsschale nur dadurch, daß bei ihnen zu der rechten Seite der Gleichung das Glied $G_0 \dfrac{\sin(\gamma - \gamma_0)}{\sin\gamma \cdot \sin\gamma_0}$ hinzukommt, wie aus der Vergleichung der beiden Formeln (36) und (54) zu ersehen ist.

Wir brauchen daher die Formeln für die verschiedenen Arten von Laufgewichtswaagen nicht besonders abzuleiten und wollen hier nur die fertigen Formeln für das Gleichgewicht und die Trägheit der Zweihebel-Laufgewichtsaage angeben.

Die Formel für das Gleichgewicht in der Einspielungslage der Waage lautet:

$$(L_0 + L)\, l_1 \sin \lambda_1 \cdot l_2 \sin \lambda_2 + B_1 b_1 \sin \beta_1 \cdot g_2 \sin \gamma_2 + B_2\, b_2 \sin \beta_2 \cdot l_1 \sin \lambda_1 \atop = G\,(g_0 \sin \gamma_0 + g_1 \sin \gamma_1) \cdot g_2 \sin \gamma_2} \tag{55}$$

und die Formel für die Trägheit in der Einspielungslage

$$\frac{dL}{d\varphi} = -(L_0 + L)\left[\frac{\sin(\gamma_1 + \lambda_1)}{\sin \gamma_1 \cdot \sin \lambda_1} + m\,\frac{\sin(\gamma_2 + \lambda_2)}{\sin \gamma_2 \cdot \sin \lambda_2}\right]$$
$$- B_2\left[\frac{\sin(\gamma_1 + \lambda_1)}{\sin \gamma_1 \cdot \sin \lambda_1} + m\,\frac{\sin(\gamma_2 + \beta_2)}{\sin \gamma_2 \cdot \sin \beta_2}\right] \tag{56}$$
$$- B_1\,\frac{\sin(\gamma_1 + \beta_1)}{\sin \gamma_1 \cdot \sin \beta_1} - G_0\,\frac{\sin(\gamma_1 - \gamma_0)}{\sin \gamma_1 \cdot \sin \gamma_0}$$

28. Gleichgewicht und Trägheit der Brückenwaage der Bauart C.

Abb. 18 stelle eine Brückenwaage dar, die aus einem Traghebel ACD mit hängender Gewichtsschale, einem Führungsarm HJ, einer Verbindungsstange DJ und der mit dieser fest verbundenen Lastschale besteht.

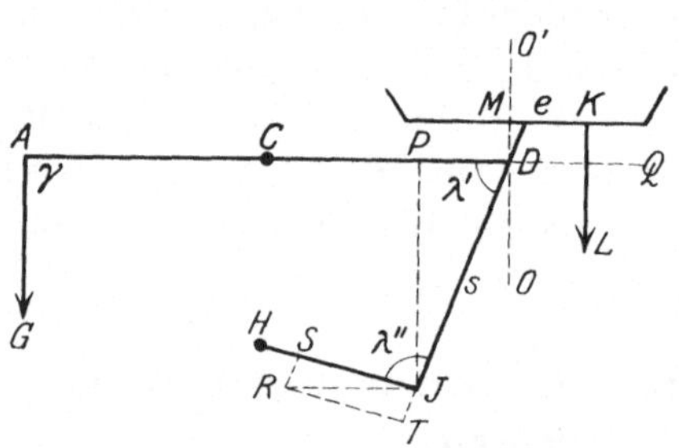

Abb. 18. Einfluß des Führungshebels auf das Wägungsergebnis bei der Bauart C.

Bei dieser Waage treten zu den neun Größen G, g, γ, B, b, β und L, l, λ, die das Gleichgewicht einer einfachen Balkenwaage bestimmen, noch folgende Größen hinzu: Der Führungsarm HJ, den wir mit l'', die Verbindungsstange DJ, die wir mit s, der Winkel CDJ, den wir mit λ' und der Winkel HJD, den wir mit λ'' bezeichnen. Die Last L auf der Lastschale sei exzentrisch gelagert und befinde sich im Punkte K. Den Horizontalabstand KM der Last von der Lastschneide nennen wir die „Exzentrizität" der Last und bezeichnen sie mit e.

Wir denken uns nun in der Lastschneide D zwei gleiche und entgegengesetzt gerichtete vertikale Kräfte DO und DO' angebracht, deren absolute Größe gleich dem Gewicht der Last ist. Dadurch ändert sich nichts an dem Gleichgewichtszustande der Waage, und wir erhalten eine lotrecht abwärts gerichtete Einzelkraft $DO = L$, die unmittelbar an der Lastschneide angreift und ein Kräftepaar mit dem Arm e und der Kraft L, dessen Moment demnach $= e \cdot L$ ist. Dieses Kräftepaar ersetzen wir durch ein gleichwertiges, dessen Arm gleich dem senkrechten Abstand JP des Punktes J von dem Lastarm CD, oder $= s \cdot \sin \lambda'$ ist, nämlich durch ein Paar, dessen Moment $s \cdot \sin \lambda' \cdot \left(\dfrac{e}{s \cdot \sin \lambda'} \cdot L \right)$ ist. Ein Kräftepaar kann man in seiner Ebene beliebig drehen und verschieben, ohne daß an dem Gleichgewichts- oder Bewegungszustand des Systems etwas geändert wird. Auch kann man den Angriffspunkt jeder der beiden Kräfte des Paares in der Kraftrichtung beliebig verschieben. Wir denken uns nun das neue Kräftepaar so gedreht, daß die eine Kraft in die Richtung des Lastarmes CD fällt, dann muß, da der Arm des Paares $= JP$ ist, die andere Kraft in die durch J gehende Parallele fallen. Die Angriffspunkte der beiden Kräfte verlegen wir nach D bzw. J, so daß das Kräftepaar durch die beiden Linien DQ und JR dargestellt wird. Von diesen beiden Kräften fällt also DQ in die Richtung des Lastarmes CD, ihr Drehungsmoment in bezug auf die Achse C ist infolgedessen $= 0$, d. h. sie beeinflußt das Gleichgewicht der Waage nicht. Die zweite Kraft JR zerlegen wir in die beiden Komponenten JS und JT. Von diesen beiden Komponenten beeinflußt JS den Gleichgewichtszustand der Waage ebenfalls nicht, da sie den Führungsarm HJ nur auf Druck beansprucht. Es bleibt also nur die Komponente JT. Da $< JTR = \lambda''$, $< JRT = 180°$ $- (\lambda' + \lambda'')$ und $JR = \dfrac{e}{s \cdot \sin \lambda'} \cdot L$ ist, so ist nach dem Sinussatz JT $= \dfrac{\sin(\lambda' + \lambda'')}{\sin \lambda''} \cdot \dfrac{e}{s \cdot \sin \lambda'} \cdot L$ und das Drehungsmoment, das diese Komponente auf den Hebel ACD in bezug auf die Achse C ausübt,

$$= l \cdot \sin \lambda' \cdot \frac{\sin(\lambda' + \lambda'')}{\sin \lambda''} \cdot \frac{e}{s \cdot \sin \lambda'} \cdot L = \frac{e \cdot l}{s} \cdot \frac{\sin(\lambda' + \lambda'')}{\sin \lambda''} \cdot L.$$

Da es uns bei dieser Waage nur darauf ankommt, den Einfluß zu untersuchen, den das Führungsgestänge $CDJH$ auf die Angaben der Waage ausübt, so wollen wir annehmen, die Waage mit ihren beiden Schalen sei gewichtslos. Dann lautet die Bedingungsgleichung für das Gleichgewicht der Waage in der Einspielungslage:

$$L l \sin \lambda + L \cdot \frac{el}{s} \cdot \frac{\sin(\lambda' + \lambda'')}{\sin \lambda''} = G g \sin \gamma$$

oder $\qquad L l \left[\sin \lambda + \dfrac{e}{s} \cdot \dfrac{\sin(\lambda' + \lambda'')}{\sin \lambda''} \right] = G g \sin \gamma$

und das Hebelverhältnis ist

$$\frac{L}{G} = \frac{g \sin \gamma}{l \cdot \left[\sin \lambda + \dfrac{e}{s} \dfrac{\sin(\lambda' + \lambda'')}{\sin \lambda''} \right]}. \tag{57}$$

Das Hebelverhältnis ist demnach im allgemeinen von der Lage der Last auf der Schale, von ihrer Exzentrizität abhängig. Ist die Exzentrizität $e = 0$, d. h. liegt der Schwerpunkt der Last lotrecht über der Lastschneide, so verhält sich die Waage wie eine einfache Balkenwaage, und ihr Hebelverhältnis ist. wie das dieser Waage, $\dfrac{L}{G} = \dfrac{g \sin \gamma}{l \sin \lambda}$. Verschiebt man die Last nach der einen oder anderen Seite, so wird das Hebelverhältnis in dem einen Fall größer, im anderen kleiner. Ob es durch Verschiebung der Last nach rechts ($+e$) oder nach links ($-e$) größer wird, hängt davon ab, ob $\sin(\lambda' + \lambda'')$ negativ oder positiv ist. Ist $\lambda' + \lambda'' > 180°$, so ist $\sin(\lambda' + \lambda'')$ negativ, und einer positiven Exzentrizität der Last entspricht ein größeres Hebelverhältnis.

Nur in einem Falle ist das Hebelverhältnis von der Lage der Last auf der Schale unabhängig, wenn nämlich $\sin(\lambda' + \lambda'') = 0$, also $\lambda' + \lambda'' = 180°$, d. h. wenn der Führungsarm HJ dem Lastarm CD parallel ist.

Im übrigen ist das Hebelverhältnis von der Exzentrizität der Last um so weniger abhängig, je länger die Verbindungsstange s ist, und weiter, was wir besonders hervorheben wollen, von der Länge des Führungsarmes l'' vollständig unabhängig.

Zur Entwicklung der Formel für die Empfindlichkeit denken wir uns die Waage in einer Lage im Gleichgewicht, die von der Einspielungslage um den kleinen Winkel $+\varphi$ abweicht. Dann gehen die Winkel γ und λ, wie bekannt, in die Winkel $\gamma - \varphi$ bzw. $\lambda + \varphi$ über. Nimmt man nun gemäß Voraussetzung 3 an, daß die Verbindungsstange mit sich selbst parallel geblieben ist, so weicht der Führungsarm l'' von seiner eigenen Einspielungslage um den Winkel $\dfrac{l \sin \lambda'}{l'' \sin \lambda''} \cdot \varphi = m' \cdot \varphi$ ab, wenn man $\dfrac{l \sin \lambda'}{l'' \sin \lambda''}$ kurz mit m' bezeichnet. Der Winkel λ'' nimmt daher den Wert $\lambda'' - m'\varphi$ und der Winkel λ' den Wert $\lambda' + \varphi$ an. Die Bedingung für das Gleichgewicht der Waage in der Lage $+\varphi$ ist daher:

$$L\,l\left\{\sin(\lambda + \varphi) + \frac{e}{s} \cdot \frac{\sin[\lambda' + \lambda'' + (1 - m')\varphi]}{\sin(\lambda'' - m'\varphi)}\right\} = G g \sin(\gamma - \varphi). \qquad (58)$$

Differentiiert man diese Gleichung und setzt $\varphi = 0$, so erhält man nach einigen Umformungen:

$$\begin{aligned}
&l\left[\sin\lambda + \frac{e}{s} \cdot \frac{\sin(\lambda' + \lambda'')}{\sin\lambda''}\right] \cdot \frac{dL}{d\varphi}\\
&= -L\,l\left\{\cos\lambda + \frac{e}{s}\left[\frac{\cos(\lambda' + \lambda'')}{\sin\lambda''} + \frac{l \cdot \sin^2\lambda'}{l'' \cdot \sin^3\lambda''}\right]\right\} - G g \cos\gamma
\end{aligned} \qquad (59)$$

Wie aus der Formel hervorgeht, ist die Empfindlichkeit von der Exzentrizität der Last in dem Falle unabhängig, wenn jeder der beiden Ausdrücke $\dfrac{e}{s} \cdot \dfrac{\sin(\lambda' + \lambda'')}{\sin\lambda''}$ und $\dfrac{e}{s}\left[\dfrac{\cos(\lambda' + \lambda'')}{\sin\lambda''} + \dfrac{l \cdot \sin^2\lambda'}{l'' \cdot \sin^3\lambda''}\right] = 0$ wird. Das ist aber der Fall, wenn erstens $\lambda' + \lambda'' = 180°$, d. h. wenn der Führungsarm l'' dem Lastarm l parallel ist, und wenn zweitens $l = l''$, d. h. wenn außerdem der Führungsarm gleich dem Lastarm ist.

Ist $\lambda' + \lambda'' = 180°$, so ist $\sin(\lambda' + \lambda'') = 0$ und somit der erste der bezeichneten Ausdrücke $= 0$. Da, wenn $\lambda' + \lambda'' = 180°$ ist, $\cos(\lambda' + \lambda'') = -1$ und $\sin\lambda' = \sin\lambda''$ wird, so nimmt der zweite Ausdruck die Form an $\dfrac{e}{s}\left(-\dfrac{1}{\sin\lambda''} + \dfrac{l}{l''}\,\dfrac{1}{\sin\lambda''}\right)$. Ist nun außerdem $l = l''$, so wird auch der zweite Ausdruck $= 0$ und die Empfindlichkeit ist von der Exzentrizität der Last unabhängig.

Um also das Hebelverhältnis von der Exzentrizität der Last unabhängig zu machen, genügt es, den Führungsarm dem Lastarm parallel zu legen. Damit auch die Empfindlichkeit von der Exzentrizität unabhängig wird, müssen außerdem die beiden Arme einander gleich gemacht werden.

II. Die Wägungsgleichung unter der Annahme starrer Hebel.

29. Vorbemerkung.

In den folgenden Abschnitten, soweit sie die Waagen mit fester Einspielungslage behandeln, wollen wir zur Vermeidung ständiger Wiederholungen und der besseren Übersichtlichkeit wegen die Ausdrücke $g \sin \gamma$, $l \sin \lambda$, $b \sin \beta$ usw. kurz mit g, l, b usw. bezeichnen. Wir verstehen also unter g, l, b, ... nicht, wie bisher, die Arme der betreffenden Kräfte, sondern ihre Hebelarme, und zwar diejenigen Hebelarme, die sie in der Einspielungslage der Waage haben.

30. Die Wägungsgleichung der Einhebelwaage.

Mit Anwendung der neuen Bezeichnungen nimmt die Formel (15) für das Gleichgewicht der Einhebelwaage in der Einspielungslage folgende Form an:

$$(L_0 + L)l + Bb = (G_0 + G)g.$$

Wollte man unter unmittelbarer Benutzung dieser Gleichung eine Gewichtsermittlung durch Wägung vornehmen, so müßte man, da die Gleichung außer den beiden veränderlichen Größen G und L noch sechs unveränderliche enthält, sämtliche sechs Konstanten L_0, G_0, B, l, g und b einzeln kennen. Auch würde die Berechnung der Last L aus den sechs Konstanten und dem jeweiligen Gewicht G sehr umständlich werden.

Die Gewichtsermittlung wird jedoch sehr einfach, wenn man vorher die Waage in unbelastetem Zustande durch Austarierung in die Einspielungslage bringt. Da in diesem Fall L und $G = 0$ sind, so ist die Bedingung für das Gleichgewicht der Waage:

$$L_0 l + Bb = G_0 g.$$

Zieht man diese Gleichung von der ersten ab, so wird

$$Ll = Gg$$

oder

$$L = \frac{g}{l} G. \tag{60}$$

Diese Gleichung ist der mathematische Ausdruck für das Endergebnis einer aus zwei Ausgleichungen bestehenden Wägung. Wir nennen sie daher die Wägungsgleichung.

Den Quotienten $\frac{g}{l}$, der das Verhältnis des Einspielhebelarmes des Gewichtes zu dem der Last angibt, bezeichnet man als das **Hebelverhältnis der Waage**. Hierunter versteht man also diejenige Zahl, mit der man das Gewicht multiplizieren muß, um die Last zu erhalten. Um die Gewichtsfeststellung möglichst einfach zu gestalten, gibt man dem Hebelverhältnis bei Einhebelwaagen den Wert 1:1 (gleicharmige Waagen) oder 10:1 (Dezimalwaagen) und bei Mehrhebelwaagen den Wert 100:1 (Zentesimalwaagen).

Da nach Formel (60)

$$\frac{g}{l} = \frac{L}{G}.$$

ist, so kann man das Hebelverhältnis einer Waage bei den verschiedenen Belastungen dadurch feststellen, daß man zur Ausgleichung der Waage auf beiden Seiten Normalgewichte benutzt und die Last durch das Gewicht dividiert.

31. Die Wägungsgleichungen der Zwei- und Dreihebelwaagen.

Die beiden Gleichungen für das Gleichgewicht der Zweihebelwaage mit und ohne Belastung ergeben sich aus Formel (37), und zwar ist

$$(L_0 + L)\,l_1\,l_2 + B_1\,b_1\,g_2 + B_2\,b_2\,l_1 = (G_0 + G)\,g_1\,g_2$$

und
$$L_0\,l_1\,l_2 + B_1\,b_1\,g_2 + B_2\,b_2\,l_1 = G_0\,g_1\,g_2.$$

Subtrahiert man die untere Gleichung von der oberen, so erhält man die Wägungsgleichung der Zweihebelwaage

$$L\,l_1\,l_2 = G\,g_1\,g_2$$

oder
$$L = \frac{g_1\,g_2}{l_1\,l_2}\,G. \tag{61}$$

Ebenso ergibt sich die Wägungsgleichung der Dreihebelwaage

$$L = \frac{g_1\,g_2\,g_3}{l_1\,l_2\,l_3}\,G. \tag{62}$$

Das Hebelverhältnis einer Hebelkette ist daher gleich dem Quotienten aus dem Produkt sämtlicher Gewichtshebelarme dividiert durch das Produkt sämtlicher Lasthebelarme.

32. Die Wägungsgleichungen der unsymmetrischen Brückenwaagen (Bauart A und B).

Die beiden Gleichungen für die Brückenwaage der Bauart A mit und ohne Belastung ergeben sich aus Formel (47), und zwar ist

$$(u'L_0 + uL)\,l_1\,g_2 + (v'L_0 + vL)\,l_1'\,l_2 + B_1\,b_1\,g_2 + B_2\,b_2\,l_1' = (G_0 + G)\,g_1\,g_2$$

und
$$u'L_0\,l_1\,g_2 + v'L_0\,l_1'\,l_2 + B_1\,b_1\,g_2 + B_2\,b_2\,l_1' = G_0\,g_1\,g_2.$$

Zieht man die untere Gleichung von der oberen ab, so erhält man die Wägungsgleichung

$$u\,L\,l_1\,g_2 + v\,L\,l_1\,l_2 = G\,g_1\,g_2$$

oder

$$L = \frac{g_1\,g_2}{u\,l_1\,g_2 + v\,l'_1\,l_2}\cdot G.$$

Dividiert man Zähler und Nenner des Bruches durch $g_1\,g_2$, so wird

$$L = \frac{1}{u\,\dfrac{l_1}{g_1} + v\,\dfrac{l'_1}{g_1}\cdot\dfrac{l_2}{g_2}}\cdot G. \tag{63}$$

Diese Gleichung zeigt deutlich, wie sich das Hebelverhältnis einer Waage, die aus zwei nebeneinander geschalteten Waagen, einer Einhebel- und einer Zweihebelwaage, also einer Hebelgruppe besteht, aus den Hebelverhältnissen der beiden Einzelwaagen zusammensetzt. $\dfrac{l_1}{g_1}$ ist der reziproke Wert des Hebelverhältnisses der Einhebelwaage, $\dfrac{l'_1}{g_1}\cdot\dfrac{l_2}{g_2}$ der reziproke Wert desjenigen der Zweihebelwaage. Jener kommt mit dem Bruchteil u, dieser mit dem Bruchteil v zur Wirkung, da die Einhebelwaage den Teil $u\,L$, die Zweihebelwaage den übrigen Teil $v\,L$ der Last trägt und wägt. Das Hebelverhältnis der ganzen Waage ist demnach gleich dem reziproken Wert der Summe der mit ihren Wirkungszahlen multiplizierten reziproken Werte der Hebelverhältnisse der Einzelwaagen.

Das Hebelverhältnis ist im allgemeinen von der Lage der Last auf der Brücke abhängig. Es ist nur dann hiervon unabhängig, wenn $\dfrac{g_1}{l_1} = \dfrac{g_1\,g_2}{l'_1\,l_2}$ ist. In diesem Fall wird $u\,\dfrac{l_1}{g_1} + v\,\dfrac{l'_1\,l_2}{g_1\,g_2} = (u + v)\,\dfrac{l_1}{g_1} = \dfrac{l_1}{g_1}$.

Die Wägungsgleichung für die Brückenwaage der Bauart B läßt sich nach derjenigen der Bauart A unmittelbar niederschreiben, da ihr Lasthebelwerk genau der Bauart A entspricht, und dieses hinter den Gewichtshebel geschaltet ist. Wir brauchen daher in den beiden vorigen Formeln die Kennziffern nur um eine Einheit zu erhöhen und vor das Hebelverhältnis des Lasthebelwerkes das des Gewichtshebels zu setzen. Die Formeln lauten:

oder

$$\left.\begin{aligned} L &= \frac{g_1}{l_1}\,\frac{g_2\cdot g_3}{u\,l_2\,g_3 + v\,l'_2\,l_3}\,G \\[2ex] L &= \frac{g_1}{l_1}\,\frac{1}{u\,\dfrac{l_2}{g_2} + v\,\dfrac{l'_2}{g_2}\cdot\dfrac{l_3}{g_3}}\,G \end{aligned}\right\} \tag{64}$$

33. Die Wägungsgleichungen der symmetrischen Brückenwaagen (Bauart E und D).

Die beiden Gleichungen für das Gleichgewicht der Brückenwaage der Bauart E mit und ohne Belastung ergeben sich aus Formel (50), und zwar ist:

$$\left(\frac{1}{2}L_0 + u\,L\right)l_1\,l_2\,g'_2 + \left(\frac{1}{2}L_0 + v\,L\right)l_1\,l_2\,g_2 + B_1\,b_1\,g_2\,g'_2 + B_2\,b_2\,l_1\,g'_2 + B'_2\,b'_2\,l_1\,g_2$$
$$= (G_0 + G)\,g_1\,g_2\,g'_2$$

und $\quad \frac{1}{2} L_0 l_1 l_2 g_2' + \frac{1}{2} L_0 l_1 l_2 g_2 + B_1 b_1 g_2 g_2' + B_2 b_2 l_1 g_2' + B_2' b_2' l_1 g_2$

$$= G_0 g_1 g_2 g_2'.$$

Zieht man die untere Gleichung von der oberen ab, so erhält man:

$$u L l_1 l_2 g_2' + v L l_1 l_2' g_2 = G g_1 g_2 g_2'$$

oder $\qquad L = \frac{g_1}{l_1} \cdot \frac{g_2 g_2'}{u l_2 g_2' + v l_2' g_2} \, G$

oder $\qquad L = \frac{g_1}{l_1} \cdot \frac{1}{u \dfrac{l_2}{g_2} + v \dfrac{l_2'}{g_2'}} \, G \cdot \qquad (65)$

Die Wägungsgleichung der Brückenwaage der Bauart D können wir hiernach unmittelbar niederschreiben. Es ist

$$L = \frac{g_1}{l_1} \cdot \frac{g_2}{l_2} \cdot \frac{g_3 g_3'}{u l_3 g_3' + v l_3' g_3} \cdot G$$

oder $\qquad L = \frac{g_1}{l_1} \cdot \frac{g_2}{l_2} \cdot \frac{1}{u \dfrac{l_3}{g_3} + v \dfrac{l_3'}{g_3'}} \cdot G \cdot \qquad (66)$

Ist $\dfrac{g_3}{l_3} = \dfrac{g_3'}{l_3'}$, so wird der Nenner des letzten Bruches $= (u + v) \dfrac{l_3}{g_3} = \dfrac{l_3}{g_3}$

und der Bruch selbst $= \dfrac{g_3}{l_3}$. Die Gleichung der Brückenwaage geht damit in die der Dreihebelwaage über.

34. Die Wägungsgleichungen der Laufgewichtswaagen.

Die beiden Gleichungen für das Gleichgewicht der Einhebel-Laufgewichtswaage mit und ohne Belastung ergeben sich aus Formel (52), und zwar ist

$$(L_0 + L) l + B b = G (g_0 + g)$$

und $\qquad L_0 l + B b = G g_0.$

Subtrahiert man die untere Gleichung von der oberen, so erhält man die Wägungsgleichung

$$L l = G g$$

oder $\qquad L = \frac{g}{l} \cdot G \cdot \qquad (67)$

Das ist äußerlich dieselbe Gleichung, wie die der Einhebelwaage mit Gewichtsschale. Der Unterschied zwischen beiden besteht nur darin, daß bei der Waage mit Gewichtschale G veränderlich und g konstant, bei der Laufgewichtswaage dagegen g veränderlich und G konstant ist. Die eine Waage hat nur ein einziges Hebelverhältnis, die andere eine ganze Skala von Hebelverhältnissen.

Wie bei den Einhebelwaagen beider Gattungen, so ist es bei allen anderen Waagen gleicher Zusammensetzung. Die Wägungsgleichungen stimmen paarweise überein, wenn die Waagen die gleiche Hebelschaltung haben. Wir brauchen daher die Formeln für die übrigen Arten von Laufgewichtswaagen weder abzuleiten noch niederzuschreiben.

III. Allgemeine Wägungsgleichung mit Berücksichtigung der Biegung der Hebel.

35. Die Biegung der Hebel. Drehung und Senkung der Querschnitte.

In der Theorie der Biegung werden gewöhnlich oder hauptsächlich zwei Fälle behandelt. Der eine wird dargestellt durch den an dem einen Ende wagerecht eingespannten, am anderen Ende belasteten Balken, der andere durch einen an seinen beiden Enden aufgelagerten und an einem oder mehreren Zwischenpunkten belasteten Balken.

Beide Arten der Beanspruchung kommen bei den Waagen vor, und zwar sind sie kennzeichnend für die beiden Arten von Hebeln, die zweiarmigen und einarmigen Hebel. Der erste Fall entspricht der Beanspruchung des zweiarmigen, der zweite der des sogenannten einarmigen Hebels. Befindet sich nämlich ein zweiarmiger Hebel in der Einspielungslage, also in wagerechter Lage mit seiner Belastung im Gleichgewicht, so kann man sich ihn an der Stelle der Stützschneide fest eingespannt denken und erhält so zwei an dem einen Ende wagerecht eingespannte, am anderen durch Gewichte belastete Balkenarme. Der einarmige Hebel dagegen stellt einen an beiden Enden aufgelagerten, an einem Zwischenpunkt belasteten Balken dar. Er ruht mit der Stützschneide auf dem Gestell, mit der

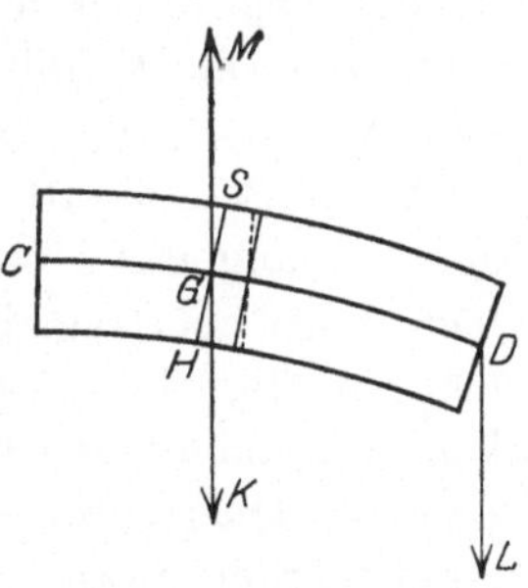

Abb. 19. Biegung eines an dem einen Ende eingespannten, wagerechten Balkens.

Gewichtsschneide auf der unteren Pfanne der Zugstange, was bei Gleichgewicht der Waage mit fester Auflagerung gleichbedeutend ist, und ist dazwischen an der Lastschneide belastet.

Wir benutzen den ersten Biegungsfall, um an ihm das Wesen der Biegung kurz zu erläutern, und denken uns einen zweiarmigen Hebel an der Stützschneide lotrecht durchschnitten und den Lastarm an der Schnittstelle fest eingespannt und an seinem freien Ende, und zwar im Mittelpunkt des Endquerschnittes mit dem Gewicht L belastet. Der Arm habe rechteckigen und überall gleichen Querschnitt. Das Gewicht des Balkenarmes selbst soll nicht berücksichtigt werden.

Die Biegung stellt eine eigentümliche Art gleichzeitiger Zug- und Druckbeanspruchung dar. Ist CD (Abb. 19) die wagerechte Mittelebene des Balkenarmes, so werden, wenn man sich den Balkenarm in lauter sehr dünne wagerechte Lamellen zerlegt denkt, die Lamellen über der Mittelebene durch Zug gedehnt und die darunter liegenden durch Druck verkürzt, und zwar beide um so mehr, je weiter sie von der Mittelebene entfernt sind. Die Mittelschicht wird weder auf Zug noch auf Druck beansprucht, weder gedehnt noch zusammengedrückt, sondern nur gekrümmt. Sie heißt daher die neutrale Schicht des Balkens.

Während bei einem auf Zug beanspruchten, hängenden Draht oder bei einer auf Druck beanspruchten Säule jeder Querschnitt gleichstark beansprucht wird, da alle dasselbe Gewicht zu tragen haben, wird bei der Biegung jeder Querschnitt verschieden stark beansprucht. Wie das Gewicht L z. B. auf den Querschnitt HS wirkt, kann man sich klar machen, wenn man in dem Mittelpunkt G des Querschnittes zwei gleiche und entgegengesetzte Kräfte GM und GK angebracht denkt, die gleich und parallel dem Gewicht L sind. An der Wirkung von L wird dadurch nichts geändert, sie wird jedoch in ihre Bestandteile zelegt, nämlich in eine lotrecht wirkende Einzelkraft GK und ein Kräftepaar. Durch die Einzelkraft, Schubkraft, wird der Querschnitt gegen den vorhergehenden lotrecht nach unten verschoben. Durch das Kräftepaar wird der Querschnitt um seine Schnittlinie mit der neutralen Schicht, seine Nullinie, gedreht.

Da die Schubkraft für alle Querschnitte gleich groß ist, so ist die Eigensenkung der einzelnen Querschnitte ebenfalls gleich groß, jeder Querschnitt überträgt jedoch seine Eigensenkung auf alle nachfolgenden Querschnitte, so daß die Senkung des Balkenendes sich aus der Summe aller zusammensetzt. Diese ist aber im Vergleich zu der durch die Drehung der Querschnitte hervorgebrachten so gering, daß sie vernachlässigt werden kann.

Im Gegensatz zu der Schubkraft wechselt das Drehungsmoment des Kräftepaares von Querschnitt zu Querschnitt. Bezeichnet man die Entfernung GC des betrachteten Querschnittes von der Einspannungsstelle mit x und ist die Länge des Balkens $=l$, so ist das Drehungsmoment, das auf diesen Querschnitt einwirkt, $=(l-x)L$. Da x vom Anfang bis zum Ende des Balkens von 0 bis l wächst, so nimmt das Drehungsmoment von einem Höchstwert lL an der Einspannungsstelle bis auf 0 ab am Balkenende.

In jedem Querschnitt stellt sich ein gleich großes, aber entgegengesetzt wirkendes Drehungsmoment ein, das von den durch die Biegung geweckten elastischen Kräften ausgeübt wird. Dieses Drehungsmoment wollen wir für den betrachteten Querschnitt berechnen, indem wir zunächst eine Formel aufstellen für die spezifische Spannung des Querschnittes, das ist die Spannung einer Faser von dem Querschnitt 1 (1 mm²) im Abstand 1 (1 mm) von der neutralen Schicht und daraus eine Formel für das Drehungsmoment ableiten.

Wir denken uns an der betrachteten Stelle bei unbelastetem Balken ein sehr kurzes Stück durch zwei um dx voneinander entfernte, parallele Querschnitte abgegrenzt. Wird der Balken belastet, so dreht sich infolge der Biegung der zweite Querschnitt gegen den ersten um einen Winkel

$d\omega_x$. Infolgedessen verlängert sich ein im Abstand 1 mm von der neutralen Schicht in der oberen Hälfte befindliches Faserelement dx um $d\omega_x$, also um den Bruchteil $\dfrac{d\omega_x}{dx}$ seiner eigenen Länge. Hätte sich seine Länge — Proportionalität und Unzerreißbarkeit vorausgesetzt — durch die Biegung des Balkens verdoppelt, so würde die Faser unter der Annahme, daß ihr Querschnitt $= 1$ mm² ist, eine Zugkraft ausüben, die gleich dem Elastizitätskoeffizienten E, also für Schmiedeeisen rund $= 20\,000$ kg wäre. Da sie sich nur um einen kleinen Bruchteil ihrer Länge ändert, so ist die Spannung der Faser oder die spezifische Spannung des Querschnittes

$$\sigma_x = \frac{d\omega_x}{dx} \cdot E. \tag{68}$$

Da die Spannung der Fasern ihrem Abstand von der neutralen Schicht proportional ist, so ist die Spannung einer Faser von dem Querschnitt 1 mm² im Abstand r

$$= r \cdot \sigma_x$$

und die Spannung eines Elementes von der Breite b des Balkens und der Höhe dr, also dem Flächeninhalt $b \cdot dr$

$$= r \cdot \sigma_x \cdot b\,dr.$$

Folglich ist das Drehungsmoment, das das Element auf den Querschnitt ausübt

$$= b\,\sigma_x \cdot r^2 dr.$$

Ist die Höhe des Balkens $= h$, so ergibt sich das Gesamtdrehungsmoment D_q des Querschnittes, wenn man den Ausdruck von $r = -\dfrac{h}{2}$ bis $r = +\dfrac{h}{2}$ integriert. Es wird daher

$$D_q = \sigma_x b \int_{-\frac{h}{2}}^{+\frac{h}{2}} r^2 dr = \sigma_x \cdot b \left| \frac{1}{3} r^3 \right|_{-\frac{h}{2}}^{+\frac{h}{2}} = \sigma_x \cdot \frac{1}{12} \cdot b h^3. \tag{69}$$

Der Ausdruck $\dfrac{1}{12} b h^3$ stellt das sogenannte Trägheitsmoment des Querschnittes dar. Es bedeutet dasjenige Drehungsmoment, das der Querschnitt ausüben würde, wenn die Spannung im Abstand 1 (1 mm) von der neutralen Schicht $= 1$ (1 kg) wäre.

Setzt man dieses Drehungsmoment gleich dem der Last L und führt zugleich aus Formel (68) den Wert für σ_x ein, so ergibt sich die Gleichung

$$\frac{1}{12} b h^3 E \frac{d\omega_x}{dx} = (l - x)L$$

oder

$$d\omega_x = \frac{12L}{b h^3 E} \cdot (l - x)\,dx.$$

Integriert man diese Gleichung von 0 bis x, so erhält man die Formel
für den Gesamtbiegungswinkel des Querschnittes

$$\omega_x = \frac{12L}{bh^3E} \cdot \left(lx - \frac{1}{2}x^2\right) = \frac{6L}{bh^3E}\, x(2l - x). \tag{70}$$

Setzt man hierin $x = l$, so ergibt sich der Biegungswinkel des End- oder
Belastungsquerschnittes

$$\omega_l = \frac{6l^2L}{bh^3E}. \tag{71}$$

Um nun die Senkung Δp_x des Querschnittes x zu bestimmen,
denken wir uns die neutrale Schicht in lauter unendlich kurze Stücke
von der Länge dx geteilt, also gleichsam in lauter Nullinien aufgelöst.
Dann können wir uns das Zustandekommen der Senkung des Querschnittes x folgendermaßen vorstellen: Die Drehung ω_1 des Querschnittes 1 senkt die Nullinie 2 um die Strecke $\omega_1 dx$. Die Drehung des Querschnittes 2 senkt die Nullinie 3 um die Strecke $\omega_2 dx$ usw. Die Senkung
der Nullinie x ist gleich der Summe aller dieser Senkungen, also ist

$$\Delta p_x = \omega_1 dx + \omega_2 dx + \cdots = \int_0^x \omega\, dx.$$

Setzt man hierin aus Gleichung (70) den Wert für ω ein, so wird

$$\Delta p_x = \frac{12L}{bh^3E} \int_0^x \left(lx - \frac{1}{2}x^2\right) dx$$

oder $\qquad \Delta p_x = \frac{12L}{bh^3E}\left(\frac{1}{2}lx^2 - \frac{1}{6}x^3\right) = \frac{2L}{bh^3E}\, x^2(3l - x).$ $\qquad$ (72)

Setzt man hierin $x = l$, so erhält man die Senkung des Balkenendes,
nämlich

$$\Delta p_l = \frac{4l^3L}{bh^3E}. \tag{73}$$

Aus den beiden Gleichungen (71) und (73) ergibt sich eine Beziehung
zwischen dem Biegungswinkel und der Senkung des Endquerschnittes,
nämlich

$$\Delta p_l = \frac{2}{3}\, l\omega_l. \tag{74}$$

36. Einfluß der Biegung der Hebel auf die Länge der Hebelarme.

Wird ein mit lotrechtem Zeiger versehener, in der Einspielungslage
befindlicher gleicharmiger Hebel von symmetrischer Gestalt mit gleichen
Gewichten belastet, so bleibt der Hebel in derselben, von dem Zeiger
angezeigten Lage, seine Arme aber nehmen, wenn auch für das Auge
nicht erkennbar, eine andere Gestalt an, und die Tragschneiden, auf
die es hier ankommt, erfahren sowohl eine Senkung, wie auch eine
Drehung.

Dient der Gewichtsarm des Hebels selbst als Zeiger, so erfahren zwar durch die Belastung beide Tragschneiden dieselben Senkungen wie bei der Waage mit lotrechtem Zeiger, die Senkung der Gewichtsschneide wird jedoch, da die Waage nach der Belastung wieder in die Einspielungslage gebracht wird, durch eine kleine Zulage auf der Lastseite wieder aufgehoben. Dafür senkt sich die Lastschneide um den doppelten Betrag. Es wird die Senkung der Gewichtsschneide auf die Lastschneide übertragen.

Eine andere, und zwar unmittelbare Übertragung der Senkung einer Schneide auf die andere kommt bei hintereinander geschalteten Hebeln vor. Bei einer Zweihebelwaage z. B. überträgt sich die Senkung der Lastschneide des Gewichtshebels durch die Zugstange unmittelbar und in gleicher Größe auf die Gewichtsschneide des Lasthebels.

Jede Senkung einer Tragschneide ändert die Richtung des von dieser begrenzten Balkenarmes. Infolgedessen ändert sie auch den Kraftwinkel, den die Kraftrichtung mit dem Arm bildet. Ist die Senkung z. B. der Lastschneide eines Hebels mit lotrechtem Zeiger $= \varDelta p$, so ändert sich der Kraftwinkel der Last um den kleinen Winkel $+ \dfrac{\varDelta p}{l}$ und der Hebelarm, der bei unbelasteter Waage $= l \sin \lambda$ ist, wird infolge der Belastung $= l \cdot \sin\left(\lambda + \dfrac{\varDelta p}{l}\right)$. Er ändert sich also um den Betrag $l \sin\left(\lambda + \dfrac{\varDelta p}{l}\right)$ $- l \sin \lambda$ oder um den Bruchteil

$$\frac{l \sin\left(\lambda + \dfrac{\varDelta p}{l}\right) - l \sin \lambda}{l \sin \lambda}$$

seiner eigenen Länge. Löst man hierin den Sinus der Winkelsumme auf und beachtet, daß das Produkt $\cos\lambda \cdot \sin \dfrac{\varDelta p}{l}$, da $\lambda =$ oder nahezu $= 90^0$, $\cos \lambda$ also ebenso wie $\dfrac{\varDelta p}{l}$ eine sehr kleine Größe ist, $= 0$ gesetzt werden kann, so ist die Änderung

$$= \frac{l \sin \lambda \cos \dfrac{\varDelta p}{l} - l \sin \lambda}{l \sin \lambda} = \cos \frac{\varDelta p}{l} - 1.$$

Diese Änderung kommt praktisch nicht in Betracht, wie das folgende, auf stark übertriebener Annahme beruhende Beispiel zeigt. Ist der Lastarm des Laufgewichtsbalkens einer Laufgewichts-Brückenwaage $l = 50$ mm und die Senkung der Lastschneide bei Vollbelastung der Waage $= 1$ mm, ein in Wirklichkeit bei der Kürze des Armes ganz unmöglicher Fall, so ändert sich der Kraftwinkel um den Winkel $\dfrac{\varDelta p}{l} = 0{,}02 = 1^0 10'$ und der Hebelarm um den Bruchteil $\cos 1^0 10' - 1 = 0{,}0002$ seiner Länge. Die Hebelarme können daher als von der Senkung der Tragschneiden unabhängig angesehen werden.

Dies gilt auch für Waagen, bei denen der Gewichtsarm des Gewichtshebels als Zeiger dient. Denn selbst wenn sich, um bei dem Beispiel zu bleiben, der Schwerpunkt des Laufgewichtes in der Endstellung um 3 mm senkte, ein bei den üblichen Abmessungen der Laufgewichtsbalken ebenfalls unmöglicher Fall, so würden, wenn man das Verhältnis $\frac{g_0 + g_m}{l}$ ungefähr zu 15 annimmt, zu der Senkung der Lastschneide von 1 mm nur etwa 0,2 mm hinzukommen, was an der Schlußfolgerung nichts ändern würde.

Die aus der Biegung der Hebel sich ergebenden Senkungen der Tragschneiden haben zwar keinen Einfluß auf die Länge der Hebelarme, sie ändern aber die Pendelarme und damit die Empfindlichkeit, und zwar im Sinne abnehmender Empfindlichkeit. Dies gilt aber nur für die durch die Biegung unmittelbar verursachten, nicht aber für die durch Über-

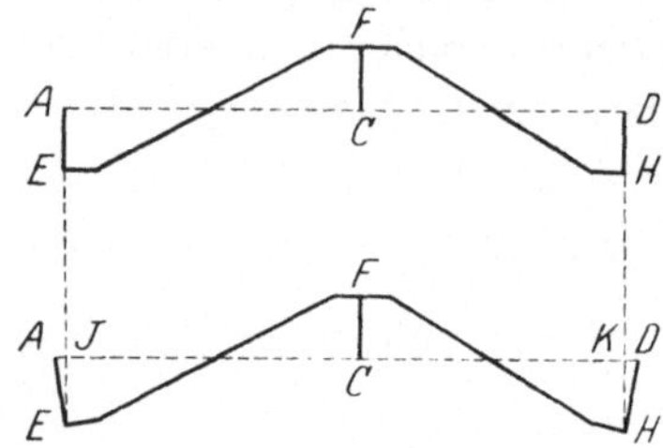

Abb. 20. Einfluß der Biegung auf die Länge der Arme eines zweiarmigen Hebels.

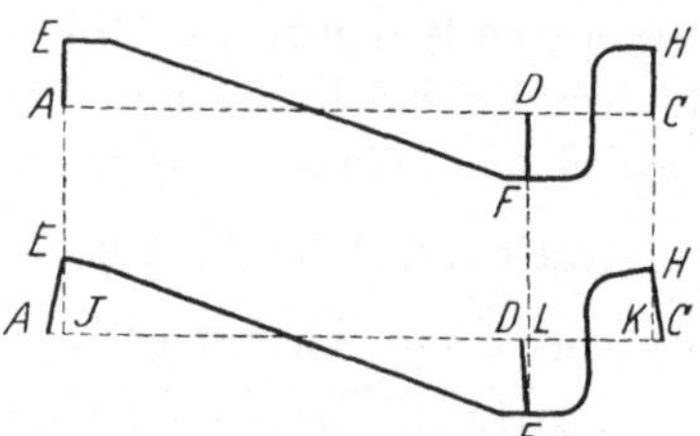

Abb. 21. Einfluß der Biegung auf die Länge der Arme eines einarmigen Hebels.

tragung erfolgten Senkungen. Diese letzteren haben keinen Einfluß auf die Empfindlichkeit der Waage.

Während durch die Senkung der Tragschneiden die Kraftwinkel zwar geändert werden, ihr Einfluß auf die Länge der Hebelarme aber zu vernachlässigen ist, werden durch die Drehung der Schneiden die Längen der Arme geändert und damit die der Hebelarme fast stets merklich beeinflußt.

In Abb. 20 ist ein zweiarmiger Hebel oben im unbelasteten, unten im belasteten Zustand dargestellt. EFH bedeutet die neutrale Schicht des Hebels. AE, CF und DH sind die senkrechten Abstände der Schneidenlinien von der neutralen Schicht des Hebels. Wir bezeichnen diese Abstände, die die Schneiden darstellen, als die **Höhen der Schneiden**.

Wird der Hebel mit gleichen Gewichten belastet, so bleibt die Lage der Stützschneide FC unverändert, die Tragschneiden aber senken und drehen sich. Infolge der Drehung verlängern sich die Arme, der Gewichtsarm AC um AJ und der Lastarm DC um KD. Ist der Drehungswinkel der Lastschneide $= \varDelta\omega$, so ist die Verlängerung des Lastarmes und damit auch des Lasthebelarmes

$$KD = HD \cdot \varDelta\omega,$$

gleich dem Produkt aus der Schneidenhöhe und dem Drehungswinkel.

Bei dem sogenannten einarmigen Hebel (Abb. 21) drehen sich infolge Belastung der Waage nicht nur die Tragschneiden, sondern auch die Stützschneide. Der Lastarm CD verlängert sich, wie aus der Abbildung zu ersehen ist, um $KC + DL$ und der Gewichtsarm CA um $KC + AJ$. Sind die Drehungswinkel der Gewichts-, Last- und Stützschneide der Reihe nach $= \varDelta\omega_1$, $\varDelta\omega_2$, $\varDelta\omega_3$, so ist die Verlängerung des Gewichtsarmes $= EA \cdot \varDelta\omega_1 + HC\varDelta\omega_3$ und die des Lastarmes $= FD \cdot \varDelta\omega_2 + HC \cdot \varDelta\omega_3$.

Bei der in den beiden Abbildungen dargestellten Lage der Schneiden zur neutralen Schicht der Hebel werden die Arme durch die Biegung sämtlich verlängert. Befänden sich die Schneidelinien A und D bei dem zweiarmigen und A, C und D bei dem einarmigen Hebel auf der entgegengesetzten Seite der neutralen Schicht und in gleicher Entfernung von ihr, so würden die Arme durch die Biegung um ebensoviel verkürzt werden. Liegen die Schneidenlinien in der neutralen Schicht, so sind die Höhen der Schneiden $= 0$ und die Längen der Arme von der Biegung der Hebel unabhängig.

37. Einfluß der Biegung der Hebel auf das Hebelverhältnis. Biegungsfehlerkoeffizient.

Eine einfache ungleicharmige Balkenwaage mit den Hebelarmen g und l befinde sich im unbelasteten Zustand in der Einspielungslage im Gleichgewicht. Ihr Hebelverhältnis ist demnach

$$= \frac{g}{l}.$$

Infolge Belastung der Waage mit irgendeiner Last, ändern sich der Gewichtshebelarm um $+ \varDelta g$ und der Lasthebelarm um $+ \varDelta l$ mm. Dann wird das Hebelverhältnis

$$= \frac{g + \varDelta g}{l + \varDelta l}.$$

Multipliziert man den Zähler mit $\dfrac{1}{g}$ und den Nenner mit $\dfrac{1}{l}$ und setzt $\dfrac{g}{l}$ vor den Bruch, so ergibt sich

$$= \frac{g}{l} \cdot \frac{1 + \dfrac{\varDelta g}{g}}{1 + \dfrac{\varDelta l}{l}}.$$

Dividiert man bei dem zweiten Bruch den Zähler durch den Nenner und vernachlässigt, da $\dfrac{\varDelta g}{g}$ und $\dfrac{\varDelta l}{l}$ sehr kleine Größen sind, die Produkte und Potenzen dieser Größen, so erhält man:

$$= \frac{g}{l} \left(1 + \frac{\varDelta g}{g} - \frac{\varDelta l}{l}\right).$$

Ist $\dfrac{\varDelta g}{g} = \dfrac{\varDelta l}{l}$, so ist das Hebelverhältnis $= \dfrac{g}{l}$, also unverändert. Ob also das Hebelverhältnis sich gleich bleibt oder sich ändert und in welchem

Sinne, hängt allein von den in Bruchteilen der eigenen Längen ausgedrückten Änderungen der beiden Hebelarme ab. Nimmt der Gewichtshebelarm z. B. um 0,002 seiner Länge und der Lasthebelarm um 0,001 seiner eigenen Länge zu, so vergrößert sich das Hebelverhältnis um 0,002 — 0,001 = 0,001 seines Betrages. Nimmt umgekehrt der Lasthebelarm um den Bruchteil 0,002 und der Gewichtshebelarm um 0,001 zu, so ändert sich das Hebelverhältnis um 0,001 — 0,002 = — 0,001 seines Betrages, es wird um 0,001 kleiner.

Es heben sich also gleich große Teile der Änderungen beider Hebelarme, immer in Bruchteilen der ganzen Längen ausgedrückt, gegenseitig auf, z. B. 0,001 des Lasthebelarmes gegen 0,001 des Gewichtshebelarmes oder bei dem zweiten Beispiel 0,002 des einen gegen 0,002 des anderen. Man kann sich daher die Änderung des Lasthebelarmes stets gegen eine gleich große des Gewichtshebelarmes ausgeglichen denken und die ganze Änderung dem Gewichtshebelarm zuschreiben, den Lasthebelarm aber als unveränderlich ansehen.

Diese Auffassung kommt auch in der vorigen Formel zum Ausdruck, wenn man sie folgendermaßen schreibt:

$$= \frac{g\left(1 + \dfrac{\varDelta g}{g} - \dfrac{\varDelta l}{l}\right)}{l}.$$

Die so verstandene, durch die Einheit der Last bewirkte Änderung des Gewichtshebelarmes, ausgedrückt in einem Bruchteil der eigenen Länge, bezeichnen wir als den Biegungsfehlerkoeffizienten des Hebels und definieren ihn durch die Gleichung

$$\beta = \frac{\varDelta g}{g} - \frac{\varDelta l}{l}. \tag{75}$$

Bei den Laufgewichtsbalken, bei denen die Hebelarme veränderlich sind, ist die durch die Biegung verursachte Änderung der Länge des jeweiligen Hebelarmes, ausgedrückt in einem Bruchteil der Länge, ebenfalls der Last $L_0 + L$ proportional, wie aus folgendem hervorgeht.

Wir nehmen an, der Gewichtsarm des Laufgewichtsbalkens habe schon von der Stützschneide an überall gleichen Querschnitt. Denkt man sich nun das Laufgewicht so eingestellt, daß sein Hebelarm, das ist die wagerechte Entfernung seines Schwerpunktes von der Stützschneide, gleich der Längeneinheit ist, wenn man die Laufschiene als starr ansieht, so ändert er sich bei Berücksichtigung der Biegung, wenn das Laufgewicht gleich dem Gewicht 1 ist, um einen kleinen Betrag, den wir $\varDelta' g$ bezeichnen wollen. Ist das Gewicht des Laufgewichtes $= G$, so ist die Änderung $= G \cdot \varDelta' g$. Wird nun das Laufgewicht auf den Hebelarm $g_0 + g$ eingestellt, so beträgt, da bei einem Balken von gleichem Querschnitt der Biegungswinkel des Belastungsquerschnittes dem Quadrat der Entfernung von der Einspannungsstelle proportional ist, die Änderung

$$G(g_0 + g)^2 \Delta' g$$

und, in einem Bruchteil der Länge $g_0 + g$ ausgedrückt,

$$G\,\frac{(g_0 + g)^2\,\Delta' g}{g_0 + g} = G(g_0 + g)\Delta' g\,.$$

Bei der Kleinheit dieses Ausdruckes kann man aber $G(g_0+g)=(L_0+L)l$ setzen. Die in einem Bruchteil der ganzen Länge ausgedrückte Verlängerung wird daher

$$= (L_0 + L)\,l\,\Delta' g,$$

also der Gesamtlast proportional. Da die Verlängerung des Lastarmes $= (L_0 + L)\,\dfrac{\Delta l}{l}$ ist, ebenfalls in einem Bruchteil der Länge ausgedrückt, so ist die Differenz beider

$$= (L_0 + L)\left(l\,\Delta' g - \frac{\Delta l}{l}\right) = (L_0 + L)\beta.$$

Bei einem Laufgewichtsbalken ist demnach der Biegungsfehlerkoeffizient

$$\beta = l\,\Delta' g - \frac{\Delta l}{l} \tag{76}$$

und die durch die Einheit der Last bewirkte Verlängerung des Hebelarmes $g_0 + g$ im Längenmaß $= (g_0 + g)\,l\,\Delta' g$.

38. Voraussetzungen für die aufzustellenden allgemeinen Wägungsgleichungen.

Die Hebelarme der Balkengewichte in der Einspielungslage der Waage nehmen wir als unveränderlich an. Tatsächlich kann die Biegung diese Hebelarme nicht merklich beeinflussen, da die sie begrenzenden Schwerpunkte der einzelnen Hebel nahezu oder unmittelbar in der Schneidenebene liegen und demzufolge durch die Biegung der Hebel nur eine lotrechte Verschiebung erfahren können.

Wir setzen ferner voraus, daß nicht nur die Nutzbelastung G und L, sondern auch die tote Belastung G_0 und L_0 in der Einspielungslage der Waage im Gleichgewicht sind.

Die durch die Biegung der Hebel entstehenden Änderungen der einzelnen Hebelarme setzen wir nicht den an ihnen angreifenden Kräften proportional, sondern einheitlich der Gesamtlast $L_0 + L$.

Alle Glieder, die die Produkte oder Potenzen der kleinen Größen Δg und Δl enthalten, vernachlässigen wir als kleine Größen zweiter Ordnung.

39. Allgemeine Wägungsgleichung der Einhebelwaage.

Die Bedingung für das Gleichgewicht der belasteten Einhebelwaage in der Einspielungslage unter der Annahme starrer Hebel lautet nach Formel (15)

$$(L_0 + L)l + Bb = (G_0 + G)g.$$

Bei Berücksichtigung der Durchbiegung nimmt die Gleichung, da l sich in $l + (L_0 + L)\Delta l$ und g in $g + (L_0 + L)\Delta g$ ändert, die Form an

$$(L_0 + L)[l + (L_0 + L)\Delta l] + Bb = (G_0 + G)[g + (L_0 + L)\Delta g]$$

oder $(L_0 + L)\,l + (L_0 + L)^2\,\Delta l + Bb = (G_0 + G)\,g + (G_0 + G)(L_0 + L)\Delta g.$

In dem letzten Gliede dieser Gleichung, das die sehr kleine Größe Δg enthält, können wir, ohne einen merklichen Fehler zu begehen, $G_0 + G = (L_0 + L)\dfrac{l}{g}$ setzen. Bringt man dieses Glied auf die linke Seite und dividiert zugleich die Gleichung durch l, so wird

$$L_0 + L - (L_0 + L)^2\left(\frac{\Delta g}{g} - \frac{\Delta l}{l}\right) + Bb = (G_0 + G)\frac{g}{l}$$

oder mit Einführung des Biegungsfehlerkoeffizienten nach Gleichung (75)

$$L_0 + L - \beta(L_0 + L)^2 + Bb = (G_0 + G)\frac{g}{l}\,.$$

Setzt man hierin L und $G = 0$, so erhält man die Gleichung der überlasteten Waage:

$$L_0 + \beta L_0^2 + Bb = G_0\,\frac{g}{l}\,.$$

Zieht man die untere Gleichung von der oberen ab, so ergibt sich die allgemeine Wägungsgleichung:

$$L - 2\beta L_0 L - \beta L^2 = G\,\frac{g}{l}\,. \tag{77}$$

Wie die Gleichung zeigt, befinden sich die dem Hebelverhältnis $\dfrac{g}{l}$ entsprechenden Gewichte G und L infolge der Biegung des Hebels nicht mehr miteinander in der Einspielungslage im Gleichgewicht. Um sie in dieser Lage ins Gleichgewicht zu bringen, sind vielmehr zu der Last zwei Zulagen, algebraisch genommen, $-2\beta L_0 L$ und $-\beta L^2$, von denen die eine der Last, die andere dem Quadrat der Last proportional ist, hinzuzufügen. Ist der Biegungsfehlerkoeffizient negativ, so sind zur Ausgleichung der Waage wirkliche Zulagen zu machen, ist er positiv, so muß von der Last ein entsprechender Betrag hinweggenommen, eine „negative Zulage" gemacht werden.

40. Allgemeine Wägungsgleichungen der Zweihebel- und Dreihebelwaage.

Wie aus der vorstehenden Ableitung, sowie auch aus derjenigen sämtlicher Wägungsgleichungen bei Annahme starrer Hebel hervorgeht, heben sich die Glieder, die die Balkengewichte B enthalten, bei der Subtraktion der Gleichungen für die belastete und unbelastete Waage stets auf. Das gilt auch für die Ableitung sämtlicher noch folgender allgemeiner Wägungsgleichungen, da wir ja die Hebelarme der Balkengewichte als von der Biegung unabhängig annehmen. Wir wollen daher im folgenden der Kürze halber die betreffenden Glieder von vornherein weglassen.

Die Gleichung (37) für das Gleichgewicht der belasteten Zweihebelwaage nimmt demnach folgende Form an

$$(L_0 + L)\, l_1 l_2 = (G_0 + G)\, g_1 g_2.$$

Setzt man hierin die durch die Biegung der Hebel hervorgerufenen Änderungen der Hebelarme ein, so wird

$$(L_0 + L)[l_1 + (L_0 + L)\, \Delta l_1] \cdot [l_2 + (L_0 + L)\, \Delta l_2]$$
$$= (G_0 + G)[g_1 + (L_0 + L)\, \Delta g_1] \cdot [g_2 + (L_0 + L)\, \Delta g_2].$$

Löst man die eckigen Klammern auf und vernachlässigt die kleinen Glieder zweiter Ordnung, so wird

$$(L_0 + L)\, l_1 l_2 + (L_0 + L)^2 l_2\, \Delta l_1 + (L_0 + L)^2 l_1\, \Delta l_2$$
$$= (G_0 + G)\, g_1 g_2 + (G_0 + G)(L_0 + L)\, g_2\, \Delta g_1 + (G_0 + G)(L_0 + L)\, g_1\, \Delta g_2.$$

Setzt man in den beiden letzten kleinen Gliedern der rechten Seite $G_0 + G = (L_0 + L)\, \dfrac{l_1 l_2}{g_1 g_2}$, bringt sie auf die linke Seite und dividiert die ganze Gleichung durch $l_1 l_2$, so ergibt sich

$$(L_0 + L) - (L_0 + L)^2 \left(\frac{\Delta g_1}{g_1} - \frac{\Delta l_1}{l_1} + \frac{\Delta g_2}{g_2} - \frac{\Delta l_2}{l_2} \right) = (G_0 + G)\, \frac{g_1 g_2}{l_1 l_2}$$

oder $\qquad (L_0 + L) - (L_0 + L)^2 (\beta_1 + \beta_2) = (G_0 + G)\, \dfrac{g_1 g_2}{l_2 l_2}.$

Setzt man hierin $L = G = 0$, so erhält man die Gleichung für die unbelastete Waage

$$L_0 - L_0^2 (\beta_1 + \beta_2) = G_0\, \frac{g_1 g_2}{l_1 l_2}.$$

Zieht man diese Gleichung von der vorigen ab, so erhält man die allgemeine Wägungsgleichung der Zweihebelwaage, nämlich

$$L - 2(\beta_1 + \beta_2) L_0 L - (\beta_1 + \beta_2) L^2 = G\, \frac{g_1 g_2}{l_1 l_2}. \tag{78}$$

Die Gleichung für die Dreihebelwaage können wir hiernach unmittelbar niederschreiben. Sie lautet

$$L - 2(\beta_1 + \beta_2 + \beta_3) L_0 L - (\beta_1 + \beta_2 + \beta_3) L^2 = G\, \frac{g_1 g_2 g_3}{l_1 l_2 l_3}. \tag{79}$$

Aus diesen beiden Gleichungen kann man folgenden wichtigen Lehrsatz entnehmen:

Der Biegungsfehlerkoeffizient einer Waage, die aus hintereinander geschalteten Hebeln besteht, ist gleich der Summe der Biegungsfehlerkoeffizienten der einzelnen Hebel.

Man kann daher die einzelnen Hebel so einrichten, daß die Summe ihrer Biegungsfehlerkoeffizienten $= 0$ wird, so daß die Waage sich verhält wie eine solche mit starren Hebeln.

41. Allgemeine Wägungsgleichungen der unsymmetrischen Brückenwaagen (Bauart A und B).

Die Bedingung für das Gleichgewicht der belasteten Brückenwaage, Bauart A, lautet nach Formel (47):

$$(u' L_0 + u L) l_1 g_2 + (v' L_0 + v L) l_1' l_2 = (G_0 + G) g_1 g_2.$$

Um die Ableitung der Wägungsgleichung zu vereinfachen, wollen wir die Annahme machen, die Verteilung des Gewichtes der Brücke auf die beiden Lastschneiden D_1 und D_2 wechsle mit der Lage der Last in derselben Weise, wie die der Nutzlast selbst. Dann ist $u' = u$ und $v' = v$ und es wird

$$u (L_0 + L) l_1 g_2 + v (L_0 + L) l_1' l_2 = (G_0 + G) g_1 g_2$$

oder $\qquad (L_0 + L)(u l_1 g_2 + v l_1' l_2) = (G_0 + G) g_1 g_2. \qquad (80)$

Unter den in dieser Gleichung enthaltenen fünf Hebelarmen wird g_1 hinsichtlich seiner Biegung von der Gesamtlast $L_0 + L$ beeinflußt, und seine Änderung kann der Gesamtlast proportional, also $= (L_0 + L) \varDelta g_1$ gesetzt werden, da die Hebelverhältnisse der beiden die Brückenwaage zusammensetzenden Einzelwaagen, nämlich $\dfrac{g_1}{l_1}$ und $\dfrac{g_1 g_2}{l_1' l_2}$ nahezu einander gleich sind.

Die Hebelarme g_2 und l_2 werden nur von der Teillast $v (L_0 + L)$ beeinflußt. Ihre Änderungen sind demnach $v (L_0 + L) \varDelta g_2$ und $v (L_0 + L) \varDelta l_2$. Die Änderungen der Hebelarme l_1 und l_1' dagegen setzen sich aus je zwei Teilen zusammen, von denen der eine von der Teillast $u (L_0 + L)$, der andere von der Teillast $v (L_0 + L)$ herrührt. Bezeichnet man die von der Einheit der ersten Teillast bewirkten Änderungen von l_1 und l_1' mit $\varDelta l_{1u}$ bzw. $\varDelta l_{1u}'$ und die von der zweiten bewirkten mit $\varDelta l_{1v}$ bzw. $\varDelta l_{1v}'$, so ist die Änderung des einen Hebelarmes

$$= u (L_0 + L) \varDelta l_{1u} + v (L_0 + L) \varDelta l_{1v} = (L_0 + L)(u \varDelta l_{1u} + v \varDelta l_{1v})$$

und die des anderen

$$= (L_0 + L)(u \varDelta l_{1u}' + v \varDelta l_{1v}').$$

Bezeichnet man die zweite Klammergröße des ersten Ausdruckes mit $\varDelta l_1$, die des zweiten mit $\varDelta l_1'$, so sind die Änderungen $= (L_0 + L) \varDelta l_1$ bzw. $= (L_0 + L) \varDelta l_1'$. Hierbei ist jedoch zu beachten, daß $\varDelta l_1$ und $\varDelta l_1'$ von u und v, also der Lage der Last auf der Brücke abhängen.

Setzt man die fünf Ausdrücke in die Gleichung (80) ein, so wird

$$(L_0 + L) \{ u [l_1 + (L_0 + L) \varDelta l_1] \cdot [g_2 + v (L_0 + L) \varDelta g_2]$$
$$+ v [l_1' + (L_0 + L) \varDelta l_1'] \cdot [l_2 + v (L_0 + L) \varDelta l_2] \}$$
$$= (G_0 + G)[g_1 + (L_0 + L) \varDelta g_1][g_2 + v (L_0 + L) \varDelta g_2].$$

Nach einer Reihe von Umformungen, ähnlich denen der früheren Ableitungen, und Einführung der Biegungskoeffizienten, erhält man die Gleichung

$$L_0 + L - (L_0 + L)^2 (u \beta_1 + v \beta_1' + v^2 \beta_2) = (G_0 + G) \frac{g_1 g_2}{u l_1 g_2 + v l_1' l_2}.$$

Für $L = G = 0$ ergibt sich hieraus die Gleichung der unbelasteten Waage, nämlich

$$L_0 - L_0^2(u\beta_1 + v\beta'_1 + v^2\beta_2) = G_0 \frac{g_1 g_2}{u l_1 g_2 + v l'_1 l_2}.$$

Zieht man diese Gleichung von jener ab, so erhält man die allgemeine Wägungsgleichung

$$L - 2(u\beta_1 + v\beta'_1 + v^2\beta_2)L_0 L - (u\beta_1 + v\beta'_1 + v^2\beta_2)L^2 = G \frac{g_1 g_2}{u l_1 g_2 + v l'_1 l_2}. \quad (81)$$

Hierin sind die Biegungskoeffizienten β_1 und β'_1 von der Lage der Last auf der Brücke abhängig, und zwar ist

$$\beta_1 = \frac{\varDelta g_1}{g_1} - \frac{u\varDelta l_{1u} + v\varDelta l_{1v}}{l_1} \ \Bigg\}$$

und

$$\beta'_1 = \frac{\varDelta g_1}{g_1} - \frac{u\varDelta l'_{1v} + v\varDelta l'_{1u}}{l'_1} \ \Bigg\} \qquad (82)$$

Die Wägungsgleichung der Brückenwaage der Bauart B erhält man aus der Formel (81), wenn man die Kennziffern der Biegungsfehlerkoeffizienten und der Hebelarme um eine Einheit erhöht und in den Klammern der linken Seite den Koeffizienten β_1 hinzufügt und zur rechten Seite das Hebelverhältnis $\frac{g_1}{l_1}$ als Faktor hinzusetzt. Sie lautet

$$L - 2(\beta_1 + u\beta_2 + v\beta'_2 + v^2\beta_3)L_0 L - (\beta_1 + u\beta_2 + v\beta'_2 + v^2\beta_3)L^2 \\ = G \frac{g_1 g_2 g_3}{l_1(u l_2 g_3 + v l'_2 l_3)}. \Bigg\} \qquad (83)$$

42. Allgemeine Wägungsgleichungen der symmetrischen Brückenwaagen (Bauart E und D).

Die Bedingung für das Gleichgewicht der belasteten Brückenwaage, Bauart E, ist nach Formel (50)

$$\left(\frac{1}{2} L_0 + u L\right) l_1 l_2 g'_2 + \left(\frac{1}{2} L_0 + v L\right) l_1 l'_2 g_2 = (G_0 + G) g_1 g_2 g'_2.$$

Von den drei Hebeln, aus denen die Waage besteht, wird der Gewichtshebel durch die Gesamtlast $L_0 + L$ beeinflußt. Die Veränderungen seiner Hebelarme sind daher $(L_0 + L)\varDelta g_1$ bzw. $(L_0 + L)\varDelta l_1$. Von den beiden Dreieckshebeln dagegen hat der eine die Teillast $\frac{1}{2} L_0 + u L$, der andere den Rest $\frac{1}{2} L_0 + v L$ zu tragen. Die Änderungen der Hebelarme des einen sind daher

$$= \left(\frac{1}{2} L_0 + u L\right)\varDelta g_2 \quad \text{bzw.} \quad = \left(\frac{1}{2} L_0 + u L\right)\varDelta l_2$$

und die der Hebelarme des anderen

$$= \left(\frac{1}{2} L_0 + v L\right)\varDelta g'_2 \quad \text{bzw.} \quad = \left(\frac{1}{2} L_0 + v L\right)\varDelta l'_2.$$

Fügt man diese Werte in vorstehender Gleichung zu den Hebelarmen hinzu und fürt die sehr umständlichen Rechnungen, die wir hier weglassen wollen, in ähnlicher Weise wie früher durch, so kommt man zu folgender Endformel

$$L - 2\left(\beta_1 + \tfrac{1}{2}\,u\,\beta_2 + \tfrac{1}{2}\,v\,\beta'_2\right)L_0\,L + (\beta_1 + u^2\,\beta_2 + v^2\,\beta'_2)\,L^2 \\ = G'\,\frac{g_1}{l_1}\,\frac{g_2\,g'_2}{u\,l_2\,g'_2 + v\,l'_2\,g_2}. \qquad (84)$$

Sind die beiden Dreieckshebel, was ja fast ausnahmslos der Fall ist, gleich gebaut, so kann man den Biegungskoeffizienten $\beta'_2 = \beta_2$ setzen und es wird

$$L - 2\left(\beta_1 + \tfrac{1}{2}\,\beta_2\right)L_0\,L - [\beta_1 + (u^2 + v^2)\beta_2]\,L^2 = G\,\frac{g_1}{l_1}\,\frac{g_2\,g'_2}{u\,l_2\,g'_2 + v\,l'_2\,g_2}. \qquad (85)$$

Die allgemeine Wägungsgleichung der Brückenwaage der Bauart D lautet, wenn die Lasthebel verschieden gebaut sind,

$$L - 2\left(\beta_1 + \beta_2 + \tfrac{1}{2}\,u\,\beta_3 + \tfrac{1}{2}\,v\,\beta'_3\right)L_0\,L - (\beta_1 + \beta_2 + u^2\,\beta_3 + v^2\,\beta'_3)\,L^2 \\ = G\,\frac{g_1}{l_1}\cdot\frac{g_2}{l_2}\cdot\frac{g_3\,g'_3}{u\,l_3\,g'_3 + v\,l'_3\,g_3} \qquad (86)$$

und, wenn die beiden Lasthebel gleich gebaut sind,

$$L - 2\left(\beta_1 + \beta_2 + \tfrac{1}{2}\,\beta_3\right)L_0\,L - [\beta_1 + \beta_2 + (u^2 + v^2)\beta_3]\,L^2 \\ = G\,\frac{g_1}{l_1}\cdot\frac{g_2}{l_2}\cdot\frac{g_3\,g'_3}{u\,l_3\,g'_3 + v\,l'_3\,g_3}. \qquad (87)$$

43. Allgemeine Wägungsgleichungen der Laufgewichtswaagen.

Die bisher entwickelten Wägungsgleichungen gelten nicht nur für Waagen mit Gewichtsschale, sondern auch für Waagen gleicher Bauart mit Laufgewicht, wie an dem Beispiel der Einhebel-Laufgewichtswaagen gezeigt werden soll.

Die Bedingungsgleichung für das Gleichgewicht dieser Waage im belasteten Zustande ist

$$(L_0 + L)\,l = G(g_0 + g).$$

Die durch die Biegung des Hebels verursachte Änderung des Hebelarmes l ist $= (L_0 + L)\,\Delta l$ und die des Hebelarmes $g_0 + g$ ist $= (g_0 + g)\,l\,\Delta'g$, wie am Schluß des Abschnittes 37 auseinandergesetzt ist. Fügt man diese Änderungen zu den Hebelarmen hinzu, so ergibt sich die Gleichung

$$(L_0 + L)[l + (L_0 + L)\,\Delta l] = G[g_0 + g + (g_0 + g)\,l\,\Delta'g]$$

oder $\qquad (L_0 + L)\,l + (L_0 + L)^2\,\Delta l = G(g_0 + g) + G(g_0 + g)\,l\,\Delta'g.$

Da das zweite Glied der rechten Seite klein ist, so kann man $G(g_0 + g) = (L_0 + L)\,l$ setzen und es wird

$$(L_0 + L)\,l + (L_0 + L)^2\,\Delta l = G(g_0 + g) + (L_0 + L)\,l^2\,\Delta g.$$

Dividiert man die ganze Gleichung durch l und bringt das zweite Glied der rechten Seite auf die linke Seite, so wird

$$L_0 + L - (L_0 + L)^2 \left(l \, \Delta' g - \frac{\Delta l}{l} \right) = G \frac{g_0 + g}{l}$$

oder nach Gleichung (76)

$$L_0 + L - (L_0 + L)^2 \beta = G \frac{g_0 + g}{l} \, .$$

Setzt man hierin $L = 0$ und $g = 0$, so erhält man die Gleichung für die unbelastete Waage

$$L_0 - L_0^2 \beta = G \frac{g_0}{l}$$

und durch Subtraktion dieser Gleichung von der vorhergehenden die allgemeine Wägungsgleichung

$$L - 2 \beta L_0 L - \beta L^2 = G \frac{g}{l} \, . \tag{88}$$

Diese Gleichung stimmt mit der Gleichung (77) für die Einhebelwaage mit Gewichtsschale vollkommen überein.

Das gleiche ist der Fall bei allen übrigen Laufgewichtswaagen. Die Wägungsgleichungen stimmen sämtlich mit denjenigen der Waagen mit Gewichtsschale gleicher Bauart überein. Denn die Gleichungen für die belasteten Waagen unterscheiden sich nur dadurch, daß der für Waagen mit Gewichtsschale geltende Ausdruck $(G_0 + G) g$ bei den Laufgewichtswaagen durch den Ausdruck $G (g_0 + g)$ ersetzt ist. Wird nun die Gleichung für die unbelastete Waage von der für die belastete abgezogen, so fällt bei der einen Gattung von Waagen das Produkt $G_0 g$, bei der anderen das Produkt $G g_0$ weg und es bleibt bei beiden der gleiche Rest $G g$.

Wir brauchen daher die allgemeinen Wägungsgleichungen für die übrigen Arten von Waagen nicht besonders abzuleiten.

IV. Sollwertgleichungen und Fehlergleichungen der Waagen.

44. Anzeige der Waage = Sollwert der Nutzlast. Fehler der Waage. Fehler der Nutzlast.

Wenn man durch Abgleichung der Hebelwirkungen von Last und Gewicht eine Wägung ausgeführt hat, so liest man das Wägungsergebnis auf der Gewichtsseite ab. Bei den Waagen mit Gewichtsschale rechnet man die auf der Gewichtsschale stehenden Gewichte zusammen und multipliziert die Summe mit dem der Waage eigentümlichen Hebelverhältnis. Dieses Produkt stellt die Anzeige der Waage dar. Bei den Laufgewichtswaagen liest man das Wägungsergebnis unmittelbar ab. Bei ihnen ist das jeder Einstellung des Laufgewichtes entsprechende Produkt aus dem Gewicht des Laufgewichtes und dem betreffenden Hebelverhältnis an der Einstellungsmarke in Zahlen angegeben.

Das auf der Gewichtsseite angezeigte Gewicht soll auf der Lastseite vorhanden sein. Die Anzeige der Gewichtsseite stellt daher den Sollwert der Last dar. Wir bezeichnen diesen mit L_s. Stimmt der wirkliche Wert L der Last, ihr Istwert, mit ihrem Sollwert, also der Anzeige der Waage, nicht überein, so ist die Anzeige falsch, und die Waage hat einen Fehler. Ist der angezeigte Wert der Last größer als ihr Istwert, so zeigt die Waage zu viel an und ihr Fehler ist positiv, ist er kleiner, so zeigt die Waage zu wenig an, und ihr Fehler ist negativ. Unter dem Fehler F der Anzeige verstehen wir also die Differenz: Anzeige (= Sollwert der Last) weniger Istwert der Last und definieren ihn durch die Gleichung

$$F = L_s - L. \qquad (89)$$

Belastet man eine Waage mit Gewichtsschale auf der Gewichtsseite mit irgendwelchen genau richtigen Gewichten (Normalgewichten) und bringt nun den auf der Gewichtsseite angezeigten Betrag ebenfalls in Normalgewichten auf die Lastschale, setzt also den Sollwert L_s der Nutzlast auf die Lastschale, so spielt die Waage im allgemeinen nicht ein. Um sie in die Einspielungslage zu bringen, muß man zu dem Sollwert der Nutzlast eine Zulage Z hinzufügen, die positiv oder negativ sein kann, je nachdem eine wirkliche Zulage zur Last oder eine Hinwegnahme, eine „negative Zulage", zur Abgleichung der Waage erforderlich ist.

Man kann sich also die auf der Brücke einer Brückenwaage befindliche Last aus zwei Teilen zusammengesetzt denken, dem von der Gewichtsseite angezeigten Sollwert der Last und der zur Abgleichung der Waage erforderlichen Zulage. Es ist daher

$$L = L_s + Z. \qquad (90)$$

Ist die Zulage positiv, so ist die wirkliche Last zu groß und der Käufer erhält zu viel Ware, ist sie negativ, so ist die Last zu klein und der Käufer erhält zu wenig. Die Zulage Z bildet also den Fehler der Nutzlast und dieser ist, wie die Formel zeigt, gleich der Differenz: Istwert der Nutzlast weniger Sollwert

$$Z = L - L_s. \qquad (91)$$

Vergleicht man die beiden Formeln (89) und (91) miteinander, so sieht man, daß der Fehler der Nutzlast gleich dem mit umgekehrten Vorzeichen genommene Fehler der Anzeige ist

$$Z = -F. \qquad (92)$$

Ist also z. B. der Fehler der Anzeige der Waage $= +3$ kg, so ist der Fehler der Nutzlast $= -3$ kg, d. h. wenn die Anzeige der Waage um 3 kg zu groß ist, so ist die Nutzlast um 3 kg zu klein und umgekehrt.

Da sich der eine Fehler aus dem anderen ohne weiteres ergibt, so ist es gleichgültig, welchen Fehler man bestimmt. Wir wählen hierzu den Fehler der Nutzlast, weil sich die Formeln für ihn leichter und einfacher ableiten lassen, als für den Fehler der Anzeige.

45. Fehler des Hebelverhältnisses. Biegungsfehler.
Biegungsfehlerzulage.

Die Anzeige einer Waage setzt sich aus zwei Faktoren zusammen, sie ist gleich dem Produkt aus dem Gewicht und dem Hebelverhältnis. Die losen Gewichte für Waagen mit Gewichtsschale nehmen wir ein für allemal als genau richtig an, da man ihren Fehler nicht der Waage zuschreiben kann. Das Laufgewicht an Laufgewichtswaagen nehmen wir für den besonderen Zweck der Entwicklung der Fehlerformeln ebenfalls als richtig an. Das hindert nicht, ihm bei der Berichtigung der Waage den Fehler zuzuschreiben und diesen an ihm zu korrigieren, weil die Berichtigung der Waage am Laufgewicht am einfachsten auszuführen ist.

Der Fehler der Anzeige der Waage rührt daher nach dieser Auffassung allein von dem Hebelverhältnis her. Wenn das Verhältnis zweier Längen falsch ist, so ist nur eine von beiden falsch. Die andere kann man stets als richtig annehmen. Wir sahen daher bei der Begriffsbestimmung des Biegungsfehlerkoeffizienten den Lasthebelarm als richtig an, obwohl sich durch die Biegung beide Hebelarme ändern. Wir sahen aber, daß es auf dasselbe hinauskommt, ob der Gewichtshebelarm um den Bruchteil $\dfrac{\varDelta g}{g}$ seiner Länge sich ändert und der Lasthebelarm um den Bruchteil $\dfrac{\varDelta l}{l}$, oder ob der Gewichtshebelarm sich um den Bruchteil $\dfrac{\varDelta g}{g} - \dfrac{\varDelta l}{l} = \beta$ ändert, so daß man den Lasthebelarm als unveränderlich ansehen kann.

Der Bruchteil β, um den sich der Gewichtshebelarm und damit das Hebelverhältnis ändert, gilt für die Einheit der Last an der Lastschneide, z. B. für eine Last von einer Tonne. Verdoppelt man die Last, so verdoppelt sich auch der Biegungsfehler. Er ist der Last proportional. Bezeichnet man den der Last L entsprechenden Biegungsfehler mit f_b, so ist

$$f_b = \beta \cdot L. \tag{93}$$

Ändert sich das Hebelverhältnis einer im unbelasteten Zustand vollkommen richtigen Waage durch eine Last von 6 Tonnen infolge Biegung um $\dfrac{1}{2000}$ seines Betrages, so muß man, um die Waage zum Einspielen zu bringen, $\dfrac{1}{2000} \cdot 6000 = 3$ kg zu der Last hinzufügen oder von ihr hinwegnehmen, je nachdem sich das Hebelverhältnis vergrößert oder verkleinert hat. Ändert sich das Hebelverhältnis durch die Last L um den kleinen Bruchteil $\beta \cdot L$, so muß man $\beta L \cdot L = \beta L^2$ hinzufügen oder hinwegnehmen. Man muß also die Last um denselben Bruchteil ändern, um den der Fehler des Hebelverhältnisses sich geändert hat, um das Gleichgewicht herzustellen. Diese zur Ausgleichung des Biegungsfehlers notwendige Zulage nennen wir die Biegungsfehlerzulage, und bezeichnen sie mit Z_b.

Es ist daher

$$Z_b = \beta L^2. \tag{94}$$

Unter der Last ist hier die Gesamtlast $L_0 + L$, also tote Last + Nutzlast zu verstehen.

Da die Zulage dem Quadrat der Last proportional ist, so ist die Biegungsfehlerzulage für die gleiche Last an verschiedenen Stellen des Wägebereiches ganz verschieden. Hat man z. B. eine Brückenwaage für 10 Tonnen, deren Brücke 1 Tonne wiegt, und bezieht man den Biegungsfehlerkoeffizienten auf 1 Tonne als Lasteinheit, so ist die Biegungsfehlerzulage für 1000 kg am Anfang des Wägebereiches von 0—1000 kg

$$= 2^2 \cdot \beta - 1^2 \cdot \beta = 3\beta,$$

für 1000 kg am Ende des Wägebereiches von 9000—10000 kg dagegen

$$= 11^2 \beta - 10^2 \beta = 21\beta.$$

Die Biegungsfehlerzulage für eine Last von 1000 kg ist daher unter diesen Umständen bei einer Vorbelastung der Lastschneiden mit dem Gewicht der Brücke von 1000 kg und 9000 kg Nutzlast siebenmal so groß, als wenn man die 1000 kg auf die leere Brücke setzt.

46. Justierfehler. Justierfehlerzulage.

Da es einerseits schwierig ist, bei der Herstellung der Waage genau das richtige Hebelverhältnis zu treffen, und da andererseits dem Hebelverhältnis bisweilen absichtlich ein bestimmter Fehler gegeben wird, um den Biegungsfehler zum Teil auszugleichen, so ist fast ausnahmslos jede Waage von vornherein mit einem Fehler behaftet. Da wir grundsätzlich den Lasthebelarm als richtig und unveränderlich ansehen, so fällt der Fehler dem Gewichtshebelarm zur Last. Ist bei einer Waage mit Gewichtsschale der Istwert dieses Armes $= g$ und sein Sollwert $= g_s$, so ist sein Fehler in Längenmaß

$$\Delta g = g - g_s$$

und sein Fehler, ausgedrückt in einem Bruchteil seiner Länge,

$$= \frac{\Delta g}{g_s} = \frac{g - g_s}{g_s}.$$

Diesen Fehler nennen wir den Justierfehler des Hebels und bezeichnen ihn mit α. Es ist also

$$\alpha = \frac{\Delta g}{g_s} \quad \text{oder auch} \quad = \frac{\Delta g}{g}, \tag{95}$$

da Δg sehr klein ist und g und g_s sich wenig voneinander unterscheiden. Nach der vorigen Gleichung ist daher

$$\frac{g - g_s}{g_s} = \alpha$$

oder

$$g = g_s(1 + \alpha). \tag{96}$$

Auch bei den **Laufgewichtsbalken** halten wir grundsätzlich an der Auffassung fest, den Lasthebelarm als richtig und unveränderlich anzusehen. Wir schreiben bei diesen den Justierfehler dem Laufgewicht zu. Ist der Istwert seines Gewichtes $= G$, sein Sollwert $= G_s$ so ist der Justierfehler

$$\alpha = \frac{\varDelta G}{G_s} = \frac{G - G_s}{G_s} \tag{97}$$

und der Istwert

$$G = G_s(1 + \alpha). \tag{98}$$

Um den Justierfehler α, also den Bruchteil, um den das Hebelverhältnis falsch ist, auszugleichen, müssen wir den gleichen Bruchteil der Last, also αL auf der Lastschale hinzulegen oder hinwegnehmen, je nachdem α positiv oder negativ ist. Diese Zulage nennen wir die **Justierfehlerzulage** und bezeichnen sie mit Z_α. Es ist daher

$$Z_\alpha = \alpha L. \tag{99}$$

Die Justierfehlerzulage ist demnach einfach der Last proportional. Sie ist daher für die gleiche Nutzlast über den ganzen Wägebereich hin gleich groß, also im Gegensatz zu der Biegungsfehlerzulage **unabhängig von der Vorbelastung der Waage und dem Brückengewicht.**

47. Fehler der Einteilung bei Laufgewichtsskalen, Teilungsfehler. Teilungsfehlerzulage.

Bei einer Laufgewichtsskale, die, ähnlich einem **Gewichtssatz** bei Waagen mit Gewichtsschale, einen **Satz von Hebelarmen** darstellt, nehmen wir ein für allemal die Gesamtlänge g_m der Skala als richtig an. Dann ist der Sollwert g_s irgendeines Gewichtshebelarmes g

$$g_s = \frac{L}{L_m}\, g_m. \tag{100}$$

wo L die an der Einstellmarke angegebene Sollast und L_m die Höchstlast der Waage bedeuten. Stimmt der Istwert des Gewichtshebelarmes mit seinem Sollwert nicht überein, so ist sein Fehler, ausgedrückt in einem Bruchteil seiner Länge

$$\frac{\varDelta g}{g_s} = \frac{g - g_s}{g_s}.$$

Diesen Fehler nennen wir den **Teilungsfehler** des betreffenden Skalenabschnittes und bezeichnen ihn mit α_t. Es ist daher

$$\alpha_t = \frac{\varDelta g}{g_s} = \frac{g - g_s}{g_s} \tag{101}$$

und $$g = g_s(1 + \alpha_t). \tag{102}$$

Die zur Ausgleichung des Teilungsfehlers dienende Zulage, die wir mit Z_t bezeichnen, ist

$$Z_t = \alpha_t \cdot L. \tag{103}$$

48. Gesamtzulage und Zusammensetzung der Nutzlast.

Die Gesamtzulage Z zur Last, die zur Ausgleichung der verschiedenen Fehler der Waage dient, besteht demgemäß bei den Waagen mit Gewichtsschale aus zwei Teilen, der Justierfehler- und der Biegungsfehlerzulage,

$$Z = Z_\alpha + Z_\beta \tag{104}$$

und bei den Laufgewichtswaagen aus drei Teilen, der Justierfehler-, der Teilungsfehler- und der Biegungsfehlerzulage

$$Z = Z_\alpha + Z_t + Z_\beta. \tag{105}$$

Dementsprechend kann man sich die Nutzlast auf der Brücke zusammengesetzt denken bei den **Waagen mit Gewichtsschale** aus dem Sollwert der Last, gleich der auf der Gewichtsseite angezeigten Last, und zwei Zulagen

$$L = L_s + Z_\alpha + Z_\beta \tag{106}$$

und bei den **Laufgewichtswaagen** aus dem Sollwert der Last und drei Zulagen

$$L = L_s + Z_\alpha + Z_t + Z_\beta. \tag{107}$$

49. Sollwertgleichungen und Fehlergleichungen der Hebelketten mit Gewichtsschale. Einhebel-, Zweihebel-, Dreihebelwaage.

Für die Ableitung dieser Gleichungen benutzen wir die entsprechenden allgemeinen Wägungsgleichungen. Bringt man in der Gleichung (77) für die **Einhebelwaage** die beiden Biegungsfehlerzulagen auf die rechte Seite, so wird die Formel für die Nutzlast

$$L = G\,\frac{g}{l} + 2\beta L_0 L + \beta L^2. \tag{108}$$

In dem ersten Gliede der rechten Seite bedeutet G die Summe der auf der Gewichtsschale stehenden losen Gewichte. Diese haben wir als genau richtig vorausgesetzt. Die Größe G stellt also den Sollwert dar. Das gleiche gilt von dem Lasthebelarm l, den wir auch als genau richtig und unveränderlich angenommen haben. Die Größe g dagegen stellt den — mit einem Fehler behafteten — Istwert des Gewichtshebelarmes dar. Setzt man hierfür den in Gleichung (96) angegebenen Wert in die Formel (108) ein, so wird

$$L = G\,\frac{g_s\,(1 + \alpha)}{l} + 2\,\beta L_0 L + \beta L^2$$

oder, wenn man die Klammer auflöst und beachtet, daß man in dem kleinen, α enthaltenden Gliede $G\,\dfrac{g_s}{l} = L$ setzen kann,

$$L = G\,\frac{g_s}{l} + \alpha L + 2\,\beta L_0 L + \beta L^2.$$

Zieht man die beiden mittleren Glieder der rechten Seite zusammen, so wird

$$L = G\,\frac{g_s}{l} + (\alpha + 2\,\beta\,L_0)\,L + \beta\,L^2. \tag{109}$$

In dieser Gleichung bedeutet das erste Glied der rechten Seite den Sollwert der Last

$$G\,\frac{g_s}{l} = L_s. \tag{110}$$

Setzt man dies in die Gleichung ein, so ergibt sich die Sollwertgleichung

$$L = L_s + (\alpha + 2\,\beta\,L_0)\,L + \beta\,L^2 \tag{111}$$

und hieraus die Fehlergleichung

$$Z = L - L_s = (\alpha + 2\,\beta\,L_0)\,L + \beta\,L^2. \tag{112}$$

Die allgemeine Wägungsgleichung (78) der Zweihebelwaage lautet

$$L = G\,\frac{g_1 \cdot g_2}{l_1 \cdot l_2} + 2\,(\beta_1 + \beta_2)\,L_0\,L + (\beta_1 + \beta_2)\,L^2.$$

In dem ersten Gliede der rechten Seite stellen die Größen G, l und l_1 nach unserer Voraussetzung Sollwerte dar. Man könnte nun auch g_2 als solchen ansehen und den Fehler des Gliedes allein dem Gewichtshebelarm g_1 zuschreiben. Wir wollen jedoch, um die Symmetrie der Formeln nicht zu stören, beide als Istwerte behandeln. Ersetzt man g_1 und g_2 nach Formel (96) durch ihre Sollwerte, so wird

$$L = G\,\frac{g_{1s}\,(1 + \alpha_1) \cdot g_{2s}\,(1 + \alpha_2)}{l_1 l_2} + 2\,(\beta_1 + \beta_2)\,L_0\,L + (\beta_1 + \beta_2)\,L^2.$$

Löst man die beiden Klammern des ersten Gliedes auf und vernachlässigt das Glied, das die kleine Größe zweiter Ordnung $\alpha_1 \cdot \alpha_2$ enthält, so ergibt sich

$$L = G\,\frac{g_{1s} \cdot g_{2s}}{l_1 l_2} + (\alpha_1 + \alpha_2)\,G\,\frac{g_{1s} \cdot g_{2s}}{l_1 l_2} + 2\,(\beta_1 + \beta_2)\,L_0\,L + (\beta_1 + \beta_2)\,L^2.$$

Hierin bedeutet das erste Glied der rechten Seite den Sollwert L_s der Last. Setzt man diesen Wert in die Gleichung ein, ersetzt im zweiten Gliede den Sollwert durch den Istwert L und zieht das zweite und dritte Glied zusammen, so erhält man die Sollwertgleichung

$$L = L_s + [\alpha_1 + \alpha_2 + 2\,(\beta_1 + \beta_2)\,L_0]\,L + (\beta_1 + \beta_2)\,L^2. \tag{113}$$

In gleicher Weise läßt sich die Gleichung für die **Dreihebelwaage** entwickeln. Sie lautet

$$L = L_s + [\alpha_1 + \alpha_2 + \alpha_3 + 2\,(\beta_1 + \beta_2 + \beta_3)\,L_0]\,L + (\beta_1 + \beta_2 + \beta_3)\,L^2. \tag{114}$$

Die von dem Gewicht der Lastschale bewirkte Biegung der Hebel ändert demnach den Justierfehlerkoeffizienten um den konstanten Betrag $2\,\beta\,L_0$, der allerdings bei Hebelketten, z. B. bei Kranwaagen, bei denen das Gewicht der Lastträger keine Rolle spielt, nicht in Betracht kommt, bei Brückenwaagen aber nicht zu vernachlässigen ist.

Da in den Fehlerformeln der Hebelketten nur die Summe der Biegungskoeffizienten der einzelnen Hebel auftritt, so kann man diese so einrichten, daß sich die Koeffizienten gegenseitig aufheben und die Anzeige der Waage von der Biegung der Hebel unabhängig wird.

50. Sollwertgleichungen und Fehlergleichungen der unsymmetrischen Brückenwaagen (Bauart A und B).

Bringt man in der allgemeinen Wägungsgleichung (81) der Brückenwaage der Bauart A die beiden Biegungsfehlerzulagen auf die rechte Seite, so lautet die Gleichung

$$L = G\,\frac{g_1 g_2}{u l_1 g_2 + v l'_1 l_2} + 2(u\beta_1 + v\beta'_1 + v^2\beta_2)L_0 L + (u\beta_1 + v\beta'_1 + v^2\beta_2)L^2.$$

Dividiert man in dem ersten Gliede der rechten Seite Zähler und Nenner des Bruches durch $g_1 g_2$ und bezeichnet die Summe der beiden anderen Glieder vorübergehend kurz mit C, so wird

$$L = G\,\frac{1}{u\dfrac{l_1}{g_1} + v\dfrac{l_1 \cdot l_2}{g_1 \cdot g_2}} + C.$$

Ersetzt man die Istwerte g_1 und g_2 nach Formel (96) durch ihre Sollwerte, wobei zu beachten ist, daß der Sollwert von g_1 für den Lasthebelarm l'_1 ein anderer ist, als für l_1, so ergibt sich

$$L = G\,\frac{1}{u\dfrac{l_1}{g_{1\,s}(1+\alpha_1)} + v\dfrac{l'_1 \cdot l_2}{g'_{1\,s}(1+\alpha'_1)\cdot g_{2\,s}(1+\alpha_2)}} + C.$$

Da

$$\frac{l_1}{g_{1\,s}} = \frac{l'_1}{g'_{1\,s}} \cdot \frac{l_2}{g_{2\,s}},$$

so wird

$$L = G\,\frac{g_{1\,s}}{l_1} \cdot \frac{1}{\dfrac{u}{1+\alpha_1} + \dfrac{v}{(1+a'_1)(1+\alpha_2)}} + C$$

und weiter

$$L = G\,\frac{g_{1\,s}}{l_1}\,\frac{(1+\alpha_1)(1+\alpha'_1)(1+a_2)}{u(1+\alpha'_1)(1+\alpha_2) + v(1+\alpha_1)} + C.$$

Löst man die Klammern auf unter Vernachlässigung der Produkte der Koeffizienten α als kleiner Größen zweiter Ordnung und beachtet, daß $u + v = 1$ ist, und daß $G\,\dfrac{g_{1\,s}}{l_1}$ den Sollwert der Nutzlast darstellt, so wird

$$L = L_s\,\frac{1 + \alpha_1 + \alpha'_1 + \alpha_2}{1 + u(\alpha'_1 + \alpha_2) + v\alpha_1} + C.$$

Dividiert man den Zähler des Bruches durch den Nenner und vernachlässigt kleine Größen zweiter Ordnung, so ergibt sich

$$L = L_s[1 + \alpha_1 + \alpha'_1 + \alpha_2 - u(\alpha'_1 + \alpha_2) - v\alpha_1] + C.$$

Da $\alpha_1 - v\alpha_1 = (1 - v)\alpha_1 = u\alpha_1$ und $\alpha'_1 + \alpha_2 - u(\alpha'_1 + \alpha_2) = (1 - u)(\alpha'_1 + \alpha_2) = v(\alpha_1 + \alpha_2)$ ist, so wird, wenn man zugleich den Wert für C wieder einsetzt und einige kleinere Umformungen vornimmt,

$$\left.\begin{aligned}L = L_s &+ [u\alpha_1 + v(\alpha'_1 + \alpha_2) + 2(u\beta_1 + v\beta'_1 + v^2\beta_2)L_0]L \\ &+ (u\beta_1 + v\beta'_1 + v^2\beta_2)L^2.\end{aligned}\right\} \tag{115}$$

Die Fehlergleichung brauchen wir nicht hinzuschreiben, da man, wie an den ersten Gleichungen gezeigt, nur L_s auf die andere Seite der Gleichung hinüberzunehmen braucht, um sie zu erhalten.

Die Formel (115) zeigt deutlich, wie die Brückenwaage der Bauart A zusammengesetzt ist. Setzt man nämlich $u=0$, so ist $v=1$, d. h. die Zweihebelwaage trägt die ganze Last. Die Gleichung geht für diesen Fall in diejenige der Zweihebelwaage über. Setzt man andererseits $v=0$, so ist $u=1$, die Einhebelwaage trägt die ganze Last und die Gleichung nimmt die Form derjenigen der Einhebelwaage an.

Denkt man sich den zweiarmigen Gewichtsdoppelhebel als einarmigen Hebel ausgebildet und einen zweiarmigen Gewichtshebel vor diesen geschaltet, so hat man die Brückenwaage der Bauart B. Man braucht daher, um die Sollwertgleichung dieser Waage aufzustellen, nur die Kennziffern der Koeffizienten um eine Einheit zu erhöhen und in der eckigen Klammer den Justierkoeffizienten α_1 und in der runden Klammer des letzten Gliedes den Biegungskoeffizienten β_1 des neu hinzugekommenen Hebels hinzuzufügen. Die Gleichung lautet demgemäß

$$L = L_s + [\alpha_1 + u\,\alpha_2 + v(\alpha'_2 + \alpha_3) + 2(\beta_1 + u\beta_2 + v\beta'_2 + v^2\beta_3)\,L_0]\,L \atop + (\beta_1 + u\beta_2 + v\beta'_2 + v^2\beta_3)\,L^2. \qquad (116)$$

51. Sollwertgleichungen und Fehlergleichungen der symmetrischen Brückenwaagen (Bauart E und D).

Bringt man in der allgemeinen Wägungsgleichung (85) der Brückenwaage der Bauart E die beiden Biegungsfehlerzulagen auf die rechte Seite, so lautet die Gleichung

$$L = G\,\frac{g_1}{l_1\,u\,l_2\,g'_2 + v\,l'_2\,g_2}\,g_2 g'_2 + 2\left(\beta_1 + \frac{1}{2}\beta_2\right)L_0\,L + [\beta_1 + (u^2 + v^2)\beta_2]\,L^2,$$

wobei volle Symmetrie des Lasthebelwerkes vorausgesetzt und dementsprechend die Biegungskoeffizienten der beiden Lasthebel als einander gleich angenommen sind. Dividiert man Zähler und Nenner des zweiten Bruches im ersten Gliede der rechten Seite durch $g_2 \cdot g'_2$ und setzt wieder vorübergehend die Summe der beiden letzten Glieder $= C$, so wird

$$L = G \cdot \frac{g_1}{l_1}\,\frac{1}{u\dfrac{l_2}{g_2} + v\dfrac{l'_2}{g'_2}} + C.$$

Setzt man nach Gleichung (96) statt der Istwerte der Gewichtshebelarme die Sollwerte ein, so wird

$$L = G \cdot \frac{g_1\,s\,(1 + \alpha_1)}{l_1} \cdot \frac{1}{u\dfrac{l_2}{g_2\,s\,(1 + \alpha_2)} + v\dfrac{l'_2}{g'_2\,s\,(1 + \alpha'_2)}} + C.$$

Da $\dfrac{l_2}{g_2\,s} = \dfrac{l'_2}{g'_2\,s}$ ist, so ergibt sich

$$L = G \cdot \frac{g_1\,s \cdot g_2\,s}{l_1 \cdot l_2} \cdot \frac{1 + \alpha_1}{\dfrac{u}{1 + \alpha_2} + \dfrac{v}{1 + \alpha'_2}} + C$$

oder
$$L = L_s\,\frac{(1 + \alpha_1)(1 + \alpha_2)(1 + \alpha'_2)}{u\,(1 + \alpha'_2) + v\,(1 + \alpha_2)} + C,$$

und weiter
$$L = L_s \frac{1 + \alpha_1 + \alpha_2 + \alpha_2'}{1 + u\,\alpha_2' + v\,\alpha_2} + C.$$

Dividiert man den Zähler des Bruches durch den Nenner und vernachlässigt kleine Größen zweiter Ordnung, so wird
$$L = L_s(1 + \alpha_1 + \alpha_2 + \alpha_2' - u\alpha_2' - v\alpha_2) + C.$$

Da $\quad \alpha_2 - v\alpha_2 = (1 - v)\alpha_2 = u\alpha_2$ und $\alpha_2' - u\alpha_2' = (1 - u)\alpha_2' = v\alpha_2'$
ist, so wird
$$L = L_s + (\alpha_1 + u\alpha_2 + v\alpha_2')\,L + C.$$

Setzt man den Wert für C wieder ein und zieht die Glieder, die die erste Potenz von L enthalten, zusammen, so ergibt sich schließlich die Gleichung

$$L = L_s + [\alpha_1 + u\alpha_2 + v\alpha_2' + 2(\beta_1 + \tfrac{1}{2}\beta_2)L_0]\,L + [\beta_1 + (u^2 + v^2)\beta_2]\,L^2. \quad (117)$$

Denkt man sich den zweiarmigen Gewichtshebel der Brückenwaage der Bauart E als einarmigen Zwischenhebel ausgebildet und vor diesen einen zweiarmigen Gewichtshebel geschaltet, so hat man die **Brückenwaage der Bauart D**. Die Formel für diese Waage ergibt sich aus der der Bauart E ebenso, wie die der Bauart B aus der Formel für die Bauart A. Sie lautet

$$\left.\begin{aligned} L = L_s &+ \Big| \alpha_1 + \alpha_2 + u\alpha_3 + v\alpha_3' + 2\Big(\beta_1 + \beta_2 + \tfrac{1}{2}\beta_3\Big)L_0 \Big|\,L \\ &+ [\beta_1 + \beta_2 + (u^2 + v^2)\beta_3]\,L^2. \end{aligned}\right\} \quad (118)$$

52. Sollwertgleichungen und Fehlergleichungen der Laufgewichtswaagen.

Die allgemeinen Wägungsgleichungen der Waagen mit Gewichtsschale und derjenigen mit Laufgewicht unterscheiden sich, wie wir sahen, nicht voneinander, so daß man dieselben Gleichungen benutzen kann. Die Sollwertgleichungen der Waagen der beiden Gattungen unterscheiden sich zwar von einander, jedoch nur unbedeutend. Es genügt daher, den Unterschied an dem Beispiel der Einhebel-Laufgewichtswaage klar zu machen.

Die allgemeine Wägungsgleichung für diese Waage lautet nach Gleichung (88)
$$L = G \cdot \frac{g}{l} + 2\beta_0 L_0 L + \beta L^2.$$

Bei den Laufgewichtswaagen hatten wir G, das Gewicht des Laufgewichtes, als einen mit einem Fehler behafteten Istwert angesehen. Wir müssen daher nach Formel (98) setzen
$$G = G_s(1 + \alpha).$$

Wir hatten also den Justierfehler des Hebels dem Laufgewicht zugeschrieben, weil er an diesem am einfachsten berichtigt werden kann. Dem Gewichtshebelarm g aber mußten wir einen Teilungsfehler zuschreiben, weil dieser nur durch Änderung des betreffenden Hebelarmes selbst beseitigt werden kann. Es ist daher
$$g = g_s(1 + \alpha_t). \quad (119)$$

Setzt man beide Werte in die Gleichung ein, so wird

$$L = G_s (1 + \alpha) \frac{g_s (1 + \alpha_t)}{l} + 2\beta_0 L_0 L + \beta L^2$$

oder nach Auflösung der beiden Klammern mit Vernachlässigung des kleinen Gliedes zweiter Ordnung, das das Produkt $\alpha \cdot \alpha_t$ enthält,

$$\left.\begin{aligned} L &= G_s \cdot \frac{g_s}{l} (1 + \alpha + \alpha_t) + 2\beta_0 L_0 L + \beta L^2 \\ \text{oder} \qquad L &= L_s + (\alpha + \alpha_t + 2\beta_0 L_0) L + \beta L^2. \end{aligned}\right\} \tag{120}$$

Wie man sieht, ist hier zu dem Justierkoeffizienten α noch der Teilungsfehlerkoeffizient α_t hinzugekommen. Man braucht daher nur bei den für die Waagen mit Gewichtsschale geltenden Gleichungen in den Klammern, die die Justierkoeffizienten enthalten, den Koeffizienten α_t hinzuzufügen.

Wir begnügen uns daher damit, nur die wichtigste Formel, nämlich die der Brückenwaage der Bauart D hier anzugeben

$$\left.\begin{aligned} L = L_s &+ \left|(\alpha_1 + \alpha_2 + u\alpha_3 + v\alpha_3') + \alpha_t + 2\left(\beta_1 + \beta_2 + \frac{1}{2}\beta_3\right)L_0\right| L \\ &+ [\beta_1 + \beta_2 + (u^2 + v^2)\beta_3] L^2. \end{aligned}\right\} \tag{121}$$

53. Fehlerbild der Brückenwaage der Bauart D mit Gewichtsschale bei Mittenbelastung.

a) Fehlertafel.

Die Fehlerformel der Brückenwaage der Bauart D ist nach Gleichung (118)

$$\begin{aligned} Z = &\left|\alpha_1 + \alpha_2 + u\alpha_3 + v\alpha_3' + 2\left(\beta_1 + \beta_2 + \frac{1}{2}\beta_3\right)L_0\right| L \\ &+ [\beta_1 + \beta_2 + (u^2 + v^2)\beta_3] L^2. \end{aligned}$$

Wird die Brücke so belastet, daß der Schwerpunkt der Nutzlast und der Mittelpunkt der Brücke in derselben Lotrechten liegen, so hat jeder der beiden Lasthebel nicht nur die Hälfte der Brücke, sondern auch die Hälfte der Nutzlast zu tragen, und es wird $u = v \frac{1}{2}$. Die Fehlergleichung nimmt daher folgende Form an:

$$\begin{aligned} Z = &\left|\alpha_1 + \alpha_2 + \frac{1}{2}(\alpha_3 + \alpha_3') + 2\left(\beta_1 + \beta_2 + \frac{1}{2}\beta_3\right)L_0\right| L \\ &+ \left(\beta_1 + \beta_2 + \frac{1}{2}\beta_3\right)L^2. \end{aligned}$$

Wie die Gleichung zeigt, ist der Biegungsfehlerkoeffizient einer Gruppe von zwei parallel geschalteten, gleich gebauten und gleich belasteten Hebeln gleich der Hälfte $\frac{1}{2}\beta_3$ des Biegungsfehlerkoeffizienten jedes einzelnen Hebels, während der Justierkoeffizient bei gleicher Belastung gleich dem Mittel aus den Koeffizienten der beiden Hebel ist.

In der Gleichung sind sämtliche Koeffizienten konstante Größen. Bezeichnet man daher die Summe der Justierkoeffizienten mit α und die der Biegungskoeffizienten mit β und trennt die wegen des Brückengewichtes notwendige Biegungsfehlerzulage von der Justierfehlerzulage, so ergibt sich

$$L = \alpha L + 2\beta L_0 L + \beta L^2. \qquad (122)$$

Die Gleichung nimmt demnach die Form derjenigen der Einhebelwaage an. Bei gleicher Belastung beider Lasthebel verhält sich daher die Brückenwaage der Bauart D ebenso wie eine Einhebelwaage, deren Justierfehlerkoeffizient

$$\alpha = \alpha_1 + \alpha_2 + \frac{1}{2}\,(\alpha_3 + \alpha'_3)$$

und deren Biegungsfehlerkoeffizient

$$\beta = \beta_1 + \beta_2 + \frac{1}{2}\,\beta_3 \quad \text{ist.}$$

Mit Hilfe der Fehlerformel können wir nun bei Annahme bestimmter Werte für L_0, α und β die Fehler einer Waage für beliebige Lasten berechnen und eine Fehlertafel aufstellen. Im folgenden ist eine solche Fehlertafel für eine Brückenwaage von 10000 kg angegeben, und zwar sind die drei Teile, aus denen sich der Gesamtfehler zusammensetzt, einzeln aufgeführt, um ihr Zusammenwirken zu zeigen. Da die Nutzlast in Kilogramm angegeben ist, so sind auch die Koeffizienten α und β auf das Kilogramm als Lasteinheit bezogen. Wollte man von dieser auf die Tonne als Lasteinheit übergehen, so müßte man den Justierkoeffizienten mit 1000, den Biegungskoeffizienten aber mit 1000^2 multiplizieren.

Fehlertafel einer Brückenwaage der Bauart D für 10000 kg bei Mittenbelastung
unter der Annahme, daß
$$L_0 = 1000 \text{ kg},$$
$$\alpha = -0,0035$$
und $\qquad\qquad \beta = +0,0000004 \text{ ist.}$

Nutzlast	Justierfehlerzulage (αL)	Biegungsfehlerzulagen für die		Gesamtzulage (Z)
		Brücke $(2\beta L_0 L)$	Nutzlast (βL^2)	
kg	kg	kg	kg	kg
1000	− 3,5	+ 0,8	+ 0,4	− 2,3
2000	− 7,0	+ 1,6	+ 1,6	− 3,8
3000	− 10,5	+ 2,4	+ 3,6	− 4,5
4000	− 14,0	+ 3,2	+ 6,4	− 4,4
5000	− 17,5	+ 4,0	+ 10,0	− 3,5
6000	− 21,0	+ 4,8	+ 14,4	− 1,8
7000	− 24,5	+ 5,6	+ 19,6	+ 0,7
8000	− 28,0	+ 6,4	+ 25,6	+ 4,0
9000	− 31,5	+ 7,2	+ 32,4	+ 8,1
10000	− 35,0	+ 8,0	+ 40,0	+ 13,0

Wie aus der Fehlertafel zu ersehen ist, sind die Justierfehlerzulagen und die wegen des Einflusses der Brücke erforderlichen Biegungsfehlerzulagen, beide unter sich, für je 1000 kg Nutzlast über den ganzen Wägebereich die gleichen. Sie sind also von der Vorbelastung der Waage unabhängig und nur von der Größe der hinzugesetzten Last abhängig. Die Biegungsfehlerzulagen für die Nutzlast dagegen sind in bedeutendem Maße von der Vorbelastung der Waage abhängig. Die Zulage beträgt bei der als Beispiel gewählten Waage für 1000 kg Nutzlast nur 0,4 kg, wenn die Last auf die leere Brücke gesetzt wird, dagegen $40,0 - 32,4 = 7,6$ kg, also das Neunzehnfache, wenn die Waage mit 9000 kg vorbelastet und austariert wird.

b) **Fehlerkurve. Fehler-Nullpunkte. Höhe- und Tiefpunkte der Kurve.**

In Abb. 22 ist der Fehlerverlauf der Waage durch eine Kurve dargestellt. Auf der wagerechten Leitlinie, der Abszissenachse, sind die Nutzlasten von 1000 zu 1000 kg aufgetragen, auf der senkrechten, der Ordinatenachse, die Fehlerwerte in Kilogramm.

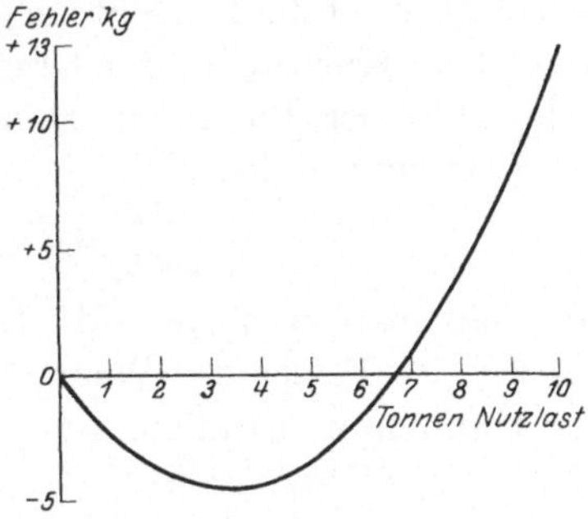

Um den Verlauf der Fehlerkurve zu untersuchen, bestimmen wir zunächst die Punkte, in denen die Kurve die Abszissenachse schneidet, die „Fehler-Nullpunkte der Kurve". Diese Punkte geben die Nutzlasten an, für die der Fehler der Waage $= 0$ ist, die also richtig angezeigt werden. Dazu brauchen wir nur in der Gleichung (122) $Z = 0$ zu setzen

Abb. 22. Fehlerkurve.

$$0 = \alpha L + 2 \beta L_0 \cdot L + \beta L^2.$$

Diese Gleichung wird erfüllt durch den Wert $L = 0$. Die Kurve beginnt demnach in dem Koordinatenanfangspunkt. Löst man die Gleichung nach L auf, so erhält man noch einen zweiten Punkt, in der dem Fehler der Waage $= 0$ wird, nämlich

$$L = - \frac{\alpha + 2\beta L_0}{\beta} = - \frac{\alpha}{\beta} - 2 L_0. \tag{123}$$

Diese Last kann je nach dem Verhältnis der drei Konstanten zueinander und je nach den Vorzeichen der beiden Koeffizienten innerhalb oder außerhalb des Wägebereiches der Waage liegen. Im zweiten Falle kann sie in der Fortsetzung des Bereiches unter Null hinab im Negativen oder in der positiven Fortsetzung über die Höchstlast hinausliegen. Haben α und β gleiche Vorzeichen, so wird L negativ, und der Fehler-Nullpunkt liegt in der Fortsetzung des Wägebereiches unter Null. Das gleiche ist der Fall, wenn α und β zwar entgegengesetzte Vorzeichen haben, so daß $-\frac{\alpha}{\beta}$ positiv wird, der absolute Wert von $\frac{\alpha}{\beta}$ aber kleiner ist als $2\,L_0$. Ist er größer, so wird die Last, bei der der Fehler der Waage $=0$ wird, positiv und kann je nach dem Verhältnis der beiden Werte innerhalb oder außerhalb des Wägebereiches liegen.

Um die ausgezeichneten Punkte, die „Höhe- oder Tiefpunkte" der Kurve zu erhalten, müssen wir wieder die Differentialrechnung zu Hilfe nehmen. Wir bilden den ersten und zweiten Differentialquotienten der Fehlergleichung

$$\frac{dZ}{dL} = \alpha + 2\,\beta\,L_0 + 2\,\beta\,L$$

und

$$\frac{d^2Z}{dL^2} = 2\,\beta.$$

Von diesen beiden Quotienten bedeutet der erste den Tangens des Winkels, den die in dem betreffenden Punkt an die Kurve gelegte Tangente mit der Abszissenachse bildet. Ist der Winkel und damit auch sein Tangens $= 0$, so ist die Tangente in diesem Punkt der Abszissenachse parallel. Das ist bei Kurven zweiten Grades, um die es sich hier handelt, nur möglich, wenn der Punkt ein Höhe- oder Tiefpunkt ist.

Setzt man daher

$$\frac{dZ}{dL} = \alpha + 2\,\beta\,L_0 + 2\,\beta\,L = 0,$$

so erhält man, wenn man die Gleichung nach L auflöst, diejenige Last, bei der der Fehler der Waage seinen größten positiven oder negativen Wert annimmt, nämlich

$$L = -\frac{\alpha + 2\,\beta\,L_0}{2\,\beta}. \tag{124}$$

Ob dieser Punkt der Kurve ein Höhe- oder Tiefpunkt ist, hängt davon ab, ob der zweite Differentialquotient negativ oder positiv ist. Denkt man sich nämlich zwei Kurven, beide vom Koordinatenanfangspunkt ausgehend, die eine oberhalb der Abszissenachse ansteigend bis zu einem Höhepunkt und dann abfallend, die andere unterhalb der Abszissenachse abfallend bis zu einem Tiefpunkt und dann ansteigend, und verfolgt man die Schar von Tangenten vom Nullpunkt an, die sich an die Kurve legen lassen, so sieht man, daß die Tangenten der oberen Kurve sich ständig rechts herum, die der unteren dagegen links herum drehen. Die von ihnen und der Abszissenachse gebildeten Winkel und damit auch ihre Tangensfunktionen nehmen daher an der oberen Kurve ständig ab, von einem positiven Wert am Koordinatenanfangspunkt bis auf Null an dem Höhepunkt der Kurve und weiter ins Negative, und nehmen an der unteren Kurve ständig zu, von einem negativen Wert an dem Koordinatenanfangspunkt bis auf Null an dem Tiefpunkt der Kurve und weiter ins

Positive. Der zweite Differentialquotient bringt nun zum Ausdruck, wie der erste, d. h. also der Tangens des Winkels und dieser selbst sich ändert. Ist er negativ, so nimmt der Winkel ab, ist er positiv, so nimmt der Winkel zu. Das erste aber ist, wie wir sahen, kennzeichnend für das Vorhandensein eines Höhepunktes, das zweite für das eines Tiefpunktes der Kurve. Ist also β negativ, so hat die Kurve einen Höhepunkt, ist β positiv, einen Tiefpunkt.

Aus den beiden Formeln (123) und (124) geht hervor, daß **die Last, für die der Fehler der Waage $= 0$ wird, doppelt so groß ist, als diejenige, bei der die Kurve ihren Höhe- oder Tiefpunkt erreicht.** Dieser liegt also auf der Mittelordinate zwischen den beiden Fehler-Nullpunkten, wenn man den Koordinatenanfangspunkt, der zugleich den Anfangspunkt der Kurve bildet, auch als Fehler-Nullpunkt ansieht.

Setzt man die Werte der Konstanten, die für das oben angegebene Beispiel einer Fehlertafel gewählt sind, in die Gleichung (123) ein, so wird

$$L = - \frac{- 0{,}0035 + 2 \cdot 0{,}0000004 \cdot 1000}{0{,}0000004} = 6750 \text{ kg.}$$

Bei dieser Last ist also der Fehler der Waage $= 0$, während er, absolut genommen, seinen größten Wert annimmt für eine Last von $\dfrac{6750}{2} = 3375$ kg. Dieser Punkt der Kurve ist ein Tiefpunkt, weil β positiv ist. Berechnet man den Fehler für diese Last nach der Fehlerformel, so erhält man $Z_m = -4{,}6$ kg.

54. Fehlerbild der Brückenwaage der Bauart D bei einseitiger Belastung. Fehlertafel.

Setzt man aus der Gleichung (8) die Werte für u und v in die aus Gleichung (121) zu entnehmende Fehlergleichung ein, so ergibt sich

$$Z_\varepsilon = \left(\alpha_1 + \alpha_2 + \frac{1-\varepsilon}{2}\alpha_3 + \frac{1+\varepsilon}{2}\alpha_3'\right)L + 2\left(\beta_1 + \beta_2 + \frac{1}{2}\beta_3\right)L_0 L$$
$$+ \left(\beta_1 + \beta_2 + \frac{1+\varepsilon^2}{2}\beta_3\right)L^2$$

oder, wenn man die von ε bzw. ε^2 abhängigen Produkte von den übrigen trennt,

$$Z_\varepsilon = \left(\alpha_1 + \alpha_2 + \frac{\alpha_3 + \alpha_3'}{2}\right)L + 2\left(\beta_1 + \beta_2 + \frac{1}{2}\beta_3\right)L_0 L + \left(\beta_1 + \beta_2 + \frac{1}{2}\beta_3\right)L^2$$
$$+ \varepsilon \frac{\alpha_3' - \alpha_3}{2}L + \varepsilon^2 \cdot \frac{1}{2}\beta_3 L^2. \tag{125}$$

Setzt man der Kürze halber

$$\left.\begin{aligned}\alpha_1 + \alpha_2 + \frac{\alpha_3 + \alpha_3'}{2} &= \alpha \\[4pt] \beta_1 + \beta_2 + \frac{1}{2}\beta_3 &= \beta\end{aligned}\right\} \tag{126}$$

und

wo α den Justierfehlerkoeffizienten und β den Biegungsfehlerkoeffizienten der ganzen Waage und zwar beide bei Mittenbelastung der Waage bedeuten, so wird, wenn man noch die beiden ersten Glieder der rechten Seite zusammenzieht,

$$Z_i = (\alpha + 2\beta L_0)L + \beta L^2 + \varepsilon \frac{\alpha'_3 - \alpha''_3}{2} L + \varepsilon^2 \frac{1}{2}\beta_3 L^2 . \tag{127}$$

In dieser Gleichung bedeutet ε die „Einseitigkeit" (vgl. Nr. 10) der Last, das ist das Verhältnis $\frac{e}{r}$ des Mittenabstandes der Nutzlast zu dem der Lastschneide. Diese Größe wird $= 0$ bei Mittenbelastung der Brücke, $= -1$ bei alleiniger Belastung der Lastschneide D_3 und $= +1$ bei alleiniger Belastung der Schneide D'_3. Sie stellt also einen echten Bruch dar, der bei Verschiebung der Nutzlast, d. h. des Belastungspunktes der Brücke, von der Schneide D bis zur Schneide D' von dem Grenzwert -1 über 0 in der Mitte bis zum Grenzwert $+1$ zunimmt.

Die Gesamtfehlerzulage bei Seitenbelastung der Brücke setzt sich, wie aus Gleichung (127) zu ersehen ist, aus fünf Einzelzulagen zusammen. Wird $\varepsilon = 0$, so werden die beiden letzten Glieder $= 0$ und die Gleichung nimmt die Form der Gleichung (122) für Mittenbelastung der Brücke an. Bei Seitenbelastung sind zwei weitere Zulagen, eine Justierfehler- und eine Biegungsfehlerzulage, erforderlich, um die Waage in die Einspielungslage zu bringen. Diese bezeichnen wir als „zusätzliche Fehlerzulagen".

Die zusätzliche Justierfehlerzulage wechselt ihr Vorzeichen mit dem der Einseitigkeit ε. Sie ist demnach bei gleichem Mittenabstande der Nutzlast auf beiden Seiten der Mitte dem absoluten Wert nach gleich, aber von entgegengesetztem Vorzeichen. Die zusätzlichen Biegungsfehlerzulagen sind dagegen bei gleichem Abstande der Last von der Brückenmitte auch dem Vorzeichen nach einander gleich, da $(+\varepsilon)^2 = (-\varepsilon)^2$ ist. Die zusätzlichen Zulagen müssen sich daher auf der einen Brückenhälfte addieren, auf der anderen subtrahieren.

Die Gleichung enthält zwei unabhängige Veränderliche L und ε, die die Größe und die Lage der Last angeben, und die von ihnen und den Konstanten abhängige Veränderliche Z. Man kann daher die Fehler der Waage entweder in der Weise bestimmen, daß man die Größe der Last verändert, die Brücke aber immer so belastet, daß der Belastungspunkt derselbe bleibt, oder so, daß man die Größe der Last unverändert läßt und nur ihre Lage durch Verschieben auf der Brücke verändert.

Während also eine aus einer Hebelkette bestehende Waage nur e i n e Fehlertafel hat, entspricht bei einer Brückenwaage jedem Belastungspunkt eine besondere Fehlertafel oder Fehlerkurve. Die Fehlertafeln lassen sich in einer allgemeinen Tafel mit zwei Eingängen vereinigen, in der z. B. die wagerechten Reihen die Fehler für wechselnde Lastgröße, die senkrechten die Fehler für wechselnde Laststellung angeben, wie unten an einem Beispiel gezeigt wird. Das Gesamtfehlerbild durch eine Kurve darzustellen, ist jedoch nicht möglich, da hierzu eine räumliche Kurve nötig ist.

Als Beispiel wählen wir eine Waage für 10000 kg, deren Brücke 1000 kg wiegen möge, und berechnen die Fehler für Lasten, fortschreitend von 2000 zu 2000 kg, und für Stellungen von $\varepsilon = -1$ bis $+1$, fortschreitend um Beträge von 0,2. Die Konstanten seien $\alpha = -1$ kg, $\beta = +0,25$ kg, $\alpha_3' = \alpha_3 = +1$ kg und $\beta_3 = -0,5$ kg, sämtlich auf 1 Tonne als Lasteinheit bezogen. Setzt man diese Werte in die Formel ein, so wird

$$Z = -0,5\,L + 0,25\,L^2 + 0,5 \cdot \varepsilon\,L - 0,25\,\varepsilon^2\,L^2.$$

Für $\varepsilon = -1$ wird $Z = -L$. Die Fehler für diese Laststellung sind daher, da L in Tonnen anzugeben ist, $= -2, -4, -6, \ldots -10$ kg. Darauf setzt man $\varepsilon = -0,8$ usw. und erhält folgende Fehlertafel:

Stellung der Last $\varepsilon =$	Fehler der Nutzlast von				
	2000 kg in kg	4000 kg in kg	6000 kg in kg	8000 kg in kg	10000 kg in kg
− 1,0	− 2,00	− 4,00	− 6,00	− 8,00	− 10,00
− 0,8	− 1,44	− 2,16	− 2,16	− 1,44	0,00
− 0,6	− 0,96	− 0,64	+ 0,96	+ 3,84	+ 8,00
− 0,4	− 0,56	+ 0,56	+ 3,36	+ 7,84	+ 14,00
− 0,2	− 0,24	+ 1,44	+ 5,04	+ 10,56	+ 18,00
0,0	0,00	+ 2,00	+ 6,00	+ 12,00	+ 20,00
+ 0,2	+ 0,16	+ 2,24	+ 6,24	+ 12,16	+ 20,00
+ 0,4	+ 0,24	+ 2,16	+ 5,76	+ 11,04	+ 18,00
+ 0,6	+ 0,24	+ 1,76	+ 4,56	+ 8,64	+ 14,00
+ 0,8	+ 0,16	+ 1,04	+ 2,64	+ 4,96	+ 8,00
+ 1,0	0,00	0,00	0,00	0,00	0,00

Die Fehler setzen sich aus den Zulagen für Mittenbelastung und den infolge Abweichung von dieser erforderlichen zusätzlichen Zulagen zusammen. In der folgenden Tafel sind die letzteren gesondert aufgeführt, um einen Überblick darüber zu geben, wie sie einzeln und algebraisch addiert den Gesamtfehler beeinflussen. Mit Einsetzung der für die Konstanten in dem Beispiel gewählten Werte wird die zusätzliche Justierfehlerzulage für eine Last von 10 Tonnen

$$\varepsilon \, \frac{\alpha_3' - \alpha_3}{2} \, L = \varepsilon \cdot \frac{1}{2} \cdot 10 = 5\,\varepsilon$$

und die zusätzliche Biegungsfehlerzulage

$$\varepsilon^2 \cdot \frac{1}{2} \, \beta_3 \, L^2 = -\varepsilon^2 \cdot \frac{1}{2} \cdot 0,5 \cdot 100 = -25\,\varepsilon^2.$$

Stellung der Last $\varepsilon =$	Zusätzliche Justierfehler- zulage kg	Zusätzliche Biegungsfehler- zulage kg	Zusätzliche Gesamtzulage kg
− 1	− 5	− 25	− 30
− 0,8	− 4	− 16	− 20
− 0,6	− 3	− 9	− 12
− 0,4	− 2	− 4	− 6
− 0,2	− 1	− 1	− 2
0	0	0	0
+ 0,2	+ 1	− 1	0
+ 0,4	+ 2	− 4	− 2
+ 0,6	+ 3	− 9	− 6
+ 0,8	+ 4	− 16	− 12
+ 1	+ 5	− 25	− 20

Wie man sieht, addieren sich die zusätzlichen Justierfehlerzulagen auf der einen Brückenhälfte, während sie sich auf der anderen subtrahieren. Es ist infolgedessen nicht möglich, den Biegungsfehler durch den Justierfehler auszugleichen.

55. Fehlerkurven für veränderliche Größe, aber unveränderliche Lage der Last.

In Abb. 23 sind die vier wagerechten Fehlerreihen, die den Laststellungen $\varepsilon = − 1. − 0.6, 0. + 0.6$ und $+1$ entsprechen, durch Kurven dargestellt. Da ε für jede einzelne Kurve eine konstante Größe darstellt, so kann man die beiden Justierfehlerzulagen und ebenso die beiden Biegungsfehlerzulagen, nämlich die für Mittenbelastung und die zusätzliche für die Abweichung von dieser, zusammenfassen und erhält eine Gleichung, die in der Form mit der für Mittenbelastung übereinstimmt und sich von dieser nur durch den Wert der Konstanten unterscheidet. Es gelten daher für diese Kurven die gleichen Entwicklungen zur Bestimmung der Fehler-Nullpunkte und der Höhe- und Tiefpunkte der Kurven wie oben.

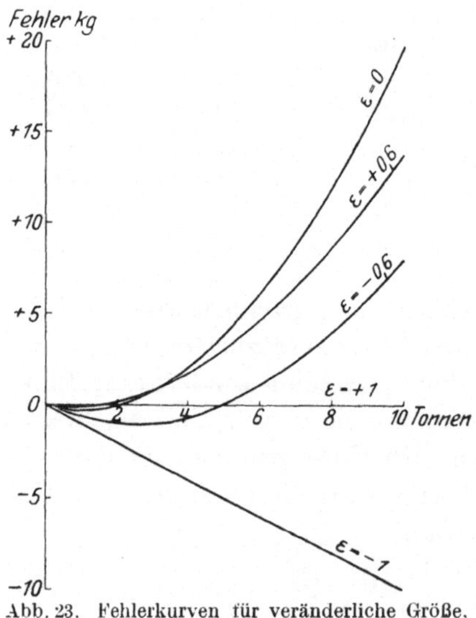

Abb. 23. Fehlerkurven für veränderliche Größe, aber unveränderliche Lage der Last.

Es sei hier nur noch auf die den Laststellungen $\varepsilon = − 1$ und $= + 1$ entsprechenden Fehlerkurven aufmerksam gemacht. Wie man sieht, sind die Kurven in diesen beiden Fällen in gerade Linien übergegangen. In diesen beiden Laststellungen hat daher die Biegung der Hebel keinen Einfluß auf die Anzeige der Waage und diese verhält sich so, wie wenn die Hebel starr wären. Der Fall tritt nach Gleichung (127) dann ein, wenn die zusätzliche Biegungsfehlerzulage gleich und entgegengesetzt der Biegungsfehlerzulage für Mittenbelastung oder, wenn $\beta = -\varepsilon^2 \frac{1}{2}\beta_3$ ist. Bei dem gewählten Beispiel trifft dies zu. Denn da $\beta = +0{,}25$ und $\beta_3 = -0{,}5$ ist, so wird die Gleichung erfüllt, wenn man $\varepsilon = +1$ oder $\varepsilon = -1$ setzt.

56. Fehlerkurven für veränderliche Lage, aber unveränderliche Größe der Last.

In Abb. 24 sind die fünf senkrechten Fehlerreihen der Fehlertafel durch Kurven dargestellt. Jede gilt für eine bestimmte Last. In der Fehlerformel stellt daher L eine konstante Größe dar, während ε veränderlich ist. Verschiebt man die Last von der Grenzstellung -1 über die Mitte der Brücke hinweg bis zur Grenzstellung $+1$, so beschreibt der Fehlerwert die zu der betreffenden Last gehörige Kurve.

Um die Fehler-Nullpunkte einer Kurve zu bestimmen, d. h. die Punkte, in denen die Kurve die Abszissenachse schneidet, setzen wir in Gleichung (127) $Z_\varepsilon = 0$ und erhalten

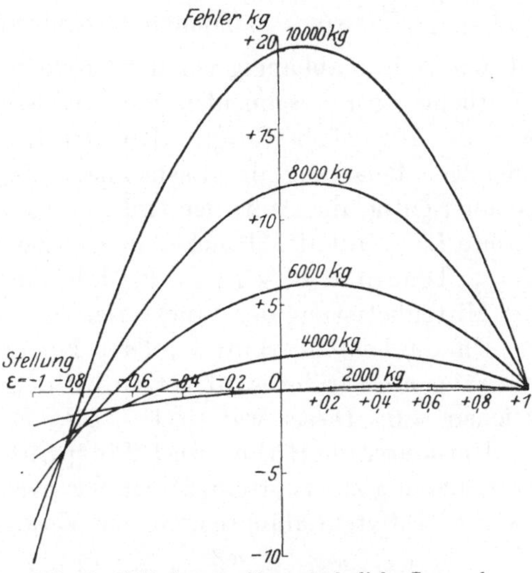

Abb. 24. Fehlerkurven für veränderliche Lage, aber unveränderliche Größe der Last.

$$(\alpha + 2\beta L_0)L + \beta L^2 + \varepsilon \frac{\alpha_3' - \alpha_3}{2} L + \varepsilon^2 \frac{1}{2}\beta_3 L^2 = 0$$

oder, wenn man die Gleichung mit $\frac{2}{L}$ multipliziert,

$$2(\alpha + 2\beta L_0) + 2\beta L + \varepsilon(\alpha_3' - \alpha_3) + \varepsilon^2 \beta_3 L = 0.$$

Löst man die Gleichung nach ε auf, so ergibt sich

$$\varepsilon = \frac{1}{2\beta_3 L}\left| -(\alpha_3' - \alpha_3) \pm \sqrt{(\alpha_3' - \alpha_3)^2 - 8[\alpha + \beta(2L_0 + L)]\beta_3 L}\right|. \tag{128}$$

Von den beiden unter dem Wurzelzeichen stehenden Gliedern ist das erste stets positiv. In dem zweiten sind L_0 und L ebenfalls positiv, die drei Koeffizienten α, β und β_3 dagegen können positiv oder negativ sein. Es sind daher die verschiedensten Kombinationen möglich.

Wird der Ausdruck unter dem Wurzelzeichen negativ, so wird ε imaginär, d. h. die Kurve schneidet die Abszissenachse nicht. Wird er positiv, so hat die Kurve zwei Schnittpunkte, wird er $= 0$ einen Berührungspunkt mit der Abszissenachse gemeinsam. Im letzten Falle bildet diese eine Tangente der Kurve.

Setzt man in die vorstehende Gleichung die für das Beispiel in Abschnitt 53 gewählten Werte der Konstanten ein, indem man vorläufig L unbestimmt läßt, so erhält man

$$\varepsilon = -\frac{1}{2 \cdot 0,5\,L} \pm |\,1^2 - 8\,[-1 + 0,25\,(2 + L)] \cdot \overline{(-0,5)\,L}$$

$$= -\frac{1}{L} \cdot [-1 \pm (1 - L)].$$

Die beiden Werte für ε, die sich hieraus ergeben, sind daher $= +1$ und $= \dfrac{2 - L}{L}$, wo L in Tonnen auszudrücken ist. Der eine der beiden ist demnach unabhängig von der Größe der Last, d. h. die Kurven für sämtliche Lasten schneiden die Abszissenachse in demselben Punkt, wie die Abb. 24 bestätigt. Bei der Lage der Last $\varepsilon = +1$, also bei alleiniger Belastung der Lastschneide D'_3 zeigt die Waage jede Last genau richtig an. Außerdem gibt es für jede einzelne Last noch eine zweite Lage auf der Brücke, in der sie richtig angezeigt wird. Für $L = 2$ Tonnen z. B. wird $\varepsilon = 0$, d. h. eine Last von 2000 kg wird auch bei Mittenbelastung der Brücke richtig angezeigt.

Um die Last zu ermitteln, deren Fehlerkurve von der Abszissenachse als Tangente berührt wird, setzen wir den Ausdruck unter dem Wurzelzeichen $= 0$. Dieser war $= (1 - L)^2$. Es wird daher $L = 1$ Tonne.

Um weiter die **Höhe-** und **Tiefpunkte** der Fehlerkurven für Lastverschiebung zu ermitteln, bilden wir nach Formel (127) den ersten und zweiten Differentialquotienten der Veränderlichen Z und ε

$$\frac{dZ_\varepsilon}{d\varepsilon} = \frac{\alpha'_3 - \alpha_3}{2}\,L + \varepsilon\,\beta_3\,L^2$$

und

$$\frac{d^2 Z_\varepsilon}{d\varepsilon} = \beta_3\,L^2.$$

Setzt man den ersten Differentialquotienten $= 0$ und löst die Gleichung nach ε auf, so wird

$$\varepsilon = -\frac{\alpha'_3 - \alpha_3}{2\,\beta_3\,L}. \qquad (129)$$

Führt man für die Konstanten die in dem Beispiel in Abschnitt 53 gewählten Werte ein, so wird

$$\varepsilon = \frac{1}{L}.$$

Die Kurve z. B. für die Höchstlast von 10 Tonnen hat einen ausgezeichneten Punkt bei der Laststellung $\varepsilon = +0,1$, also in der Nähe der Mitte der

Brücke, wie Abb. 24 bestätigt, und zwar ist dies ein Höhepunkt, da β_3, von dem das Vorzeichen des zweiten Differentialquotienten abhängt, negativ ist.

Da das Vorzeichen dieses Quotienten nur von β_3 abhängt und von L^2 unabhängig ist, so haben sämtliche Kurven entweder nur Höhepunkte, oder nur Tiefpunkte, je nachdem β_3 negativ oder positiv ist.

Schreibt man die Formel (128) in der abgekürzten Form

$$\varepsilon = - \frac{a'_3 - a_3}{2\beta_3 L} \pm A,$$

wo die beiden Werte von ε diejenigen beiden Stellungen der Last bedeuten, in denen der Fehler der Waage $= 0$ wird, während das erste Glied der rechten Seite die Stellung bedeutet, in der die Kurve einen Höhe- oder Tiefpunkt erreicht, so sieht man, daß diese Stellung in der Mitte zwischen jenen beiden liegt. Denn das erste Glied der rechten Seite der Gleichung ist von den beiden Werten von ε gleich weit entfernt. Es ist das Mittel aus beiden. Für die Fehlerkurve für Lastverschiebung gilt daher ein ganz ähnlicher Satz, wie für diejenige für Größenänderung der Last. Bei beiden Fehlerkurven liegt der Höhe- oder Tiefpunkt auf der Mittelordinate zwischen den beiden Fehler-Nullpunkten.

Wird $A = 0$, so fallen die drei Punkte in einen Punkt zusammen. Dies ist der Berührungspunkt zwischen der Kurve und der Abszissenachse als Tangente. Der ausgezeichnete Wert des Fehlers ist hier der Fehler-Nullwert.

57. Bestimmung des Biegungsfehlerkoeffizienten β_3 eines Lasthebels und der Differenz $a'_3 - a_3$ der Justierfehlerkoeffizienten beider Lasthebel.

Die beiden wichtigsten Konstanten β_3 und $a'_3 - a_3$ der Lasthebel lassen sich bei den symmetrischen Brückenwaagen auf ganz besonders einfache Weise bestimmen. Hat man eine der Höchstlast der Waage möglichst nahekommende fahrbare Last zur Verfügung, so bringt man diese nacheinander in die drei Stellungen $\varepsilon = 0$, $= + \varepsilon$ und $= - \varepsilon$ und stellt in jeder der drei Lagen den Fehler der Waage fest. Sind die Fehlerzulagen Z_0, $Z_{+\varepsilon}$ und $Z_{-\varepsilon}$, so erhält man nach Formel (127) die drei Gleichungen

$$Z_0 = (\alpha + 2\beta L_0)L + \beta L^2$$

$$Z_{+\varepsilon} = (\alpha + 2\beta L_0)L + \beta L^2 + \varepsilon \frac{a'_3 - a_3}{2} L + \varepsilon^2 \frac{1}{2} \beta_3 L^2$$

und $\qquad Z_{-\varepsilon} = (\alpha + 2\beta L_0)L + \beta L^2 - \varepsilon \frac{a'_3 - a_3}{2} L + \varepsilon^2 \frac{1}{2} \beta_3 L^2.$

Zieht man die erste Gleichung von den beiden anderen ab und addiert die beiden neu gewonnenen Gleichungen, so wird

$$Z_{+\varepsilon} + Z_{-\varepsilon} - 2Z_0 = \varepsilon^2 \beta_3 L^2$$

oder
$$\beta_3 = \frac{Z_{+\varepsilon} + Z_{-\varepsilon} - 2Z_0}{\varepsilon^2 L^2} \tag{130}$$

Subtrahiert man andererseits die zweite der beiden durch Subtraktion gewonnenen Gleichungen von der ersten, so erhält man

$$Z_{-\varepsilon} - Z_{+\varepsilon} = \varepsilon (\alpha_3' - \alpha_3) L$$

oder
$$\alpha_3' - \alpha_3 = \frac{Z_{+\varepsilon} - Z_{-\varepsilon}}{\varepsilon L} \tag{131}$$

Tariert man das Fahrzeug bei Mittenbelastung der Brücke ($\varepsilon = 0$) aus, so ist $Z_0 = 0$ und die Formel vereinfacht sich weiter zu der Gleichung

$$\beta_3 = \frac{Z_{+\varepsilon} + Z_{-\varepsilon}}{\varepsilon^2 L^2}. \tag{132}$$

Man braucht daher die wirklichen Fehler der Waage gar nicht zu bestimmen, sondern nur die Zulagen, die infolge der einander gleichen Verschiebungen der Last nach der einen oder anderen Richtung zur Ausgleichung der Waage notwendig sind. Die Last L braucht dabei nur angenähert bekannt zu sein, so daß man sich bei Laufgewichtswaagen mit der Angabe der Skalen begnügen kann.

Kennt man die Lage des Schwerpunktes des Fahrzeuges nicht, so daß man diesen auch nicht auf die Mitte der Brücke einstellen kann, so ist auch dies ohne Bedeutung. Denn man kann, sofern es sich nur um die Bestimmung des Koeffizienten β_3 handelt, auch jede beliebige andere Stellung der Last als Ausgangsstellung benutzen. Die Formel (132) bleibt auch dann richtig, wie aus folgendem hervorgeht.

Es seien die Zulagen zur Last in drei verschiedenen Stellungen, die durch die Einseitigkeiten ε_0, $\varepsilon_0 + \varepsilon$ und $\varepsilon_0 - \varepsilon$ gekennzeichnet sind, bestimmt worden. Die Prüfung sei also so ausgeführt worden, als ob die Stellung ε_0 die Mittenstellung wäre. Bezeichnet man in der Formel (127) der Kürze halber die Zulage für Mittenbelastung der Brücke, also die Summe der beiden ersten Glieder der rechten Seite mit Z_0, so erhält man für die bezeichneten drei Laststellungen folgende Gleichungen:

$$Z_{\varepsilon_0} = Z_0 + \varepsilon_0 \frac{\alpha_3' - \alpha_3}{2} L + \varepsilon_0^2 \cdot \frac{1}{2} \beta_3 L^2$$

$$Z_{\varepsilon_0 + \varepsilon} = Z_0 + (\varepsilon_0 + \varepsilon) \frac{\alpha_3' - \alpha_3}{2} L + (\varepsilon_0 + \varepsilon)^2 \cdot \frac{1}{2} \beta_3 L^2$$

und
$$Z_{\varepsilon_0 - \varepsilon} = Z_0 + (\varepsilon_0 - \varepsilon) \frac{\alpha_3' - \alpha_3}{2} L + (\varepsilon_0 - \varepsilon)^2 \cdot \frac{1}{2} \beta_3 L^2.$$

Zieht man die erste Gleichung von den beiden anderen ab und addiert die beiden neu gewonnenen Gleichungen, so ergibt sich ebenso, wie oben

$$Z_{\varepsilon_0 + \varepsilon} + Z_{\varepsilon_0 - \varepsilon} - 2Z_{\varepsilon_0} = \varepsilon^2 \beta_3 L^2$$

und hieraus
$$\beta_3 = \frac{Z_{\varepsilon_0 + \varepsilon} + Z_{\varepsilon_0 - \varepsilon} - 2Z_{\varepsilon_0}}{\varepsilon^2 L^2}, \tag{130a}$$

wie Formel (130). Tariert man die Waage bei der Stellung ε_0 der Last aus, so ist $Z_{\varepsilon 0} = 0$ und man erhält, wenn man die Zulagen zur Last in den beiden von dieser Stellung um $+\varepsilon$ und $-\varepsilon$ abweichenden Stellungen mit $Z_{+\varepsilon}$ bzw. $Z_{-\varepsilon}$ bezeichnet, die Formel

$$\beta_3 = \frac{Z_{+\varepsilon} - Z_{-\varepsilon}}{\varepsilon^2 L^2}, \tag{132a}$$

wie (132). Hierbei sind jedoch unter $+\varepsilon$ und $-\varepsilon$ die Einseitigkeiten in bezug auf die Ausgangsstellung der Last, bei der die Waage austariert worden ist, zu verstehen, d. h. die Abweichungen von dieser Stellung dividiert durch die halbe Stützweite der Brücke.

Um also den Biegungsfehlerkoeffizienten eines Lasthebels zu bestimmen, bringt man ein Fahrzeug, dessen Gewicht dem der Höchstlast möglichst nahe kommt, in irgendeine Stellung und tariert die Waage aus. Darauf verschiebt man das Fahrzeug von dieser Stellung aus nacheinander um eine Strecke nach der einen und eine gleich große nach der anderen Seite, stellt die Zulagen fest, die hierbei zur Ausgleichung der Waage erforderlich sind, und kann nun mit Hilfe der vorstehenden Formel aus den beiden Zulagen, dem Gewicht des Fahrzeuges und der aus der Verschiebung und der Stützweite der Brücke berechneten Einseitigkeit den Koeffizienten β_3 ermitteln. Ist z. B. das Gewicht des Fahrzeuges $= 10000$ kg, die Stützweite der Brücke $= 5$ m und die Verschiebung des Fahrzeuges $= 1$ m, die Einseitigkeit demnach $\varepsilon = 1 : 2,5 = 0,4$, und sind die Zulagen $= +2$ und $+3$ kg, so wird

$$\beta_3 = \frac{2+3}{0,4^2 \cdot 10000^2} = \frac{1}{3\,200\,000},$$

d. h. durch Belastung eines Lasthebels mit 1 kg ändert sich sein Hebelverhältnis um diesen Bruchteil seines Betrages.

Während man zur Bestimmung von β_3 von jeder beliebigen Anfangsstellung der Last ausgehen kann, gilt die Formel (131) für $\alpha'_3 - \alpha_3$ nur, wenn die Waage bei Mittenbelastung austariert wird. Man tut daher gut, die Justierfehlerdifferenz stets besonders zu bestimmen. Da hierzu nur eine kleinere Last nötig ist, so setzt man sie am besten unmittelbar über die Lastschneide zuerst des einen und dann des anderen Lasthebels. Tariert man die Waage bei der ersten Laststellung aus und ist die Zulage in der zweiten $= Z$, so ist

$$\alpha'_3 - \alpha_3 = \frac{Z}{L}. \tag{133}$$

58. Gegenseitige Ausgleichung der Biegungsfehlerkoeffizienten der einzelnen Hebel.

Nach der Formel (125) ist der Biegungsfehlerkoeffizient der ganzen Waage der Bauart D

$$\beta = \beta_1 + \beta_2 + \frac{1 + \varepsilon^2}{2} \beta_3. \tag{134}$$

Hierin bedeuten β_1, β_2 und β_3 der Reihe nach die Koeffizienten des Gewichtshebels, des Zwischenhebels und jedes der beiden gleichgebauten Lasthebel, während das letzte Glied den Koeffizienten der Vereinigung der beiden Lasthebel bei der Laststellung ε bedeutet.

Jeder der drei Koeffizienten kann positiv oder negativ sein. Sie können sich daher gegenseitig zum Teil oder ganz ausgleichen. Eine vollkommene Ausgleichung ist aber, da die Lage ε der Last veränderlich ist, nur für eine oder zwei bestimmte Laststellungen möglich.

Um diese Stellungen zu ermitteln, setzen wir die rechte Seite der Gleichung $= 0$:

$$\beta_1 + \beta_2 + \frac{1 + \varepsilon^2}{2} \beta_3 = 0.$$

Löst man diese Gleichung nach ε auf, so wird

$$\varepsilon = \pm\sqrt{-\frac{2(\beta_1 + \beta_2)}{\beta_3} - 1}. \tag{135}$$

Die Stellung ε der Last, in der die Anzeige der Waage von der Biegung der Hebel überhaupt nicht beeinflußt wird, hat nur dann einen reellen Wert, wenn der Ausdruck unter dem Wurzelzeichen positiv ist. Dazu ist erforderlich, daß $-\dfrac{2(\beta_1 + \beta_2)}{\beta_3}$ positiv und $\geqq 1$ ist. Es müssen daher einerseits $\beta_1 + \beta_2$ und β_3 von entgegengesetztem Vorzeichen, andererseits muß dem absoluten Wert nach $2(\beta_1 + \beta_2) \geqq \beta_3$ oder $\beta_1 + \beta_2 \geqq \frac{1}{2} \beta_3$ sein.

Ist $\beta_1 + \beta_2 = \frac{1}{2} \beta_3$, so wird $\varepsilon = 0$. In diesem Fall wird die Anzeige der Waage von der Biegung nicht beeinflußt, wenn die Waage stets mittenbelastet wird. Ist $\beta_1 + \beta_2 > \frac{1}{2} \beta_3$, so gibt es zwei Stellungen der Last, in denen die Anzeige von der Biegung der Hebel unabhängig ist, und zwar sind diese symmetrisch zur Mitte der Brücke. Soll die Anzeige in jeder Lage der Last von der Biegung unabhängig sein, so muß $\beta_3 = 0$ und $\beta_1 = -\beta_2$ sein, wie aus der vorletzten Formel hervorgeht.

Sollen die Punkte der Unabhängigkeit der Anzeige von der Biegung der Hebel innerhalb des Belastungsfeldes liegen, so muß ε dem absoluten Wert nach $\leqq 1$ sein. Es muß daher $-\dfrac{2(\beta_1 + \beta_2)}{\beta_3} - 1 \leqq 1$ oder $-\dfrac{2(\beta_1 + \beta_2)}{\beta_3} \leqq 2$ oder dem absoluten Wert nach $(\beta_1 + \beta_2) \leqq \beta_3$ sein. Der absolute Wert von $\beta_1 + \beta_2$ muß also zwischen $\frac{1}{2} \beta_3$ und β_3 liegen und es müssen die Vorzeichen entgegengesetzt sein, wenn es eine oder zwei Lagen der Last auf der Brücke geben soll, in denen die Anzeige der Waage von der Biegung der Hebel unabhängig ist.

V. Einfluß der Biegung der Brücke auf das Hebelverhältnis.

59. Änderung des Hebelverhältnisses auf zweifache Art möglich.

In Abb. 25 stelle $B'B''$ die neutrale Schicht der Brückenträger dar, die man bei unbelasteter Brücke als wagerecht ansehen kann. $B'D'$ und $B''D''$ seien die Brückenstützen, die in unbelastetem Zustand lotrecht gerichtet seien. Wird die Brücke belastet, so biegen sich die Träger durch und die Brückenstützen treten aus ihrer lotrechten Lage heraus. Sie sperren sich nach außen, nach den Enden der Brücke zu und der Abstand der Punkte D', D'' vergrößert sich um so mehr, je größer die Last ist und je länger die Brückenstützen sind. Auch der Abstand der Punkte B' und B'' ändert sich, und zwar in abnehmendem Sinne. Diese Änderung ist aber so gering, daß man sie vernachlässigen kann.

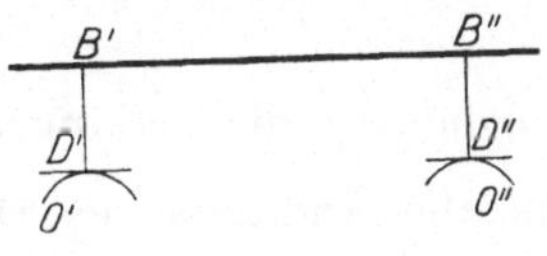

Abb. 25. Änderung der Auflagerung der Pfannen auf den Schneiden infolge Durchbiegung der Brücke.

Die durch die Biegung der Brückenträger verursachte Schrägstellung der Brückenstützen kann nun das Hebelverhältnis der Waage in doppelter Hinsicht beeinflussen, nämlich einmal dadurch, daß durch sie die Lage der Pfannen auf den Schneiden geändert wird, und dann dadurch, daß durch das Auseinandersperren der Stützen eine wagerechte Schubkraft hervorgerufen wird. Wie im folgenden nachgewiesen werden wird, ist der erste Einfluß von keiner Bedeutung und ganz zu vernachlässigen, während der zweite sich nur dann geltend macht, wenn die Waage fehlerhaft gebaut oder unrichtig montiert ist.

60. Änderung des Hebelverhältnisses durch Drehung der Lastpfannen um die Schneiden.

Um für die erste Behauptung den Nachweis zu führen, nehmen wir an, die Brückenstützen seien mit ebenen Pfannen versehen und mit diesen unmittelbar auf den Lastschneiden der Dreieckshebel gelagert. Ist die Brücke unbelastet, so berühren die Pfannen die Lastschneiden in den Punkten D', D'' (Abb. 25). Diese Punkte bilden also die Enden der Lastarme der Dreieckshebel. Wird die Brücke belastet, so rücken die Berührungspunkte auf den Lastschneiden mehr nach der Mitte der Brücke, nach den Punkten E', E'', und die Lastarme werden ein wenig länger. Ist O' der Krümmungsmittelpunkt der linken Lastschneide, so ist $O'E'$ ihr Krümmungsradius. Bezeichnet man diesen mit ϱ und den Winkel $D'B'O'$, um den sich die linke Brückenstütze aus der Lotrechten nach außen dreht, mit ω, so ist, da $< D'B'O' = B'O'E' = \omega$ ist, die Verlängerung des linken Lastarmes $= \varrho \cdot \sin\omega$ oder, da ω ein sehr kleiner Winkel ist, $= \varrho\omega$. Die durch die Biegung der Träger hervorgerufene Änderung des Hebelverhältnisses ist demnach $= \dfrac{\varrho\omega}{l}$, wenn man unter l die Länge des Lastarmes versteht. Diese Größe ist nun verschwindend klein, wie man aus folgendem Beispiel ersieht. Die Brücke einer Brückenwaage für 10000 kg habe eine Stützweite von 5 m, die Lastarme der Dreieckshebel seien $= 50$ cm und der Krümmungsradius der Lastschneiden $= 0,5$ mm, eine Größe, bei der man sie kaum noch als Schneiden bezeichnen könnte. Die Brücke biege sich bei konzentrischer Belastung mit der Höchstlast in der Mitte um 20 mm durch. Dann ist nach Formel (74)

$$\omega = \frac{3}{2} \cdot \frac{20}{2500} = \frac{3}{250}.$$

Folglich ist die Verlängerung des Lastarmes $\varrho\,\omega = 0,5 \cdot \dfrac{3}{250} = 0,006$ mm und die Änderung des Hebelverhältnisses $= \dfrac{0,006}{500} = 0,000012$, was für die Höchstlast nur einen Fehler von $0,12$ kg $= \dfrac{1}{50}$ der Fehlergrenze ergeben würde, trotzdem für den Krümmungsradius der Schneiden, wie für die Durchbiegung der Brückenträger ungewöhnlich hohe Werte angenommen sind.

61. Änderung des Hebelverhältnisses durch auftretende Schubkräfte.

a) Belastung der Brücke mit einer Einzellast.

Für die theoretische Behandlung des zweiten von der Durchbiegung der Brücke herrührenden Fehlers nehmen wir an, die Brücke sei, wie es ja im Betriebe in der Regel nahezu der Fall ist, in der Querrichtung stets gleichmäßig belastet, so daß der Belastungspunkt sich stets auf der Längsmittellinie der Brücke befinde. Dann kann man die Dreieckshebel als einfache Hebel ansehen und die Brücke als Linie zeichnen. Die an den Lasthebeln angreifenden Kräfte wirken in diesem Fall in einer Ebene und das ganze System läßt sich durch eine ebene Figur darstellen. Demgemäß seien in Abb. 26 $A'D'C'$ und $A''D''C''$ die beiden Lasthebel. $B'B''$ stelle die Brücke dar, und zwar im besonderen die neutrale Schicht der Brückenträger. $B'E'$ und $B''E''$ seien die Brückenstützen, deren Länge also von der neutralen Schicht der Längsträger der Brücke gerechnet werde. $D'E'$ und $D''E''$ seien die Pendelgehänge.

Das Gewicht der Brücke selbst vernachlässigen wir und nehmen an, daß sie in unbelastetem Zustand wagerecht und die Brückenstützen, sowie die Pendelgehänge lotrecht gerichtet seien. Die Brücke sei mit einer Last L belastet, die punktförmig in irgendeinem Punkt S angreife. Von dieser Last trage der linke Lasthebel den Teil L' und der rechte den übrigen Teil L'', so daß $L' + L'' = L$ ist. Infolge der Belastung biegt sich die Brücke durch und die Brückenstützen, sowie auch die Pendelgehänge treten aus ihrer lotrechten Lage heraus. Wir bezeichnen die Ablenkungswinkel der Brückenstützen mit ω' bzw. ω'', und die der Gehänge mit δ' bzw. δ'', die von der Lotrechten nach außen, nach den Enden der Brücke hin positiv gerechnet seien. Ferner mögen die Lastarme der Hebel mit der durch die Stützschneiden bestimmten Wagerechten $C'C''$ den für beide Hebel gleichen Winkel γ bilden, der positiv gerechnet werde, wenn er unter, dagegen negativ, wenn er über jener Wagerechten liegt.

In dem Gehänge $D'E'$ wirkt nun in der Richtung von D' nach E' eine (vorläufig unbekannte) Kraft x, deren Hebelarm in bezug auf die Stützschneide C' gleich $C'F$ ist. Ihr Drehungsmoment ist daher

$$M' = x \cdot C'F.$$

Die Kraft x, die im Punkt E' angreift und in der Richtung $E'G$ wirkt, ist die Resultante zweier Kräfte, nämlich der Gewichtskraft L', die nach Größe und Richtung durch die Gerade $E'H$ dargestellt sei, und einer wagerechten Schubkraft $E'J$, die von der Schrägstellung des Gehänges herrührt und von

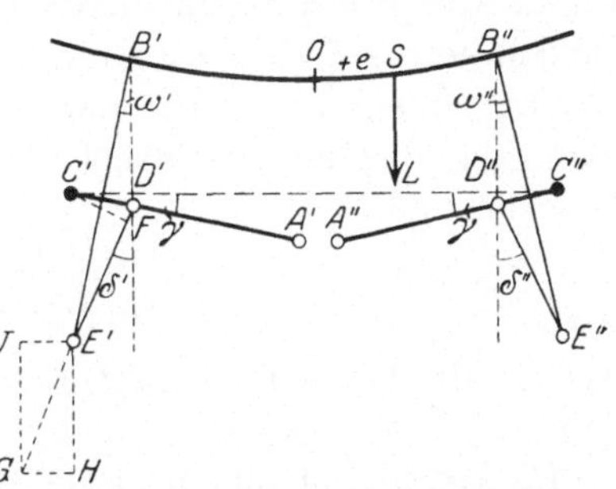

Abb. 26. An den Lastschneiden auftretende Schubkräfte infolge Durchbiegung der Brücke.

der wir die Richtung kennen. Da von der einen Komponente Größe und Richtung, von der anderen und der Resultante die Richtungen bekannt sind, so läßt sich das Parallelogramm der Kräfte zeichnen und es wird

$$x = \frac{L'}{\cos \delta'}$$

und die Schubkraft $E'J = L' \operatorname{tg} \delta'$.

Bezeichnet man den Lastarm $C'D'$ des Hebels mit l', so ist weiter
$$C'F = l' \cdot \cos \sphericalangle FC'D' = l' \cos (\sphericalangle FC'C'' - \sphericalangle D'C'C'') = l' \cos (\delta' - \gamma).$$
Setzt man diese Werte für x und $C'F$ in oben stehende Gleichung ein, so erhält man für das Drehungsmoment

$$M' = L'l' \frac{\cos (\delta' - \gamma)}{\cos \delta'}$$

oder, wenn man $\cos(\delta' - \gamma)$ auflöst,

$$M' = L'l' (\cos \gamma + \operatorname{tg} \delta' \cdot \sin \gamma). \tag{136}$$

Das Drehungsmoment der Teillast L' besteht demnach aus zwei Teilen, einem Moment, das die Last L' ausüben würde bei lotrechtem Gehänge, und einem zusätzlichen Moment $L' \operatorname{tg} \delta' \cdot l' \sin \gamma$, welches die Schubkraft ausübt. Dieses letztere tritt nur dann auf, wenn die Lasthebel unrichtig gelagert sind, d. h. wenn die Lastarme von der Wagerechten um einen Winkel γ abweichen. Ist γ gleich oder nahezu gleich 0, so ist es ganz gleichgültig, wie die Gehänge gerichtet sind. Das Drehungsmoment ist in diesem Fall $= L'l'$, also unabhängig von δ'. Die in dem Gehänge wirkende Kraft $x = \dfrac{L'}{\cos \delta'}$ wird zwar um so größer, je größer δ' ist. Dafür nimmt aber ihr Hebelarm $l' \cos \delta'$ um denselben Bruchteil ab, so daß das Drehungsmoment $\dfrac{L'}{\cos \delta'} \cdot l' \cos \delta' = L'l'$, also konstant wird. **Die Biegung der Brücke hat demnach keinen Einfluß auf das Hebelverhältnis der Waage, wenn die Lastarme der Lasthebel wagerecht gelagert sind.**

Weichen dagegen die Lastarme um den Winkel γ von der Wagerechten ab, so wird das auf den linken Lasthebel ausgeübte Drehungsmoment um den Betrag $L'l' \sin \gamma \operatorname{tg} \delta'$ und das auf den rechten Lasthebel ausgeübte Moment entsprechend um den Betrag $L''l'' \sin \gamma \operatorname{tg} \delta''$ verfälscht. Der durch die Biegung der Brücke verursachte Gesamtfehler M_b des Drehungsmomentes ist also

$$M_b = (L'l' \operatorname{tg} \delta' + L''l'' \operatorname{tg} \delta'') \cdot \sin \gamma$$

oder

$$M_b = (L' \operatorname{tg} \delta' + L'' \operatorname{tg} \delta'') l \sin \gamma, \tag{137}$$

da man die Längen der Lastarme einander gleich, also $l' = l'' = l$ setzen kann.

Da wir die Gehänge bei unbelasteter Waage als lotrecht angenommen und die Winkel δ nach außen hin positiv gerechnet haben, und da Brückenstützen und Gehänge durch die Biegung der Brücke nur nach außen hin abgelenkt werden können, so sind die Winkel δ' und δ'' stets positiv, und das Vorzeichen von M_b hängt allein von dem Vorzeichen von γ ab. Ist γ positiv, so wirkt das zusätzliche Drehungsmoment im Sinne der Last. Um diesen Fehler auszugleichen, muß man daher von der Brücke ein Gewicht $= \dfrac{M_b}{l} = (L' \operatorname{tg} \delta' + L'' \operatorname{tg} \delta'') \sin \gamma$ herunternehmen, man muß eine „negative Zulage" von dieser Größe zur Last hinzufügen. Diese Zulage nennen wir die Biegungsfehlerzulage für Brückenbiegung und bezeichnen sie mit Z_b. Es ist also

$$Z_b = -(L' \operatorname{tg} \delta' + L'' \operatorname{tg} \delta'') \sin \gamma. \tag{138}$$

Wir wollen nun die Werte von L', L'', δ' und δ'' berechnen und sie in diese Formel einsetzen.

Ist der Mittenabstand der Last $OS = +e$ und die Stützweite der Brücke $B'B'' = 2r$, so ist nach Abschnitt 10

$$L' = \frac{1-e}{2r} L \quad \text{und} \quad L'' = \frac{1+e}{2r} L$$

oder, wenn wir die Einseitigkeit der Last $= \varepsilon$ einführen,

$$L' = \frac{1-\varepsilon}{2r} L \quad \text{und} \quad L'' = \frac{1+\varepsilon}{2r} L.$$

Die Ablenkungswinkel der Gehänge δ' und δ'' sind von den Ablenkungswinkeln der Brückenstützen ω' und ω'' abhängig. Bezeichnet man die Länge der Brückenstützen mit s und die der Gehänge mit t, so ergibt sich aus $\Delta B'D'E'$

$$\sin \delta' = \frac{s}{t} \cdot \sin \omega'$$

oder, wenn man das Verhältnis der Brückenstütze zum Gehänge $\frac{s}{t}$ mit $\varkappa$ bezeichnet und $\sin \omega' = \omega'$ setzt, da ω' stets ein sehr kleiner Winkel ist,

$$\sin \delta' = \varkappa \omega'$$

und ebenso

$$\sin \delta'' = \varkappa \omega''.$$

Folglich ist

$$tg\, \delta' = \frac{\varkappa \omega'}{\sqrt{1 - \varkappa^2 \omega'^2}}$$

und

$$tg\, \delta'' = \frac{\varkappa \omega''}{\sqrt{1 - \varkappa^2 \omega''^2}}.$$

Setzt man die Werte für L', L'', $tg\, \delta'$ und $tg\, \delta''$ in Formel (138) ein, so erhält man

$$Z_b = -\frac{1}{2} L \varkappa \cdot \sin \gamma \left[(1 - \varepsilon) \frac{\omega'}{\sqrt{1 - \varkappa^2 \omega'^2}} + (1 + \varepsilon) \frac{\omega''}{\sqrt{1 - \varkappa^2 \omega''^2}} \right]. \qquad (139)$$

Ist die Brücke in der Mitte belastet, so ist $\varepsilon = 0$ und $\omega' = \omega''$, und es wird

$$Z_b = - L \varkappa \cdot \sin \gamma \frac{\omega}{\sqrt{1 - \varkappa^2 \omega^2}}. \qquad (140)$$

Ist $\varkappa \omega = 1$ oder $\omega = \frac{t}{s}$, so wird der Nenner $= 0$ und die Zulage unendlich groß. In diesem Fall wird $tg\, \delta = \frac{1}{0} = \infty$, also $\delta = 90^0$, d. h. die Gehänge sind wagerecht gerichtet. Die Brückenstützen haben sich infolge der Biegung der Brücke soweit voneinander entfernt, daß die Gehänge gerade noch ausreichen, um dem Auseinandersperren der Stützen folgen zu können.

Ist $\varkappa \omega > 1$, so wird der Nenner und damit auch die Zulage imaginär. Nimmt man für den Ablenkungswinkel der Stützen den ganz ungewöhnlich hohen Wert von 0,045 an (in diesem Fall müßte sich z. B. eine Brücke von 5 m Stützweite in der Mitte um 5 cm durchbiegen), so wird $\varkappa = \frac{s}{t} > \frac{1}{\omega} > 22$. Die Brückenstütze müßte also mehr als 22 mal so lang sein wie das Gehänge. Bei Pendelbrücken kann dieser Fall also nicht eintreten. Dagegen entsprechen die festen Brücken diesem Fall, weil bei ihnen die Gehänge $t = 0$ sind. Die Theorie bestätigt hier also die Bemerkung, daß Brücken ohne Pendelgehänge als fehlerhafte Konstruktionen anzusehen sind.

Nimmt man als äußerste im Betrieb vorkommende Werte $\varkappa = 3$ und $\omega = 0,02$ an, so wird $\varkappa^2 \omega^2 = 0,0036$, eine Größe, die man gegenüber 1 vernachlässigen kann. Die Formel (139) nimmt daher für Waagen mit Pendelbrücken die einfachere Form an

$$Z_b = - \frac{1}{2} L \varkappa \sin \gamma \left[(1 - \varepsilon) \, \omega' + (1 + \varepsilon) \, \omega'' \right]. \tag{141}$$

Zur Berechnung der Winkel ω' und ω'' bedienen wir uns der Formeln, die für die Durchbiegung eines in zwei Punkten aufgelagerten Balkens von überall gleichem Querschnitt gelten. Bezeichnet man den Elastizitätskoeffizienten des Materials der Brückenträger mit E und das sogenannte Trägheitsmoment des Querschnittes mit J, so ist

$$\left. \begin{aligned} \omega' &= \frac{L}{E\,J} \cdot \frac{(r + e)\,(r - e)\,[(r + e) + 2\,(r - e)]}{12\,r} \\[2mm] \text{und} \quad \omega'' &= \frac{L}{E\,J} \cdot \frac{(r + e)\,(r - e)\,[2\,(r + e) + (r - e)]}{12\,r} \end{aligned} \right\} \tag{142}$$

Führt man hierin wieder die Einseitigkeit der Last $\dfrac{e}{r} = \varepsilon$ ein und setzt $e = r\varepsilon$, so wird

$$\left. \begin{aligned} \omega' &= \frac{r^2\,L}{12\,E\,J} \, (3 - \varepsilon)\,(1 - \varepsilon^2) \\[2mm] \text{und} \quad \omega'' &= \frac{r^2\,L}{12\,E\,J} \, (3 + \varepsilon)\,(1 - \varepsilon^2) \end{aligned} \right\} \tag{143}$$

oder, wenn man der Kürze halber

$$\frac{r^2}{12\,E\,J} = c \tag{144}$$

setzt,

$$\left. \begin{aligned} \omega' &= c\,(3 - \varepsilon)\,(1 - \varepsilon^2)\,L \\ \text{und} \quad \omega'' &= c\,(3 + \varepsilon)\,(1 - \varepsilon^2)\,L. \end{aligned} \right\} \tag{145}$$

Setzt man diese Werte in Gleichung (141) ein, so erhält man

$$Z_b = - c \cdot \varkappa \sin\gamma\,(3 - 2\varepsilon^2 - \varepsilon^4)\,L^2. \tag{146}$$

Ist die Brücke mittenbelastet, so ist $\varepsilon = 0$ und die Biegungsfehlerzulage nimmt ihren größten Wert an, nämlich

$$Z_b = - 3\,c\varkappa \sin \gamma\,L^2.$$

Der konstante Ausdruck $- 3\,c\varkappa \sin \gamma$ stellt den **Biegungsfehlerkoeffizienten der Brücke** dar. Bezeichnet man diesen mit β_b und führt den Wert für c wieder ein, so ist

$$\beta_b = - 3\,\varkappa\,\frac{r^2}{12\,E\,J}\,\sin \gamma. \tag{147}$$

Dieser Koeffizient ist negativ, wenn γ positiv ist, d. h. wenn die Lasthebel von den Stützschneiden aus nach unten geneigt sind. Er ist positiv, wenn γ negativ ist, d. h. wenn die Lasthebel ansteigen. Er ist $= 0$, wenn $\gamma = 0$ ist, d. h. wenn die Hebel wagerecht gerichtet sind.

Da sich die Lage der Lasthebel, die durch den Winkel γ gekennzeichnet ist, dadurch leicht verändern läßt, daß man die Koppeln, die die beiden Lasthebel mit dem Zwischenhebel verbinden, je nach Bedarf verlängert oder verkürzt, so kann man in gewissen Grenzen auch den Koeffizienten β_b beliebig ändern und kann ihm stets ein Vorzeichen geben, das dem des Koeffizienten des Hebelwerkes entgegengesetzt ist. **Man kann also den Biegungsfehler des Hebelwerkes durch den der Brücke zum Teil ausgleichen,** wie später näher erörtert werden wird.

Dividiert man in der Gleichung (146) den Klammerausdruck durch 3 und setzt 3 als Faktor vor die Klammer und führt nach Gleichung (147) β_b ein, so wird

$$Z_b = \left(1 - \frac{2}{3}\,\varepsilon^2 - \frac{1}{3}\,\varepsilon^4\right)\beta_b\,L^2.$$

Nimmt man als größten im Betrieb vorkommenden Wert $\varepsilon = \frac{1}{2}$ an, in welchem Fall der eine Lasthebel nur $\frac{1}{4}$, der andere $\frac{3}{4}$ der Last zu tragen hätte, so kann man das dritte Glied in der Klammer vernachlässigen und die Zulage wird

$$Z_b = \frac{3 - 2\,\varepsilon^2}{3}\,\beta_b\,L^2. \tag{148}$$

b) Belastung der Brücke mit einer Anzahl punktförmiger Einzellasten.

Die Brücke sei belastet mit den Einzellasten $L_1, L_2, L_3, \ldots$ Die Einseitigkeiten dieser Lasten seien entsprechend $\varepsilon_1, \varepsilon_2, \varepsilon_3, \ldots$ Die Gesamtlast sei L und ihre Einseitigkeit ε. Dann ist

$$L = L_1 + L_2 + L_3 + \cdots \tag{149}$$

und
$$\varepsilon\,L = \varepsilon_1 L_1 + \varepsilon_2 L_2 + \varepsilon_3 L_3 + \cdots \tag{150}$$

Zu den Neigungen ω der beiden Brückenstützen gegen die Lotrechte trägt jede Last zu ihrem Teil bei. Die Gesamtneigung ist daher gleich der Summe aller Teile, und zwar die der linken Brückenstütze $= \Sigma\omega'$ und die der rechten $= \Sigma\omega''$. Die Biegungsfehlerzulage für die Gesamtlast wird daher nach Formel (141)

$$Z_b = -\frac{1}{2}\,\varkappa \sin\gamma\,[(1 - \varepsilon)\,\Sigma\omega' + (1 + \varepsilon)\,\Sigma\omega'']\,L. \tag{151}$$

Die erste Summe ist nun nach Formel (143)

$$\Sigma\omega' = c\,[(3 - \varepsilon_1)(1 - \varepsilon_1^2)\,L_1 + (3 - \varepsilon_2)(1 - \varepsilon_2^2)\,L_2 + \cdots]$$

und die zweite Summe

$$\Sigma\omega'' = c\,[(3 + \varepsilon_1)(1 - \varepsilon_1^2)\,L_1 + (3 + \varepsilon_2)(1 - \varepsilon_2^2)\,L_2 + \cdots].$$

Setzt man diese Werte in die Gleichung (151) ein, vernachlässigt die Glieder mit den vierten Potenzen der Größen ε und benutzt die Gleichungen (149) und (150), so ergibt sich

$$Z_b = -c\varkappa \sin\gamma\,[(3 + \varepsilon^2)\,L - 3\,(\varepsilon_1^2\,L_1 + \varepsilon_2^2\,L_2 + \cdots)]\,L$$

oder, wenn man nach Gleichung (144) den Wert für c wieder einführt,

$$Z_b = -\varkappa \frac{r^2}{12\,E\,J}\sin\gamma\,[(3 + \varepsilon^2)\,L - 3\,(\varepsilon_1^2\,L_1 + \varepsilon_2^2\,L_2 + \ldots)]\,L \tag{152}$$

Führt man hierin nach Gleichung (147) den Koeffizienten β_b ein, indem man den Klammerausdruck durch 3 dividiert und 3 als Faktor davorsetzt, so wird

$$Z_b = \beta_b \left| \frac{3 + \varepsilon^2}{3} L - (\varepsilon_1^2 L_1 + \varepsilon_2^2 L_2 + \ldots) \right| L. \tag{153}$$

c) Belastung der Brücke mit einem zweiachsigen Fahrzeug.

Die Belastung der Brücke mit einem zweiachsigen Fahrzeug ist gleichbedeutend mit einer Belastung durch zwei Einzellasten. Sie stellt also einen Sonderfall der vorstehenden Formel dar. Die Raddrucke der beiden Räderpaare, die die beiden Einzellasten bilden, seien L_1 und L_2, und ihre Summe, also das Gewicht des beladenen Fahrzeuges sei $= L$. Sein

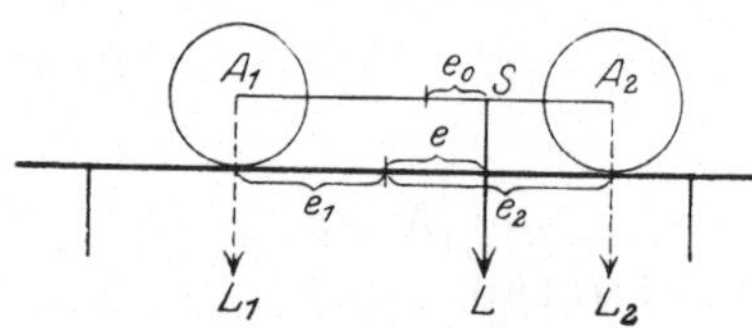

Abb. 26a. Belastung der Brücke mit einem zweiachsigen Fahrzeug.

Schwerpunkt befinde sich in S (Abb. 26a) und seine Einseitigkeit in bezug auf die Brückenmitte sei

$$\frac{e}{r} = \varepsilon.$$

Bezeichnet man den Radstand A_1A_2 des Fahrzeuges mit $2r_0$ und den Abstand S_0O_0 des Schwerpunktes von der Fahrzeugmitte mit e_0, so ist die Einseitigkeit der Gesamtlast

$$\varepsilon_0 = \frac{e_0}{r_0}.$$

Die beiden Einzellasten sind daher

$$L_1 = \frac{1 - \varepsilon_0}{2} L$$

und

$$L_2 = \frac{1 + \varepsilon_0}{2} L \tag{154}$$

Bezeichnet man die Abstände der beiden Einzellasten von der Brückenmitte mit e_1 bzw. e_2, so ist, wie aus der Abb. 26a zu ersehen,

$$e_1 = e_0 + r_0 - e$$

und

$$e_2 = e + r_0 - e_0$$

oder auch

$$e_1 = r_0 \frac{e_0}{r_0} + r_0 - e = r_0 (1 + \varepsilon_0) - e$$

und

$$e_2 = e + r_0 - r_0 \frac{e_0}{r_0} = r_0 (1 - \varepsilon_0) + e.$$

Dividiert man die beiden Gleichungen durch r, so erhält man die Einseitigkeiten der beiden Teillasten in bezug auf die Brückenmitte, nämlich

$$\varepsilon_1 = \frac{e_1}{r} = \frac{r_0}{r} (1 + \varepsilon_0) - \varepsilon$$

und

$$\varepsilon_2 = \frac{e_2}{r} = \frac{r_0}{r} (1 - \varepsilon_0) + \varepsilon \tag{155}$$

Setzt man aus den Gleichungen (154) und (155) die Werte für L_1, L_2, ε_1 und ε_2 in die Gleichung (152) ein, so erhält man nach einer Reihe von Umformungen die folgende Formel für die Zulage

$$Z_b = - \frac{z\,r^2}{12\,E\,J}\,\sin\gamma\left[3 - 2\varepsilon^2 - 3\left(\frac{r_0}{r}\right)^2 \cdot \left(1 - \varepsilon_0^2\right)\right] L^2, \qquad (156)$$

oder, wenn man wieder nach Gleichung (147) β_b einführt,

$$Z_b = \beta_b\left[\left(\frac{3 - 2\varepsilon^2}{3}\right) - \left(\frac{r_0}{r}\right)^2\left(1 - \varepsilon_0^2\right)\right] L^2. \qquad (157)$$

Die Zulage hängt demnach ab von der Einseitigkeit der Last, d. h. des Gewichtes L des Fahrzeuges, in bezug auf die Fahrzeugmitte, von derjenigen in bezug auf die Brückenmitte und außerdem von dem Verhältnis des Radstandes des Fahrzeuges zur Stützweite der Brücke.

Ist das Fahrzeug gleichmäßig belastet, so daß sein Schwerpunkt in der Mitte liegt, so ist $\varepsilon_0 = 0$. Ist ferner die Stellung des Fahrzeuges derart, daß sein Schwerpunkt über der Brückenmitte liegt, so ist auch $\varepsilon = 0$, und die Formel lautet für diesen Sonderfall

$$Z_b = \beta_b\left[1 - \left(\frac{r_0}{r}\right)^2\right] L^2.$$

Sind Radstand und Stützweite der Brücke einander gleich, so wird die Zulage $= 0$. Je kleiner der Radstand bei gleicher Stützweite, um so größer die Zulage. Diese erreicht ihren Höchstwert für $r_0 = 0$, das ist bei punktförmiger Mittenbelastung.

62. Ausgleichung der Biegungsfehlerkoeffizienten der Hebel durch den der Brücke.

Bei Prüfungen von Brückenwaagen ist es bisweilen vorgekommen, daß eine Waage sich nicht so berichtigen ließ, daß sie die amtlichen Fehlergrenzen innehielt, obwohl sie nicht schlechter, im besonderen nicht schwächer gebaut war, als andere Waagen, von einem übermäßig hohen Biegungsfehlerkoeffizienten des Hebelwerkes also nicht die Rede sein konnte.

Die Ursache dieses Fehlers lag, wie sich bei der näheren Untersuchung herausstellte, darin, daß die Lasthebel nicht wagerecht gelagert, sondern geneigt waren, und zwar nach der ungünstigen Seite hin. Die Biegungsfehler der Hebel und der Brücke wirkten in demselben Sinne, die Koeffizienten addierten sich.

Derartige Fehler lassen sich nun, wie oben bereits angedeutet, unschwer beseitigen, wenn man durch Verkürzung oder Verlängerung der Koppeln, die die Lasthebel mit dem Zwischenhebel verbinden, die Lasthebel wagerecht richtet oder, noch besser, ihnen eine kleine, der ursprünglichen entgegengesetzte Neigung gibt. Dadurch nimmt der Winkel γ, von dem allein das Vorzeichen des Koeffizienten der Brücke abhängt, das entgegengesetzte Vorzeichen an und die Koeffizienten der Hebel und der Brücke subtrahieren sich.

Wie und bis zu welchem Grade sich eine Ausgleichung der Zulagen erreichen läßt, wollen wir an dem zuletzt behandelten Fall, der Belastung einer Brückenwaage der Bauart D mit einem zweiachsigen Fahrzeug, untersuchen. Fügt man zu den Biegungsfehlerzulagen für die Hebel nach Formel (125) diejenige für die Brücke nach Formel (157) hinzu, so erhält man für die vollständige Zulage für Biegung die Gleichung

$$Z_b = \left\{ \beta_1 + \beta_2 + \frac{1+\varepsilon^2}{2}\beta_3 + \left[\frac{3-2\varepsilon^2}{3} - \left(\frac{r_0}{r}\right)^2(1-\varepsilon_0^2)\right]\beta_b \right\} L^2. \tag{158}$$

Nimmt man an, was nur in seltenen Ausnahmen nicht zutreffen dürfte, daß die Fahrzeuge nahezu gleichmäßig belastet sind, so ist $\varepsilon_0 = 0$ und es wird

$$Z_b = \left\{ \beta_1 + \beta_2 + \frac{1+\varepsilon^2}{2}\beta_3 + \left[\frac{3-2\varepsilon^2}{3} - \left(\frac{r_0}{r}\right)\right]^2 \beta_b \right\} L^2. \tag{159}$$

Hierin stellt das dritte Glied in der großen Klammer den Koeffizienten des Lasthebelwerkes, das vierte den der Brücke dar. Bei wachsender Einseitigkeit der Last nimmt der erste zu, der zweite ab. Demgemäß erreicht bei Mittenbelastung der Brücke der erste seinen kleinsten, der zweite seinen größten Wert. Haben daher β_3 und β_b gleiche Vorzeichen, so gleichen sich die infolge Einseitigkeit der Last erforderlichen zusätzlichen Zulagen zum Teil aus. Ist dabei $\frac{1}{2}\beta_3 = \frac{2}{3}\beta_b$, so gleichen sie sich vollständig aus und der Fehler der Waage wird von der Einseitigkeit der Last vollkommen unabhängig. Er bleibt aber abhängig von dem Verhältnis $\frac{r_0}{r}$ des Radstandes zur Stützweite der Brücke.

Haben die zu wägenden Fahrzeuge alle angenähert den gleichen Radstand, so werden beide Koeffizienten konstant und die Gleichung nimmt die Form derjenigen einer Hebelkette an, nämlich

$$Z_b = \left\{ \beta_1 + \beta_2 + \frac{1}{2}\beta_3 + \left[1 - \left(\frac{r_0}{r}\right)^2\right]\beta_b \right\} L.$$

Da durch besondere Einrichtung eines der beiden vorgeschalteten Hebel 1 oder 2 die Summe der Koeffizienten $= 0$ gemacht werden kann, so ist damit die Möglichkeit gegeben, eine symmetrische Brückenwaage zu bauen, die für Fahrzeuge mit angenähert gleichem Radstand im ganzen Wägebereich und bei jeder Stellung des Fahrzeuges fehlerfrei ist.

Haben also β_3 und β_b gleiche Vorzeichen, so addieren sich die Zulagen für Mittenbelastung, die zusätzlichen dagegen für Seitenbelastung subtrahieren sich. Haben sie entgegengesetzte Vorzeichen, so addieren sich diese und jene gleichen sich zum Teil oder ganz aus.

63. Bestimmung der Biegungsfehlerkoeffizienten β_3 und β_b.

Die Formeln (130) und (132) zur Bestimmung des Koeffizienten β_3 gelten nur dann, wenn die Lasthebel wagerecht gerichtet sind, wenn also $\beta_b = 0$ ist. Um die allgemeinen Formeln zur Bestimmung der Koeffizienten β_3 und β_b, wenn letzteres einen endlichen Wert hat, zu entwickeln, setzen wir der Kürze halber die Summe sämtlicher Biegungsfehlerkoeffizienten bei Mittenbelastung in vorstehender Gleichung $= \beta$. Dann nimmt die Fehlergleichung (127) folgende ganz allgemeine Form an

$$Z_\varepsilon = (\alpha + 2\beta L_0)L + \beta L^2 + \varepsilon \frac{\alpha_3' - \alpha_3}{2} L + \varepsilon^2\left(\frac{1}{2}\beta_3 - \frac{2}{3}\beta_b\right)L^2. \quad (160)$$

Verfährt man ebenso wie bei der Bestimmung von β_3, tariert also das möglichst bis auf das Gewicht der Höchstlast der Waage gebrachte Fahrzeug in irgendeiner Stellung aus, verschiebt es um die Strecke e nach beiden Seiten und bestimmt in beiden Stellungen die zur Ausgleichung der Waage notwendigen Zulagen $Z + \varepsilon$ und $Z - \varepsilon$, so erhält man drei Gleichungen, und zwar eine für die Zulage $Z = 0$, weil die Waage in der Ausgangsstellung ε_0 des Fahrzeuges austariert worden ist, und je eine für die Zulagen $Z + \varepsilon$ und $Z - \varepsilon$. Aus diesen Gleichungen ergibt sich dann ebenso wie oben die Formel

$$\frac{1}{2}\beta_3 - \frac{2}{3}\beta_b = \frac{Z_{+\varepsilon} + Z_{-\varepsilon}}{\varepsilon^2 L^2}. \quad (161)$$

Hierin bedeutet also ε die Einseitigkeit des verschobenen Fahrzeuges in bezug auf die Tarierstellung, $\varepsilon = \dfrac{e}{r}$, während in die drei Gleichungen die Einseitigkeiten in bezug auf die Brückenmitte eingesetzt werden müssen.

Wie man sieht, lassen sich auf diese Weise nur beide Koeffizienten gemeinsam bestimmen. Will man ihre Einzelwerte ermitteln, so muß man die Fehlerbestimmungen in zwei verschiedenen Lagen der Lasthebel vornehmen, und zwar bei wagerechter Lage, wo $\beta_b = 0$ ist, und in einer geneigten Lage. Im ersten Fall würde man β_3 für sich allein erhalten, im zweiten die oben stehende Differenz. Aus beiden Gleichungen würde sich dann auch β_b ergeben.

Man müßte also, um die Lage der Lasthebel zu verändern, die Koppeln zwischen ihnen und dem Zwischenhebel verkürzen oder verlängern, was freilich nur bei Anstellung allgemeiner Versuche in Betracht kommen könnte.

VI. Verschiedene weitere Fehlerquellen.
Nicht wagerechte Lage der Stützschneide.
Nichtparallelität der Schneiden.

64. Einfluß nicht wagerechter Lage der Stützschneiden.

Ist eine Waage, z. B. eine einfache Balkenwaage, nicht richtig, das ist nicht so aufgestellt, daß die Stützschneide wagerecht gerichtet ist, so wird ihre Wirksamkeit auf zweifache Art in schädlicher Weise beeinflußt:

1. Die Kräfte G und L kommen in der Hebelwirkung nicht voll zur Geltung, es treten vielmehr Seitenkräfte auf, die auf die Endpfannen und den Waagebalken eine Schubwirkung in der Richtung der Schneiden ausüben.

2. Die Gehänge geraten beim Spielen der Waage in Schwingungen, die parallel zu den Schneiden gerichtet sind.

Bilden die Schneiden mit der wagerechten Ebene den Winkel χ, so kommen in der Hebelwirkung nur die Teilkräfte $G\cos\chi$ und $L\cos\chi$ zur Geltung. Die Seitenkräfte $G\sin\chi$ und $L\sin\chi$ üben eine Schubwirkung aus, und zwar sucht die Kraft $G\sin\chi$ die Pfanne auf der Gewichtsschneide, die Kraft $L\sin\chi$ die Pfanne auf der Lastschneide, und ihre Summe $(G+L)\sin\chi$ die Stützschneide längs der Stützpfanne zu verschieben. Dieser Fehler ist zwar bei gewöhnlichen Waagen von geringerer Bedeutung, bei feineren Waagen mit ebenen Pfannen muß er aber sehr genau beachtet werden, zumal er durch den weiteren Einfluß, die Seitenschwingungen der Gehänge, verstärkt wird.

Die zweite Wirkung, welche eine Schiefstellung der Schneiden gegen die Wagerechte zur Folge hat, äußert sich auf folgende Weise: Macht der Waagebalken um die Stützschneide, die gegen die wagerechte Ebene um den Winkel χ geneigt ist, Schwingungen von der kleinen Schwingungsweite φ, so kann man sich jede Schwingung zerlegt denken in eine Schwingung um eine wagerechte Achse, von der Schwingungsweite $\varphi\cdot\cos\chi$ und eine Schwingung um eine lotrechte Achse von der Schwingungsweite $\varphi\cdot\sin\chi$. Ein Punkt, z. B. der Lastschneide, macht daher eine lotrechte Schwingung mit dem Schwingungsbogen $l\cdot\varphi\cdot\cos\chi$ und eine wagerechte, durch die Schrägstellung der Stützschneide verursachte Schwingung $l\cdot\varphi\cdot\sin\chi$. Diese Schwingungen der Schneide übertragen sich nun auf die Schale, und die Seitenschwingungen der Schale, die parallel zur Endschneide gerichtet sind, suchen die Pfanne bald an dem einen, bald an dem anderen Ende aufzukippen und können dadurch bei feinen Waagen leicht eine Änderung der Lage der Pfanne auf der Schneide hervorbringen.

Bei Hebeln, die durch Koppeln miteinander verbunden sind, werden die Koppeln infolge der Schrägstellung der Stützschneiden, wenn diese nicht einander parallel sind, hin und her gezerrt, so daß das freie Spiel der Waage leicht beeinträchtigt werden kann.

65. Einfluß der Nichtparallelität der Schneiden.

Eine geradlinige Schneide bildet keine eindeutige Begrenzung eines Hebelarmes. Maßgebend für die Länge des Armes ist der Angriffspunkt der Mittelkraft des belasteten Gehänges, und dieser rückt im allgemeinen mit der Lage der Last auf der Schale seinerseits auf der Schneide hin und her. Denkt man sich die Pfanne, den Bügel und die Schale aus einem Stück bestehend und gewichtslos, so findet man den Angriffspunkt der Last L, wenn man durch ihren Schwerpunkt eine lotrechte Linie legt bis zum Schnittpunkt mit der Schneide. Dieser Punkt begrenzt den Balkenarm. Verschiebt man die Last parallel zur Schneide um die Strecke a, so rückt der Angriffspunkt um dieselbe Strecke in derselben Richtung auf der Schneide weiter. Ist nun die Endschneide der Stützschneide genau parallel gerichtet, so hat die Verschiebung des Angriffspunktes keine schädlichen Folgen. Sind aber die Schneiden einander nicht parallel, so kann sie zwei Wirkungen schädlicher Art haben, die beide einzeln oder auch kombiniert auftreten können. Es kann entweder der Hebelarm oder die Empfindlichkeit oder beides geändert werden. Liegen nämlich die beiden Schneiden in derselben Ebene und divergieren in dieser, so ändert sich durch Verschiebung des Angriffspunktes nur der Hebelarm. Ist z. B. in Abb. 27 CC'' die Stützschneide und DD' die eine Endschneide und divergieren beide um den Winkel α, so bringt eine Verschiebung des Angriffspunktes um die Strecke $FG = a$ eine Änderung des Hebelarmes um $GH = a \cdot \sin\alpha$ hervor.

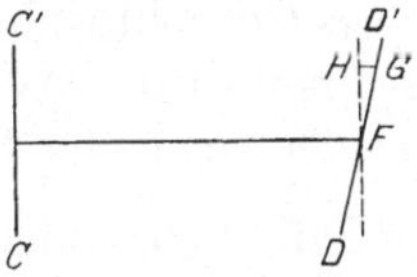

Liegen dagegen die beiden Schneiden in zwei lotrechten Ebenen, die einander parallel sind, so wird durch eine Verschiebung des Angriffspunktes der Hebelarm offenbar nicht geändert. Denn der Hebelarm ist gleich der Entfernung der beiden Ebenen von einander. Dagegen ändert sich bei Verschiebung des Angriffspunktes der Mittelkraft die Empfindlichkeit, wenn die Schneiden einander nicht parallel sind. Denn steigt z. B. der Angriffspunkt der Last L bei seiner Verschiebung, so steigt auch der Angriffspunkt der Mittelkraft von G und L, der Gesamtschwerpunkt des schwingenden Systems rückt näher an die Stützschneide, und die Empfindlichkeit nimmt zu.

Abb. 27. Einfluß der Nichtparallelität der Schneiden.

VII. Die Waage im Zustand des Schwingens. Schwingungsdauer.

66. Schwingungsdauer der Einhebelwaage.

Eine Waage stellt ein zusammengesetztes Pendel dar. Bei der Einhebelwaage besteht dieses aus dem Balken mit Zeiger und den beiden belasteten Schalen mit Zwischengehängen. Diese wirken bei punktförmiger Aufhängung ebenso, wie wenn ihr Schwerpunkt in der Punktschneide läge. Man kann sich daher ihre Masse mit der Schneide vereinigt denken und die Waage als pendelartigen, starren Körper ansehen.

Für die Dauer T einer vollständigen Schwingung (Hin- und Rückschwingung) gilt die Formel

$$T = 2\pi \sqrt{\frac{J}{R}}, \tag{162}$$

worin J das Trägheitsmoment und R die Richtkraft („Direktionskraft") des Pendels bedeutet. Die Voraussetzung, auf der die Richtigkeit der Formel beruht, daß nämlich der halbe Schwingungsbogen nur so groß sein darf, daß er dem Sinus des entsprechenden Winkels gleichgesetzt werden kann, ist bei Waagen voll erfüllt. Denn größere Schwingungsweiten als $\pm 3^0$ dürften bei Waagen kaum vorkommen, und bei einer solchen unterscheiden sich Bogen und Sinus nur um den Bruchteil 0,0004 ihres Betrages voneinander.

Das Trägheitsmoment der Einhebelwaage setzt sich zusammen aus dem des Balkens B, dem des Gesamtgewichtes $G_0 + G$ und dem der Gesamtlast $L_0 + L$. Das Trägheitsmoment des Balkens ist $= \Sigma r^2 \Delta m$ oder, wenn man die Masse des Balkens mit M und seinen Trägheitsradius mit ϱ bezeichnet, $= M \varrho^2$. Die Masse des Balkens ist gleich dem Quotienten $\dfrac{B}{g}$ seines Gewichtes durch die Fallbeschleunigung, die gewöhnlich mit g bezeichnet wird. Da wir jedoch diesen Buchstaben zur Bezeichnung der Gewichtsarme der Hebel nötig haben, so wollen wir den reziproken Wert der Fallbeschleunigung mit μ bezeichnen, also $\dfrac{1}{g} = \mu$ setzen. Es ist demnach

$$M = \mu B$$

und das Trägheitsmoment des Balkens $= \mu B \varrho^2$. Das Trägheitsmoment des Gesamtgewichtes ist entsprechend $= \mu (G_0 + G) g^2$ und das der Gesamtlast $= \mu (L_0 + L) l^2$. Das Trägheitsmoment der ganzen Waage wird daher

$$J = \mu \left[B \varrho^2 + (G_0 + G) g^2 + (L_0 + L) l^2 \right].$$

Die Richtkraft der Waage ist nach Formel (19)

$$R = -(L_0 + L) l \cos\lambda - (G_0 + G) g \cos\gamma - B b \cos\beta.$$

Setzt man beides in die Formel (162) ein, so wird

$$T = 2\pi \sqrt{\frac{\mu [B \varrho^2 + (G_0 + G) g^2 + (L_0 + L) l^2]}{- B b \cos\beta - (G_0 + G) g \cos\gamma - (L_0 + L) l \cos\lambda}}. \tag{163}$$

Dividiert man Zähler und Nenner durch $l \sin\lambda$, so erscheint unter dem Wurzelzeichen der reziproke Wert der Trägheit (vgl. Formel 17) oder, was dasselbe ist, der Ausdruck für die Empfindlichkeit der Waage, und es wird

$$T = 2\pi \sqrt{\frac{\mu}{l \sin\lambda} [B \varrho^2 + (G_0 + G) g^2 + (L_0 + L) l^2] \cdot E}. \tag{164}$$

Die Schwingungsdauer der Waage ist daher der Quadratwurzel aus ihrer Empfindlichkeit proportional.

67. Schwingungsdauer der Zweihebelwaagen.

Für die Schwingungsdauer der Zweihebelwaage gilt ebenfalls die Gleichung (162). Man muß jedoch das Trägheitsmoment und die Richtkraft auf dieselbe Stützschneide als Achse beziehen. Wir wählen hierzu die Stützschneide des Gewichtshebels.

Das Trägheitsmoment des Lasthebels in bezug auf die eigene Stützschneide ist $= \Sigma r_2^2 \Delta m_2 = \mu B_2 \varrho_2^2$. Dieses Produkt stellt diejenige Masse dar, die, im Abstand 1 von der Stützschneide angebracht gedacht, unter der Einwirkung der vorhandenen Kräfte dieselbe Winkelbeschleunigung erfahren würde, wie der Hebel selbst. Man kann sich diesen demnach durch jene Masse ersetzt denken. Weiter kann man diese Masse selbst wieder an irgendeiner Stelle durch eine äquivalente Masse ersetzen. Im Abstand 3 von der Achse z. B. würde die Ersatzmasse $= \dfrac{\mu B_2 \varrho_2^2}{3^2}$ sein und im Abstand $g_2 \sin \gamma_2$ von der Achse $= \dfrac{\mu B_2 \varrho_2^2}{(g_2 \sin \gamma_2)^2}$. Diese Masse, im Punkt F_2 (Abb. 15) angebracht, würde also den Hebel in bezug auf das Trägheitsmoment vollkommen ersetzen. Da nun der Punkt F_2 bei einer kleinen Drehung der Hebel den gleichen Weg macht, wie der Punkt F_1, so kann man sich die Masse auch in ihn verlegt und mit dem Gewichtshebel vereinigt denken. Das Trägheitsmoment des Lasthebels in bezug auf die Stützschneide des Gewichtshebels ist daher

$$J_2 = \left(\frac{l_1 \sin \lambda_1}{g_2 \sin \gamma_2} \right)^2 \cdot \mu B_2 \varrho_2^2 .$$

In gleicher Weise ergibt sich das Trägheitsmoment der Gesamtlast $L_0 + L$ zu

$$J_2' = \left(\frac{l_1 \sin \lambda_1}{g_2 \sin \gamma_2} \right)^2 \cdot \mu (L_0 + L) l_2^2 .$$

Um das Trägheitsmoment eines Hebels auf einen vor ihn geschalteten Hebel zu beziehen, braucht man es demnach nur mit dem Quadrat des Schwingungsverhältnisses zu multiplizieren. Da wir dies Verhältnis mit m (vgl. Nr. 14) bezeichnet haben, so ist das Trägheitsmoment des Lasthebels in bezug auf den Gewichtshebel

$$J_2 + J_2' = \mu \cdot m^2 [B_2 \varrho_2^2 + (L_0 + L) l_2^2] .$$

Hierzu kommen nun noch die Trägheitsmomente des Gewichtshebels B_1 und des Gesamtgewichtes $G_0 + G$. so daß das Gesamtträgheitsmoment der Waage wird

$$J = \mu \{ B_1 \varrho_1^2 + (G_0 + G) g_1^2 + m^2 [B_2 \varrho_2^2 + (L_0 + L) l_2^2] \} .$$

Den Ausdruck für die Richtkraft kann man unmittelbar der Formel (38) entnehmen.

Setzt man die Werte für J und R in die Formel (162) ein und multipliziert Zähler und Nenner mit $l_1 \sin \lambda_1 \cdot l_2 \sin \lambda_2$, so erscheint ebenso wie bei der Einhebelwaage unter dem Wurzelzeichen der Ausdruck für die Empfindlichkeit der Waage und die Gleichung für die Schwingungsdauer wird

$$T = 2\pi \left| \frac{1}{l_1 \sin \lambda_1 \cdot l_2 \sin \lambda_2} \cdot \{ B_1 \varrho_1^2 + (G_0 + G) g_1^2 + m^2 [B_2 \varrho_2^2 + (L_0 + L) l_2^2] \} E \right. .$$

$$(165)$$

Ist das Schwingungsverhältnis $m = 0,1$, so geht das Trägheitsmoment des Lasthebels und der Last nur mit dem hundertsten Teil in die Formel ein. Ist das Trägheitsmoment ungefähr von gleicher Größenordnung wie das des Gewichtshebels, so hat der Lasthebel keinen Einfluß auf die Schwingungsdauer, ebenso wie er keinen oder verschwindend geringen Einfluß auf die Empfindlichkeit der Waage hat, wenn die Empfindlichkeit beider Hebel ungefähr von gleicher Größenordnung ist.

VIII. Prüfung der Waage.
68. Was an einer Waage zu prüfen ist.

Wir wollen nun die gewonnenen Formeln auf die Prüfung der Waagen anwenden und uns zunächst klarmachen, was wir an einer Waage zu prüfen haben. Von einem Wägungsergebnis verlangen wir, daß es richtig sein soll. Eine Wägung birgt aber eine große Anzahl von Fehlermöglichkeiten in sich. Die Fehler, von denen sie verfälscht werden kann, sind teils persönlicher, teils sachlicher Art. Schon der die Waage Bedienende kann verschiedene Fehler begehen, die aus Unkenntnis sowie aus Unachtsamkeit und mangelhafter Beobachtung und Bedienung der Waage entstehen können.

Die Fehler sachlicher Art liegen zum Teil in der Waage selbst, zum Teil rühren sie von äußeren Umständen her. Zu diesen gehören unter anderen die Fehler, die aus ungleichmäßiger Temperierung der einzelnen Waagenteile oder durch Luftzug oder Winddruck auf Schalen, Brücken und Hebel entstehen. Die Fehler, die in der Waage selbst liegen, gliedern sich in zwei Gruppen, in solche, die von fehlerhaftem Bau der Waage herrühren, also vermeidlich sind, und in solche, die in der Beschaffenheit des Baustoffes liegen, aus dem die Waagen bestehen, oder die daher kommen, daß der Genauigkeit der Herstellung gewisser wesentlicher Teile unüberschreitbare Grenzen gezogen sind, die demzufolge unvermeidlich sind. Jene tragen das Kennzeichen der Zufälligkeit an sich, diese beeinflussen die Wägung nach bestimmten Gesetzen. Zu jenen gehören übergroße Reibung, Zwang in dem freien Spiel der Waage, ungleichmäßiges Aufsetzen der Pfannen auf die Schneiden, zu diesen die Justier-, Teilungs- und Biegungsfehler.

Wir beschäftigen uns nur mit denjenigen Fehlern, denen die Waage selbst ausgesetzt ist, und zwar mit solchen, die die Genauigkeit der Waage beeinflussen. Die Genauigkeit einer Waage hängt im wesentlichen von drei Grundbedingungen ab:

1. Von ihrer Unveränderlichkeit,
2. von ihrer Empfindlichkeit und
3. von ihrer Richtigkeit.

Diese drei Eigenschaften sind es, die im wesentlichen die Güte einer Waage ausmachen, und sie müssen wir untersuchen, wenn wir eine Waage gründlich kennen lernen und beurteilen wollen. Daneben wird im Handelsverkehr noch eine vierte Eigenschaft geschätzt, nämlich Schnelligkeit der Einstellung der Waage. Die Wägungen sollen möglichst wenig Zeit in Anspruch nehmen.

69. Prüfung der Unveränderlichkeit.

Unveränderlich nennen wir eine Waage, wenn sie bei gleicher Last und gleicher Lastverteilung auf den Schalen oder der Brücke stets gleiche Ergebnisse liefert, wie oft auch die Last auf- und abgesetzt und wie oft die Waage entlastet und belastet wird, wenn also ihre Angaben

a) von der Reibung,

b) von den beim Aufbringen der Lasten unvermeidlichen Erschütterungen und

c) von der Betätigung der Entlastungsvorrichtung unabhängig sind.

Für die Prüfung der Reibung oder des freien Spieles der Waage bieten die Schwingungen ein außerordentlich feines Erkennungsmittel dar. Diese dürfen jedoch nicht von Unterschwingungen verfälscht und überlagert sein, wie sie von Eigenschwingungen der Schalen hervorgebracht werden. Die Schalen müssen deshalb vorher vollkommen beruhigt werden. Unter dieser Voraussetzung lassen die Schwingungen der Waage zweierlei erkennen, nämlich

α) ob das freie Spiel der Waage durch irgendwelche diskontinuierlich wirkende, d. h. solche Hindernisse gestört wird, die nur in einer bestimmten Lage des schwingenden Hebelwerkes auftreten, und

β) ob das kontinuierlich, d. h. in jeder Lage der schwingenden Waage wirkende Hindernis der Reibung zwischen Schneiden und Pfannen, oder Schneiden und Stoßplatten oder dgl. unzulässig groß ist.

Zur Untersuchung des ersten Punktes beobachtet man eine Einzelschwingung. Man verfolgt sie in ihren einzelnen Phasen und prüft, ob die Geschwindigkeit von ihrem Höchstwert in der Mitte nach beiden Seiten hin gleichmäßig bis auf Null abnimmt, und besonders, ob die Geschwindigkeit in den Umkehrpunkten auch wirklich $= 0$ ist und nicht etwa durch ein Hindernis vernichtet wird, so daß der Gewichtshebel zu frühzeitig zur Umkehr gezwungen wird. Dies kann z. B. bei Brückenwaagen vorkommen, wenn die Brücke in ihrer tiefsten Lage auf die Stützkegel aufstößt. Verfasser ist bei einer feineren gleicharmigen Balkenwaage ein beachtenswerter Fall ähnlicher Art vorgekommen. Bei dieser stieß in einer gewissen Schräglage die eine Pfanne an den Hebel. Die Waage bekam dadurch einen Ruck, wie wenn der Hebel sich auf einen festen Punkt aufsetzte.

Zur Untersuchung des zweiten Punktes vergleicht man mehrere aufeinander folgende Schwingungen miteinander. Man stellt fest, um wieviel die Schwingungsweite abnimmt, wie groß die „Dämpfung“ ist. Diese Dämpfung wird zum Teil durch den Widerstand, den die Luft den

Schwingungen entgegensetzt, zum Teil durch die Reibung an den Drehstellen der Waage verursacht.

Auch versucht man, die Waage aus der Ruhelage ein wenig abzulenken und beobachtet, ob sie in der neuen Lage stehen bleibt oder ob sie genau in die alte Ruhelage zurückkehrt.

Lassen Unregelmäßigkeiten in den Schwingungen zu starke Dämpfung oder Unbeständigkeit der Ruhelage auf einen Fehler der Waage schließen, so müssen sämtliche Drehstellen untersucht werden, bei Brückenwaagen muß außerdem festgestellt werden, ob die Brücke frei ist und die Stützkegel nicht etwa zu hoch gestellt sind.

Die Unabhängigkeit der Angaben der Waage von Erschütterungen prüft man, indem man die Last, ohne zu große Vorsicht zu üben, mehrmals auf- und absetzt und beobachtet, ob die Waage wieder ihre ursprüngliche Gleichgewichtslage einnimmt. Man muß jedoch die Last hierbei stets wieder in dieselbe Lage bringen, weil, wie oben erörtert worden ist, jeder Punkt der Brücke im allgemeinen sein eigenes Hebelverhältnis hat.

Die Unabhängigkeit der Angaben der Waagen von der Betätigung der Entlastungsvorrichtung prüft man in ähnlicher Weise, indem man mehrmals entlastet und belastet und beobachtet, ob die Waage stets in die alte Ruhelage zurückkehrt.

70. Prüfung der Empfindlichkeit.

Wir haben oben gesehen, daß man von der Empfindlichkeit einer Waage schlechthin eigentlich nicht sprechen kann, sondern nur von der Empfindlichkeit einer Waage mit Bezug auf eine bestimmte Last. Wir müssen daher die Empfindlichkeiten für verschiedene Lasten bestimmen und können uns für eine Waage eine Tafel anfertigen oder eine Kurve zeichnen, aus denen sich die jeder Last entsprechende Empfindlichkeit ablesen läßt.

Der Begriff der Empfindlichkeit ist aber, genau genommen, auch dann noch nicht eindeutig festgelegt, wenn man ihn auf eine bestimmte Last bezieht. Denn man muß für jede Last zwei Empfindlichkeiten unterscheiden, die eine für zunehmende, die andere für abnehmende Last, da man die Empfindlichkeit einer in der Einspielungslage befindlichen Waage nach zwei Richtungen hin bestimmen kann, indem man das Empfindlichkeitsgewicht. z. B. $\frac{1}{1000}$ der Last, entweder zu der Last hinzulegt, oder von ihr wegnimmt.

Diese positive und negative Empfindlichkeit sollen einander gleich sein. Sind sie verschieden voneinander, so geht daraus hervor, daß die Waage zu beiden Seiten der Einspielungslage unsymmetrisch ist. Eine solche Unsymmetrie der Ablenkungen kann z. B. dadurch entstehen, daß die Schneiden, die sehr kleine Zylinderflächen darstellen, nicht genau die Form eines Kreiszylinders haben, oder bei zusammengesetzten Waagen auch dadurch, daß die Koppeln und Zugstangen zu den Balkenarmen, die sie miteinander verbinden, nicht genau senkrecht gerichtet sind.

Die Bestimmung der Trägheit geschieht in der Weise, daß man die Waage bei der Belastung, bei der man die Trägheit feststellen will, genau in die Einspielungslage bringt, ein Empfindlichkeitsgewicht auf die Brücke setzt, den hierdurch bewirkten Ausschlag der Zeigerspitze oder Zunge in Millimeter mißt und die Anzahl der aufgesetzten Gramm durch die Anzahl der gemessenen Millimeter dividiert.

Im folgenden wollen wir eine Tafel der Trägheiten einer Zentesimalbrückenwaage aufstellen. Wir bestimmen die Trägheit der Waage bei drei Belastungen, und zwar für die Lasten $L = 0$, $L = \frac{1}{2} L_m$ und $L = L_m$, berechnen mit Hilfe der Gleichungen (27) die drei Trägheitskonstanten und setzen diese in die allgemeine Trägheitsformel (25) ein. Mit der so gewonnenen Gleichung können wir die Trägheit für jede beliebige Last bestimmen.

Setzt man in den Formeln (27) $L_1 = \frac{1}{2} L_m$ und $L_2 = L_m$, so erhält man für diese Sonderlasten folgende Formeln:

$$C_0 = U'_0$$
$$C_1 = \frac{4(U'_1 - U'_0) - (U'_2 - U'_0)}{L_m}$$

und

$$C_2 = \frac{-4(U'_1 - U'_0) + 2(U'_2 - U'_0)}{L_m^2}$$

$$(166)$$

Bei einer Brückenwaage für 10000 kg seien die Trägheiten bei den Belastungen 0, 5000 und 10000 kg bestimmt und zu

$$U'_0 = 100\ \text{g}, \quad U'_1 = 60\ \text{g} \quad \text{und} \quad U'_2 = 200\ \text{g}$$

gefunden worden. Setzt man diese Werte in die Gleichungen (166) ein, so erhält man für die Trägheitskonstanten folgende Werte:

$$C_0 = 100$$
$$C_1 = \frac{-4 \cdot 40 - 100}{10000} = -0{,}026$$
$$C_2 = \frac{-4 \cdot 40 + 2 \cdot 100}{10^8} = +0{,}0000036.$$

Die Trägheitsformel der Waage ist daher

$$U' = 100 - 0{,}026\,L + 0{,}0000036\,L^2. \qquad (167)$$

Setzt man in dieser Formel nacheinander $L = 1000, 2000, \ldots 10000$ und berechnet die einzelnen Glieder, wie auch ihre algebraische Summe, so erhält man folgende Tafel der Trägheiten und ihrer Bestandteile:

| Nutzlast (L) | Bestandteile, aus denen sich die Trägheit zusammensetzt | | | Trägheit der Waage |
| | C_0 | $C_1 L$ | $C_2 L^2$ | $U' = C_0 + C_1 L + C_2 L^2$ |
kg	g	g	g	g
0	100	0	0	+ 100
1 000	,,	− 26	+ 4	+ 78
2 000	,,	− 52	+ 14	+ 62
3 000	,,	− 78	+ 32	+ 54
4 000	,,	− 104	+ 58	+ 54
5 000	,,	− 130	+ 90	+ 60
6 000	,,	− 156	+ 130	+ 74
7 000	,,	− 182	+ 176	+ 94
8 000	,,	− 208	+ 230	+ 122
9 000	,,	− 234	+ 292	+ 158
10 000	,,	− 260	+ 360	+ 200

Bei unbelasteter Waage bewirken demnach 100 g einen Ausschlag der Zeigerspitze von 1 mm. Die Last L wirkt bei dieser Waage bei starr gedachten Hebeln auf labiles Gleichgewicht hin. Sie verringert also die Trägheit und vergrößert die Empfindlichkeit der Waage. Daher nimmt diese anfangs zu. Diese Zunahme wird jedoch bei steigender Last durch den Einfluß der Biegung mehr und mehr verringert und bei einer Last von 8000 kg vollständig aufgehoben. Von hier an nimmt die Empfindlichkeit ab und sinkt bei 10000 kg bis auf die Hälfte derjenigen der unbelasteten Waage.

Um diejenige Last zu berechnen, bei der die Trägheit ihren Tiefpunkt, die Empfindlichkeit also ihren Höhepunkt erreicht, bilden wir aus Gleichung (167) den ersten und zweiten Differentialquotienten von U' nach L:

$$\frac{dU'}{dL} = - 0,026 + 0,000\,0072\,L$$

und
$$\frac{d^2 U'}{dL^2} = + 0,000\,0072.$$

Setzt man den ersten Quotienten $= 0$, so erhält man $L = 3611$ kg. Für diese Last nimmt also die Trägheit der Waage einen ausgezeichneten Wert an, und zwar ist dies ihr kleinster Wert $= 53$ g, da der zweite Differentialquotient positiv ist. Die Empfindlichkeit erreicht daher bei dieser Last ihren größten Wert, wie die Tafel der Trägheiten auch erkennen läßt.

Während bei den Waagen mit Gewichtssatz und festem Hebelverhältnis die Aufstellung einer Trägheitsgleichung durch Berechnung der Konstanten C aus drei Bestimmungen, sowie die einer Tafel der Trägheiten ein überaus klares Bild gibt über die die Empfindlichkeit betreffenden Eigenschaften einer Waage, läßt sich dieses Verfahren bei den Laufgewichtswaagen leider nicht anwenden. Voraussetzung hierfür wäre, daß der Schwerpunkt des Laufgewichtes in allen seinen Einstellungen genau in derselben geraden Linie läge, da bei der hohen Empfindlichkeit der Waagen mit fester Einspielungslage schon kleine Abweichungen des Schwerpunktes von der Geraden verhältnismäßig beträchtliche Änderungen der Empfindlichkeit hervorrufen können. Diese Voraussetzung dürfte aber in seltenen Fällen zutreffen. Man muß sich deshalb damit begnügen, die Trägheit der Waage für einzelne Einstellungen des Laufgewichtes zu bestimmen, ohne hieraus sichere Schlüsse auf die Eigenschaften der Waage ziehen zu können.

71. Prüfung der Einteilung der Laufgewichtsskalen.
Vorbetrachtung.

In Nr. 25 ist auseinandergesetzt worden, daß man an einem Laufgewichtswaagebalken zwei verschiedene Skalen voneinander unterscheiden muß, eine scheinbare, an der Laufschiene angebrachte Strich- oder Kerbenskale, die zur Einstellung des Laufgewichtes benutzt wird, und eine von dem Schwerpunkt des Laufgewichtes in seinen verschiedenen Einstellungen gebildete wahre Skale, die für die Wirkung des Gewichtes maßgebend ist, die also richtig sein soll und daher geprüft werden muß.

Verschiebt man in der Einspielungslage der Waage das Laufgewicht von Kerbe zu Kerbe, und denkt man sich von seinem Schwerpunkt in den verschiedenen Lagen auf die durch die Stützschneide des Laufgewichtsbalkens gehende lotrechte Ebene Senkrechte gefällt, so bilden diese die Hebelarme $g_0, g_0 + g_1, g_0 + g_2, \ldots g_0 + g_m$, an denen das Laufgewicht in den verschiedenen Stellungen wirkt. Bildet man die Differenzen von je zwei aufeinanderfolgenden Hebelarmen, nämlich $g_1, g_2 - g_1, g_3 - g_2, \ldots g_m - g_{m-1}$, so stellen diese die einzelnen Skalenteile der Hebelarmskale dar, während die Differenzen gegen den toten Hebelarm g_0, nämlich $g_1, g_2, \ldots g_{m-1}$, die Skalenabschnitte darstellen.

Der Begriff der wahren Skala ist, streng genommen, hiermit noch nicht eindeutig bestimmt. Es müßte noch angegeben werden, für welchen Zustand der Laufschiene diese Begriffsbestimmung gelten soll, ob für den Zustand der Biegung oder den biegungsfreien. Die Kerben- und Strichskalen der Laufgewichtsbalken größerer Waagen werden gegenwärtig wohl ausnahmslos durch Teilmaschinen hergestellt. Dabei wird die Laufschiene auf ebener Unterlage, also biegungsfrei gelagert. Die Prüfung der Skalen kann aber nur in der Weise ausgeführt werden, daß der Laufgewichtsbalken entweder an beiden Enden fest, oder mit seiner Stützschneide freischwingend gelagert wird. In beiden Fällen tritt zwar eine Biegung der Laufschiene ein, wir werden jedoch weiter unten an einem Beispiel nachweisen, daß die Skale durch die Biegung so wenig geändert wird, daß eine Änderung des Wägungsergebnisses nicht in Frage kommt.

Man erhält also bei der Prüfung, soweit dies von der Schiene selbst abhängt, den reinen, von der Biegung nicht verfälschten Teilungsfehler der Skale, gleichviel wie der Balken gelagert ist.

Der Begriff „Einteilung einer Skale" sagt nichts aus über die ganze Skale, sondern nur über das Verhältnis der Teile unter sich und zur Gesamtlänge der Skale. Die Einteilung einer Skale ist fehlerfrei, wenn die Skalenteile alle untereinander gleich sind oder, wenn die einzelnen Abschnitte sich zur Gesamtlänge der Skale verhalten wie die an ihren Endmarken angegebenen Zahlen zu der am Ende der Skale stehenden Zahl. Die Gesamtlänge g_m der Skale kann also, wie sich ja auch von selbst versteht, keinen Teilungsfehler haben. Bei ihr stimmen Ist- und Sollwert miteinander überein. Der Sollwert g_s irgendeines Skalenabschnittes g ist nach der Definition

$$g_s = \frac{L}{L_m} g_m . \tag{168}$$

Ist also z. B. die letzte Kerbe des Laufgewichtsbalkens mit 9900 kg bezeichnet, und ist die Länge der Skale $= 594$ mm, so ist der Sollwert g_s des der Last 4000 kg entsprechenden Skalenabschnittes

$$g_s = \frac{4000}{9900} \cdot 594 = 240 \text{ mm.}$$

Um nun den Nachweis zu führen, daß die durch die Biegung der Laufschiene hervorgerufenen Teilungsfehler der Skalenabschnitte verschwindend gering sind, nehmen wir an, die Skale der geraden, nicht beanspruchten Laufschiene sei genau richtig, jeder Abschnitt sei gleich seinem Sollwert, also

$$g = \frac{L}{L_m} g_m .$$

Die Einheit des Gewichtes (1 kg) in der Einheit der Entfernung von der Stützschneide (1 mm) bewirke eine Änderung dieser Länge um Δg. Dann ändert das Laufgewicht G die Hebelarme g_0, $g_0 + g$ und $g_0 + g_m$ in diesen drei Einstellungen der Reihe nach um

$$G g_0^2 \Delta g$$
$$G (g_0 + g)^2 \Delta g$$

und $G (g_0 + g_m)^2 \Delta g.$

Der Hebelarm g ändert sich also infolge der Biegung in

$$g + G(g_0 + g)^2 \Delta g - G g_0^2 \Delta g = g + G(g^2 + 2 g g_0) \Delta g$$

und der Hebelarm g_m in

$$g_m + G(g_0 + g_m)^2 \Delta g - G g_0^2 \Delta g = g_m + G(g_m^2 + 2 g_0 g_m) \Delta g.$$

Der Sollwert des geänderten Hebelarmes g ist daher

$$g_s = \frac{L}{L_m} [g_m + G(g_m^2 + 2 g_0 g_m) \Delta g]$$

oder, da $\dfrac{L}{L_m} = \dfrac{g}{g_m}$ ist,

$$g_s = g + G g (g_m + 2 g_0) \Delta g.$$

Der Teilungsfehler des Abschnitts $\left(\alpha_t = \dfrac{\text{Istwert} - \text{Sollwert}}{\text{Sollwert}}\right)$ ist daher

$$\alpha_t = \frac{g + Gg(g + 2g_0)\,\varDelta g - [g + Gg(g_m + 2g_0)\,\varDelta g]}{g + Gg(g_m + 2g_0)\,\varDelta g}$$

oder
$$\alpha_t = -\,\frac{G\,(g_m - g)\,\varDelta g}{1 + G(g_m + 2g_0)\,\varDelta g}. \tag{169}$$

Die Teilungsfehlerzulage ist demnach, wenn man das zweite Glied im Nenner als verschwindend klein gegen 1 vernachlässigt,

$$Z_t = \alpha_t L = -\,LG(g_m - g)\,\varDelta g \tag{170}$$

oder, da $L = \dfrac{Gg}{l}$ ist,

$$Z_t = -\,G^2 \cdot \frac{g}{l} \cdot (g_m - g)\,\varDelta g. \tag{171}$$

Differentiiert man diese Gleichung und setzt den Differentialquotienten $= 0$, so ergibt sich $g = \dfrac{1}{2}\,g_m$. Die Zulage nimmt daher ihren größten, und zwar negativen — wie die Formel für α_t zeigt — Wert an bei Einstellung des Laufgewichtes auf die Mitte der Skale, also bei der Hälfte der Höchstlast.

Wir wollen nun an einem Beispiel das auf übertriebenen, und zwar im ungünstigen Sinne übertriebenen Voraussetzungen beruht, zeigen, daß man den Einfluß der Biegung der Laufschiene auf die Skale durchweg vernachlässigen kann. Eine Laufgewichtsbrückenwaage habe eine Hauptskale von 10 Skalenteilen von 0—10000 kg. Der tote Hebelarm g_0 habe den gleichen Querschnitt wie die Laufschiene und sei 200 mm lang. Die Skale g_m sei $= 600$ mm. Die Höhe des Gewichtshebelarmes sei $= 60$ mm und seine Breite $= 15$ mm. Das Laufgewicht wiege 20 kg. Der Schwerpunkt des Laufgewichtes liege 10 mm unter der Balkenoberkante. Dann ist seine Entfernung von der neutralen Schicht der Laufschiene, die „Schwerpunktshöhe" h, die gleichbedeutend ist mit dem, was wir bei einer Schneide Schneidenhöhe genannt haben, $= 20$ mm.

Bezeichnet man den Biegungswinkel, den der Querschnitt des Balkens in einem Abstand von 1 mm von der Stützschneide durch ein hier angreifendes Gewicht von 1 kg erfährt, mit $\varDelta\omega$, so ist

$$\varDelta g = h\,\varDelta\omega.$$

Nimmt man den Elastizitätskoeffizienten von Schmiedeeisen zu 20000 an und setzt diesen, sowie die für das Beispiel gewählten Werte in die Formel (71) ein, so wird

$$\varDelta\omega = \frac{6}{20000 \cdot 60^3 \cdot 15} = \frac{1}{108 \cdot 10^8}$$

und
$$\varDelta g = \frac{20}{108 \cdot 10^8} = \frac{1}{54 \cdot 10^7}.$$

Die Teilfehlerzulage erreicht ihren größten Wert bei der Hälfte der Höchstlast, also hier bei einer Last von 5000 kg. Führt man diesen und die übrigen Werte in Gleichung (170) ein, so wird

8*

$$Z_t = - \frac{5000 \cdot 20 \cdot 300}{54 \cdot 10^7} = -0,056 \text{ kg.}$$

Wie man sieht, ist die Biegung des Gewichtsarmes des Laufgewichtsbalkens ohne Bedeutung.

72. Skalenprüfung durch Auswägen.

a) Verschiedene Arten.

Da eine Laufgewichtsskale in der Einspielungslage der Waage einen Satz von Hebelarmen darstellt, so liegt der Gedanke nahe, sie durch Auswägen zu prüfen, indem man den Laufgewichtsbalken als einfache Balkenwaage benutzt. Diese Auswägung kann man entweder auf der Lastseite oder auf der Gewichtsseite der Balkenwaage vornehmen.

Das äußerlich einfachste Prüfungsverfahren der ersten Art (Abb. 28) besteht darin, daß man an die Lastschneide des Laufgewichtsbalkens

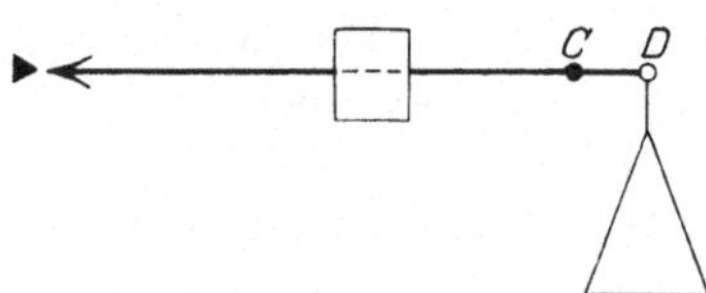

Abb. 28. Skalenprüfung durch Auswägen auf der Lastseite mit einer Schale.

eine Schale hängt, die Waage bei Nullstellung des Laufgewichtes austariert, das Laufgewicht von Kerbe zu Kerbe verschiebt und jedesmal mit Normalgewichten ausgleicht. Darauf berechnet man die Sollwerte der Ausgleichsgewichte, aus diesen und den Istwerten die Teilungsfehlerkoeffizienten der einzelnen Abschnitte und durch Multiplikation mit den auf der Skala angegebenen Gewichten die Teilungsfehlerzulagen für die Brückenwaage.

Die Prüfung der zweiten Art (Abb. 30) geht in der Weise vor sich, daß man an die Lastschneide eine Schale zum Austarieren (Tarierschale) hängt, auf das Balkenende hinter der letzten Kerbe einen Sattel oder

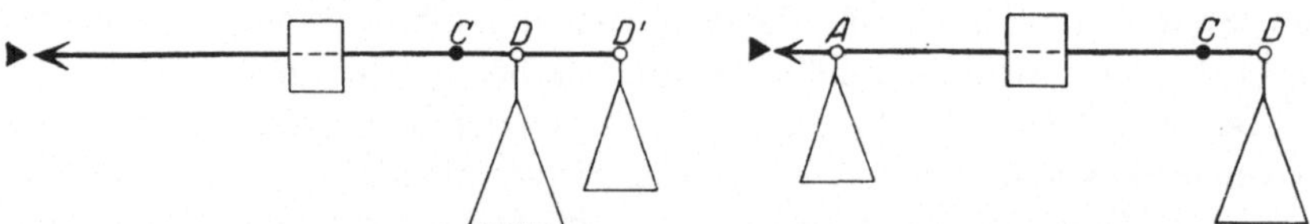

Abb. 29. Skalenprüfung durch Auswägen auf der Lastseite mit zwei Schalen.

Abb. 30. Skalenprüfung durch Auswägen auf der Gewichtsseite

eine Hülse mit Schneide schraubt, an diese Hilfsschneide eine Schale zum Auswägen (Auswägeschale) hängt, die Waage bei Endstellung des Laufgewichtes austariert, das Laufgewicht von Kerbe zu Kerbe rückwärts verschiebt und jedesmal durch Normalgewichte ausgleicht. Die Berechnung der Fehler geschieht in gleicher Weise, wie oben angegeben.

Bei beiden Verfahren ist die Berechnung der Fehler umständlich und langwierig. Um diese zu vermeiden, stimmt man, indem man auch bei dem ersten Verfahren eine besondere Auswägeschale (Abb. 29) benutzt, das Hebelverhältnis zwischen Laufgewicht und Ausgleichsgewichten derart ab, daß das einem Skalenteil entsprechende Ausgleichsgewicht einen runden Wert 100, 200. . . . g erhält.

b) Skalenprüfung durch Auswägen auf der Lastseite.

Dieses Verfahren zur Bestimmung der Teilungsfehler ist nur dann richtig, wenn der Biegungsfehlerkoeffizient des Balkens $= 0$ oder verschwindend klein ist. Wenn dies nicht der Fall ist, so sind die Skalenabschnitte nicht den Normallasten L, sondern den Ausdrücken $L - \beta L^2$ proportional. Denn ein Teil von L dient zur Ausgleichung des Biegungsfehlers des Balkens. In L ist also nicht nur die Teilungsfehler-, sondern auch die Biegungsfehlerzulage enthalten.

Daß dieses Verfahren, theoretisch genommen, auch in bezug auf die Prüfung der ganzen Waage falsch ist, geht aus folgender Überlegung hervor. Eine Zweihebel-Laufgewichtswaage habe eine genau richtige Skale und sei richtig justiert worden. Die Biegungsfehlerkoeffizienten der beiden Hebel seien einander entgegengesetzt gleich, so daß sie sich gegenseitig aufheben. Die Waage ist damit im ganzen Wägebereich vollkommen fehlerfrei. Nun werde die Skale geprüft und in der Mitte, wo die durch die Biegung verursachten scheinbaren Teilungsfehler am größten sind, falsch gefunden. Infolgedessen werden die mittleren Kerben geschliffen. Dadurch wird nun nicht nur die anfangs richtige Skala falsch gemacht, sondern es wird nun auch die ganze Waage unrichtig, da die in die Skala hineingebrachten Teilungsfehler sich in der Anzeige der Waage voll auswirken.

In der Wirklichkeit scheint die Voraussetzung, daß der Biegungsfehlerkoeffizient der Laufgewichtsbalken verschwindend gering ist, fast ausnahmslos zuzutreffen. Jedenfalls sind Unzuträglichkeiten bisher nicht zutage getreten.

Zum Auswägen der Skala benutzt man ein Gestell, gewöhnlich „Justierbrücke" genannt, das im wesentlichen dem Obergestell einer Laufgewichts-Brückenwaage nachgebildet ist. Abb. 31, die den „Mitteilungen der Reichsanstalt für Maß und Gewicht" 1921, Nr. 5 entnommen ist, zeigt eine solche von der Firma Rudolf Schöne, Halle, gebaute Justierbrücke. Die Verschiedenheit beider Gestelle ist dadurch begründet, daß für die Justierbrücke eine gewisse Beweglichkeit und Verstellbarkeit der für die Prüfung in Betracht kommenden Teile erforderlich ist, um ihre Lage allen Balken anpassen zu können, während das Waagengestell nur für einen einzigen Balken eingerichtet zu sein braucht.

Der Unterbau der Justierbrücke gleicht dem einer Drehbank mit zwei parallel laufenden Waagen. Diese tragen an ihrem einen Ende einen Bock, in dem die beiden Pfannenträger B senkrecht zu den Wangen mittels einer durch Handrad b_1 drehbaren Spindel mit Rechts- und Linkswinde gegeneinander verstellt werden können, um ihren Abstand der Länge der Stützschneide anzupassen.

Am anderen Ende der beiden Wangen befindet sich ein zwischen ihnen verschiebbarer und festschraubbarer Bock. Auf diesem sind die in der Höhe verstellbare **Feststellvorrichtung** und der feste Teil der **Zeigereinrichtung** angebracht. Die Feststellvorrichtung besteht aus einem durch Handrad c_3 wagerecht verschiebbaren **Greifer** c_1, der einen mittels eines Bügels am Balken festgeschraubten **Querbolzen** umfaßt.

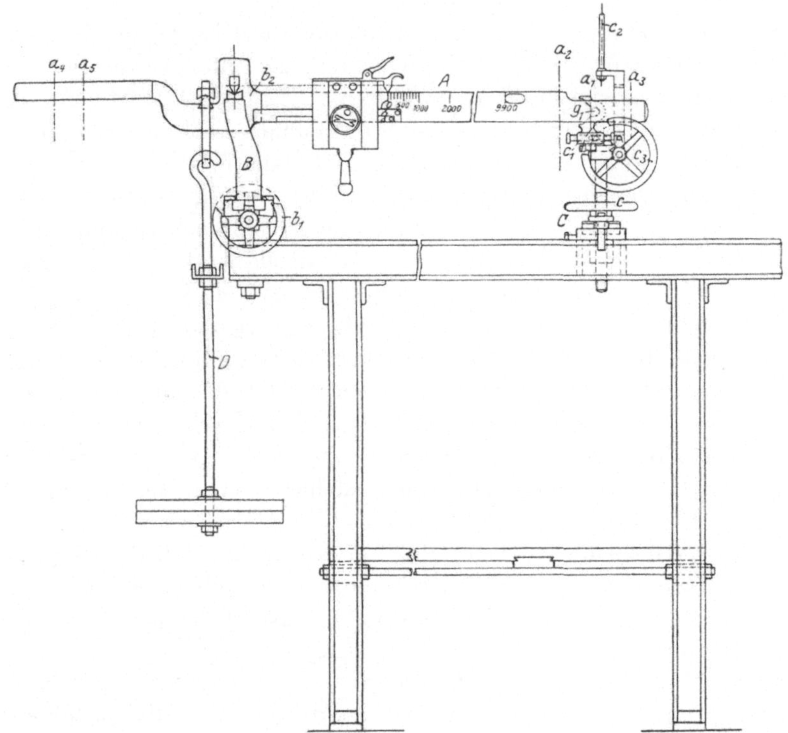

Abb. 31. „Justierbrücke" zur Auswägung von Laufgewichtsskalen.

Die Zeigereinrichtung besteht einerseits aus einer kleinen Plus-Minus-Skala, die an einem lotrecht gerichteten, auf dem Bock befestigten Rund-stab verschiebbar und um ihn drehbar ist, andererseits aus einer als Zeiger dienenden Nadel, die an einem mittels eines Sattels am Balken festgeschraubten, lotrechten Rundstab ebenso verstellbar ist.

Abb. 32 zeigt einen wichtigen Einzelteil der Prüfungseinrichtung, einen Rahmen mit zwei Doppelschneiden, der zur Anbringung einer Hilfs-schale (in Abb. 31 nicht gezeichnet) dient. Die eine Wand e_1 des Rahmens ist herausnehmbar, um ihn von unten oder oben her auf den Balken auf-schieben zu können. Der Rahmen läßt sich durch die Stellschrauben e_3, e_3

lotrecht verstellen, um das in Gebrauch genommene Schneidenpaar in
die Schneidenebene des Balkens bringen zu können. Seine Verstellbarkeit wird noch dadurch erweitert, daß, da er sich, wie gezeichnet oder
auch umgekehrt benutzen läßt, die beiden Doppelschneiden unsymmetrisch gelagert sind. Die beiden Seitenschrauben e_4, e_4 dienen zum Festschrauben des Rahmens.

Zur Prüfung legt man den Balken auf die Stützpfanne, schraubt den
Feststellbolzen an und stellt ihn vorläufig fest. Darauf bringt man unter
leichtem Anheben des Balkens am Lastende die Pfannen in die richtige
Entfernung voneinander, und zwar so, daß die Spitzen der Stützschneide
des Balkens ein wenig über die Pfannen hinwegragen. Nun bringt man
die Feststellvorrichtung in eine solche
Höhe, daß der Balken wagerecht gerichtet
ist. Darauf folgt die Anbringung und
Einstellung der Zeigereinrichtung und
gegebenenfalls der Hilfsschale.

Zum Auswägen der Skale kann man
eine Lastschale benutzen, die unmittelbar
an die Lastschneide des Balkens gehängt
wird. Da jedoch in diesem Fall hierzu
eine große Menge von Gewichten erforderlich ist, vielfach auch die Lastschneide
selbst für genauere Prüfungen nicht ge-
eignet ist, so schiebt man besser auf den
Balkenschwanz eine Hülse mit besonderer
Schneide und Schalengehänge zum Auswägen und benutzt die an der Balken-
schneide hängende Lastschale nur zum

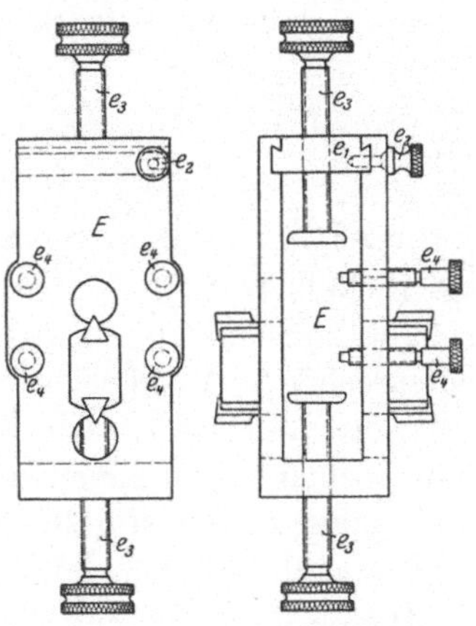

Abb. 32. Rahmen mit zweiteiliger
Doppelschneide zum Anhängen der
Schale.

Austarieren. Läßt sich letztere nicht anbringen, so muß man sich
mit Tariergewichten behelfen oder die Auswägschale zur Austarierung
mit benutzen.

Die Auswägung erfolgt in der oben angegebenen Weise unter möglichster Vermeidung von Erschütterungen beim Aufsetzen der Gewichte.
Zur Ermittelung der Teilungsfehler berechnet man zunächst die Sollwerte der einzelnen Abschnitte, indem man die Summe aller Normalgewichte bei Endstellung des Laufgewichtes mit dem Verhältnis $\dfrac{L}{L_m}$ des
betreffenden Abschnittes zur ganzen Skala multipliziert. Aus Istwert
und Sollwert ergibt sich dann nach der Gleichung $\alpha_t = \dfrac{\text{Istwert} - \text{Sollwert}}{\text{Istwert}}$
der Teilungsfehlerkoeffizient des Abschnittes und durch Multiplikation
dieses Koeffizienten mit der an der betreffenden Marke angegebenen Last
die Fehlerzulage $\alpha_t \cdot L$. Die folgende Tafel gibt ein Beispiel einer solchen
Fehlerbestimmung.

Skalenabschnitt	Ausgleichsgewicht		Teilungsfehlerkoeffizient	Teilungsfehlerzulage $\alpha_t \cdot L$
kg	Istwert kg	Sollwert kg	α_t	kg
0 — 1 000	10,028	10,034	− 0,00060	− 0,60
0 — 2 000	20,079	20,068	+ 0,00055	+ 1,10
0 — 3 000	30,107	30,103	+ 0,00013	+ 0,39
0 — 4 000	40,129	40,137	− 0,00020	− 0,80
0 — 5 000	50,182	50,171	+ 0,00022	+ 1,10
0 — 6 000	60,209	60,205	+ 0,00007	+ 0,42
0 — 7 000	70,225	70,239	− 0,00020	− 1,40
0 — 8 000	80,272	80,274	− 0,00002	− 0,16
0 — 9 000	90,313	90,308	− 0,00005	+ 0,45
0 — 10 000	100,342	100,342	0,0	0,00

c) Skalenprüfung durch Auswägen auf der Lastseite mit Abstimmung nach Schönherr[1].

Der Laufgewichtswaagebalken einer Brückenwaage für 10000 kg mit einer Skala von 99 Skalenteilen sei mit Hilfe einer an die Lastschneide gehängten Schale durch Auswägen geprüft worden. Das der ganzen Skala entsprechende Ausgleichsgewicht sei dabei zufällig genau = 99 kg gefunden worden. Dann sind die Sollwerte der den einzelnen Skalenabschnitten entsprechenden Ausgleichsgewichte der Reihe nach = 1, 2, 3 usw. kg. Es fällt daher die umständliche Berechnung der Sollwerte in diesem Fall weg, und die Skalenprüfung vereinfacht sich beträchtlich.

Diesen hier dem Zufall zugeschriebenen Zustand künstlich herbeizuführen, ist der Zweck des Prüfungsverfahrens mit Abstimmung der Waage. Benutzt man, wie es am zweckmäßigsten ist, zum Auswägen stets eine Hilfsschale, so besteht die Abstimmung der Waage aus zwei Teilen, einer Grobeinstellung des Hebelverhältnisses durch Verschieben des Rahmens mit Hilfsschneide und Schale und einer Feinabstimmung durch Änderung des Gewichtes des Laufgewichtes. Man stimmt die Waage so ab, daß nicht nur das der ganzen Skala entsprechende Ausgleichsgewicht durch die Gesamtanzahl der Skalenteile teilbar ist, sondern daß dieses Teilgewicht auch einen runden Wert erhält, z. B. einen solchen von 100 oder 200 oder 300 usw. g.

Zur schnellen Auffindung des richtigen Hebelarmes der Hilfsschale kann der Rahmen, dessen Gewicht auf 1,5 kg gebracht ist, entweder für sich allein oder gemeinsam mit dem Zwischengehänge, dessen Gewicht auf 0,5 kg gebracht ist, und weiter, wenn nötig, mit Anhängegewichten auf folgende Weise als „Sucher" benutzt werden:

---

[1] Schönherr, Zur Prüfung der Laufgewichtswaagebalken. Berlin: J. Springer 1921.

Man tariert die Waage nach Anbringung der später zu beschreibenden Abstimmvorrichtung am Laufgewicht ohne den Rahmen bei Nullstellung des Laufgewichtes aus. Darauf bringt man den Rahmen z. B. mit Gehänge, also ein Gewicht von 2 kg, ungefähr in der Mitte der auf dem Schwanzende des Balkens verfügbaren Verschiebestrecke an. Nun verschiebt man das Laufgewicht, bis der Balken niedergeht, und stellt es auf die nächste Kerbe ein. Steht die Gewichtsbezeichnung dieser Kerbe in keinem genügend einfachen Verhältnis zu dem Suchergewicht von 2 kg, wie z. B. die Gewichtsangabe 700 kg, so stellt man das Laufgewicht durch Zurück- oder Vorschieben auf ein passendes Übersetzungsverhältnis ein, z. B. auf 1000:2 kg. Darauf schiebt man das Suchergewicht zurück, bis die Waage einspielt. Da die Masse des Rahmens zu der durch die Hilfsschneide gehenden lotrechten Ebene symmetrisch verteilt ist, so liegt sein Schwerpunkt in dieser Ebene und sein Hebelarm stimmt mit dem der anzuhängenden Hilfsschale überein. Einem Skalenteil der Laufgewichtsskala entspricht demnach ein vorläufig angenähertes Ausgleichssollgewicht von 0.2 kg auf der Hilfsschale.

Die genaue Abstimmung der Waage auf das betreffende Sollgewicht kann nur bei Endstellung des Laufgewichtes ausgeführt werden,

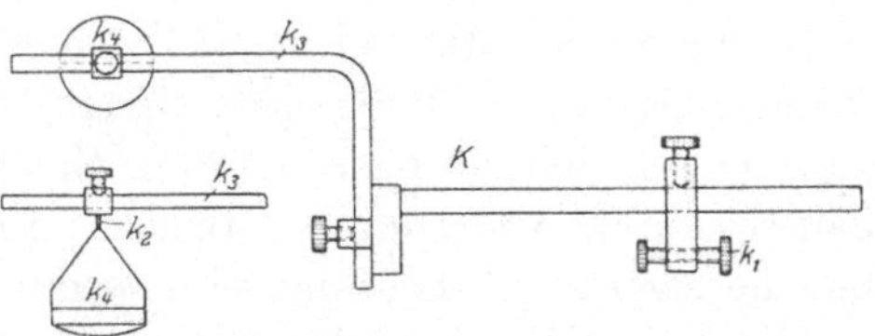

Abb. 33. Abstimmungsvorrichtung für das Laufgewicht.

da die den einzelnen Skalenabschnitten entsprechenden Sollgewichte aus dem für die ganze Skala erforderlichen Ausgleichsgewicht berechnet werden. Diese Abstimmung wird nach Schönherr an dem Laufgewicht durch Änderung seines Gewichtes vorgenommen. Es kommt nämlich auf dasselbe hinaus, ob man die Waage dadurch auf den gewünschten Sollwert abstimmt, daß man auf der Lastseite den Hebelarm des Hilfsschalengehänges durch Verschieben des Rahmens um z. B. $\frac{1}{1000}$ seiner Länge vergrößert, oder dadurch, daß man auf der Gewichtsseite das Gewicht des Laufgewichtes um $\frac{1}{1000}$ seines Betrages verkleinert.

Die Einrichtung zur Abstimmung des Laufgewichtes (Abb. 33) besteht aus einer Klammer K mit einem Ausleger k_3, auf dem sich eine Hülse mit Ringschneide K_2 verschieben und festschrauben läßt. In die Ringschneide wird ein Abstimmschälchen eingehakt. Die Vorrichtung wird mit der Schraube k_1 des je nach der Länge des Laufgewichtes einzustellenden beweglichen Armes der Klammer an dem Laufgewicht parallel zum Balken und möglichst so, daß die Ringschneide in die Höhe der Stützschneide des Balkens kommt, festgeschraubt, und zwar sogleich zu

Anfang vor der Einstellung des Hebelverhältnisses. Dabei wird das Schälchen von vornherein mit einem passenden Gewicht beschwert, um das Laufgewicht erforderlichenfalls leichter machen zu können.

Das Schälchen wird nun bei Nullstellung des Laufgewichtes durch Verschieben der Hülse so eingestellt, daß seine Schneide in die durch die Stützschneide des Balkens gehende lotrechte Ebene fällt, so daß ihr Hebelarm = 0 ist. Die Tarierung der Waage kann daher durch Änderung der Belastung des Schälchens nicht gestört werden, während man andererseits aus der Tatsache, daß die Tarierung hierdurch nicht gestört wird, schließen kann, daß die Ringschneide die richtige Lage hat. Die Abstimmung des Laufgewichtes in seiner Endstellung ist damit unabhängig von der Austarierung der Waage und läßt sich durch eine einzige Abgleichung erzielen.

Die Endabstimmung der Waage geht in folgender Weise vor sich: Nach erfolgter Roheinstellung des Hebelverhältnisses mit Hilfe des Suchers hängt man die Hilfsschale an und tariert die Waage bei Nullstellung des Laufgewichtes genau aus. Darauf bringt man das Laufgewicht in die Endstellung und setzt auf die Hilfsschale das der ganzen Skale entsprechende angenäherte Sollgewicht, nach obigem Beispiel also, wenn die Skale 99 Teile hat, $99 \cdot 0{,}2 = 19{,}8$ kg. Spielt die Waage nicht ein, so bringt man sie durch Änderung der Belastung des Schälchens zum Einspielen und die eigentliche Prüfung kann beginnen.

Man kann diese vornehmen, indem man entweder von der Nullkerbe oder von der Endkerbe ausgeht. Im ersten Fall setzt man immer gleiche Sollgewichte auf, im zweiten nimmt man sie herunter, was zur Verhütung von Erschütterungen zweckmäßiger ist. In diesem Fall erhält man in den Abweichungen von den Sollgewichten die Fehler der vom Ende der Skale an gerechneten Abschnitte. Will man die Fehler der entsprechenden, vom Anfang der Skale an gerechneten Abschnitte haben, so braucht man nur die Vorzeichen umzukehren, da, wenn der eine Abschnitt zu lang ist, der andere zu kurz sein muß. Da es sich bei der gewöhnlichen Skalenprüfung nur darum handelt, festzustellen, ob die Fehler innerhalb der Fehlergrenze liegen, so braucht man die Waage nicht jedesmal durch Gewichte zum Einspielen zu bringen. Man kann vielmehr die der Fehlergrenze entsprechende Abweichung der Ruhelage der Waage von ihrer Einspielungslage vorher bestimmen und die Grenze durch zwei zu diesem Zweck an der Zeigerskale vorgesehene kleine Schieber festlegen. Das setzt jedoch voraus, daß die Empfindlichkeit der Waage über den ganzen Wägebereich hin konstant ist.

Bestimmt man den Fehler eines Abschnittes zahlenmäßig, indem man die Waage ausgleicht, so erhält man ihn in einem relativen Zahlenwert ausgedrückt, der von dem gewählten Hebelverhältnis abhängt. Um den entsprechenden, für die ganze Brückenwaage geltenden Fehler zu erhalten, muß man den gefundenen Fehler mit dem scheinbaren Übersetzungsverhältnis zwischen der Gewichtsangabe an der Skale und dem Ausgleichssollgewicht auf der Auswägeschale, in dem Beispiel also mit $\frac{1000}{2} = 500$ multiplizieren. Dieses Produkt bildet die Teilungsfehlerzulage der Brückenwaage für den Fehler des betreffenden Skalenabschnittes.

Den Teilungsfehlerkoeffizienten des Abschnittes erhält man, wenn man den gefundenen Fehler durch das dem Abschnitt entsprechende Ausgleichssollgewicht dividiert.

d) Skalenprüfung durch Auswägen auf der Gewichtsseite.

Hierzu bedarf man zweier Schalen, einer Schale, die an die Lastschneide des Laufgewichtswaagebalkens gehängt wird und zum Austarieren dient, und einer Auswägeschale, die an dem skalenfreien Ende der Laufschiene angebracht wird. Man stellt das Laufgewicht auf die Endkerbe ein und tariert auf der Tarierschale aus. Darauf stellt man das Laufgewicht auf die Nullkerbe ein und gleicht auf der Auswägeschale aus.

Die auf die Schale gesetzten Gewichte bilden somit das der ganzen Skale entsprechende Ausgleichsgewicht. Bezeichnet man dieses mit G'_m und den Hebelarm der Auswägeschale mit g', so ist

$$G'_m g' = G g_m.$$

Die Roheinstellung des Hebelverhältnisses wird nun auf folgende Weise ausgeführt. Ergibt die Division des Ausgleichsgewichtes durch die Anzahl der Skalenteile kein rundes Sollgewicht für den einzelnen Skalenteil, so bringt man es durch Hinzufügen oder Hinwegnehmen auf den zunächstliegenden passenden Wert und verschiebt das Schalengehänge. Sind zu dem Ausgleichsgewicht A kg hinzugefügt worden und ist die vorläufig unbekannte Verschiebung x mm, so muß, wenn das abgeänderte Ausgleichsgewicht an dem neuen Hebelarm ebenfalls der ganzen Skale entsprechen soll, die Gleichung bestehen

$$(G'_m + A)(g' + x) = G g_m.$$

Hieraus ergibt sich mit Anwendung der vorigen Gleichung

$$x = -\frac{A}{G'_m + A} \cdot g'.$$

Der Hebelarm des Schalengehänges muß daher verkürzt werden, wenn das Ausgleichsgewicht vergrößert wird und umgekehrt, wie es ja auch selbstverständlich ist, wenn die Hebelwirkung die gleiche bleiben soll.

Da sich durch die Verschiebung des Schalengehänges auch die Hebelwirkung der Schale selbst geändert hat, so muß die Waage bei Endstellung des Laufgewichtes auf der Tarierschale von neuem austariert werden.

Die Endabstimmung kann mit der Schönherrschen Vorrichtung am Laufgewicht vorgenommen werden. Denselben Zweck kann man aber auch durch Feineinstellung des Hebelverhältnisses erreichen, wenn man den Rahmen mit der Schneide durch Mikrometerschraube auf wenige Millimeter verstellbar macht. Damit durch die Verschiebung die Lage des Schwerpunktes des unbelasteten Gehänges nicht geändert wird, kann man z. B. einen aufrecht stehenden Hebel mit einem am oberen Ende befestigten Ausgleichsgewicht an dem auf den Balken geschraubten festen Rahmen derart anbringen, daß das Gewicht sich in entgegengesetzter Richtung bewegt, wie das Schalengehänge. Ist die Übersetzung des Hebels 10:1, so braucht das Gewicht nur gleich dem zehnten Teil des Gewichtes des Schalengehänges zu sein. Zu dieser Vorrichtung wären erforderlich

1. ein Rahmen mit herausnehmbarer Unterwand und aufrecht stehendem Hebel mit einem parallel geführten Ausgleichsgewicht der nach der Grobeinstellung des Hebelverhältnisses am Balken festgeschraubt wird,

2. ein starker Sattel, der auf dem Rahmen durch Mikrometerschraube etwa 3 mm verschiebbar ist und

3. der eigentliche Schneidenhalter, der ebenso wie der eng an den Rahmen anschließende Sattel unten offen ist und von diesem in einer Schwalbenschwanzführung lotrecht geführt wird.

Ob sich nach diesem Prüfungsverfahren in allen Fällen ebenso bequeme Sollgewichte erzielen lassen wie nach dem vorher beschriebenen, ist fraglich. Es hat aber den Vorzug, daß es auch, theoretisch betrachtet, unbedingt einwandfrei ist, da es nur die reinen Teilungsfehler ergibt. Auch hat es den Vorteil, daß zur Prüfung nur wenig Normalgewichte erforderlich sind, da das Gesamtausgleichsgewicht stets kleiner ist als das Gewicht des Laufgewichtes.

Da die Tatsache, daß bei der in diesem Prüfungsverfahren angewendeten Art der Ausgleichung der Einfluß der Biegung vollständig ausgeschaltet ist, von allgemeiner Bedeutung ist, so mag hier der Nachweis für die aufgestellte Behauptung geliefert werden.

Bezeichnet man das Gewicht des an der Hilfsschneide wirkenden unbelasteten Schalengehänges mit G_0' und das nach Einstellung des Laufgewichtes auf den Nutzhebelarm g von der Schale heruntergenommene Gewicht mit G', so wirkt an dem Hebelarm g' das Gewicht $G_0' + G_m' - G'$ und an dem Hebelarm $g_0 + g$ das Laufgewicht G.

Wir berechnen nun die Änderung ΔW, die das Gesamtdrehungsmoment der Gewichtsseite durch die bei dieser Belastung eintretende Biegung der Laufschiene erfährt. Der Biegungswinkel des durch den Schwerpunkt des Laufgewichtes gehenden Querschnittes des Balkens sei $= \omega_1$, der Biegungswinkel des der Hilfsschneide entsprechenden Querschnittes sei $= \omega_2$. Die Hilfsschneide muß, um die erforderliche Empfindlichkeit zu erzielen, in die Schneidenebene des Balkens eingestellt werden. In dieser liegt auch, wie man annehmen kann, der Schwerpunkt des Laufgewichtes, da der kleine Abstand von ihr zu vernachlässigen ist. Schwerpunkt und Hilfsschneide haben daher den gleichen Abstand von der neutralen Schicht des Balkens, die gleiche „Höhe" h. Die Hebelarme der beiden an der Laufschiene wirkenden Gewichte ändern sich daher infolge der Belastung um $h\omega_1$ bzw. $h\omega_2$ und die Änderung des Gesamtdrehungsmomentes der Gewichtsseite beträgt

$$\Delta W = h[\omega_1 G + \omega_2 (G'_0 + G''_m - G')].\tag{172}$$

Jeder der beiden Biegungswinkel besteht nun aus zwei Teilen, von denen der eine durch das Laufgewicht, der andere durch die belastete Hilfsschale erzeugt wird:

$$\omega_1 = \omega'_1 + \omega''_1$$

und

$$\omega_2 = \omega'_2 + \omega''_2.$$

Zur Bestimmung der einzelnen Biegungswinkel benutzen wir die Formeln (70) und (71) und setzen der Kürze halber die Konstante

$$\frac{6}{b\,h^3\,E} = c.$$

Dann lauten die beiden Formeln

$$\omega_x = c \cdot x(2l - x)L\tag{173}$$

und

$$\omega_l = c \cdot l^2 \cdot L.\tag{174}$$

Um den von dem Laufgewicht erzeugten Biegungswinkel ω'_1 zu erhalten, setzen wir in Formel (174) $l = g_0 + g$ und $L = G$ und erhalten

$$\omega'_1 = c\,(g_0 + g)^2 G.$$

Der Biegungswinkel ω''_1 ergibt sich aus Formel (173), indem man $l = g'$, $x = g_0 + g$ und $L = G'_0 + G''_m - G'$ setzt,

$$\omega''_1 = c\,(g_0 + g)\,[2\,g' - (g_0 + g)] \cdot (G'_0 + G''_m - G').$$

Der von dem Laufgewicht verursachte Biegungswinkel ω'_2 ist $= \omega'_1$, da sich die Drehung des Schwerpunktsquerschnittes auf den außerhalb liegenden Schneidenquerschnitt einfach überträgt,

$$\omega'_2 = c\,(g_0 + g)^2 G$$

und ω''_2 ist nach Formel (174)

$$\omega''_2 = c g'^{\,2}(G'_0 + G_m - G').$$

Setzt man diese vier Werte in Gleichung (172) ein, so wird

$$\Delta W = c h \{(g_0 + g)^2 G^2 + (g_0 + g)\,[2\,g' - (g_0 + g)]\,(G'_0 + G_m - G')\,G$$
$$+ (g_0 + g)^2 G\,(G'_0 + G_m - G') + g'^{\,2}(G'_0 + G''_m - G')^2\}.$$

Löst man hierin die runden Klammern und die eckige Klammer auf und setzt $gG = g'L$, so erhält man

$$\Delta W = c h\,[g_0^2 G^2 + 2 g_0 g' G\,(G'_0 + G'_m) + g'^{\,2}(G'_0 + G'_m)^2]$$

oder

$$\Delta W = c h \cdot [g_0 G + g'\,(G'_0 + G'_m)]^2.$$

Wie man sieht, sind die beiden einzigen Größen, die sich bei Verschiebung des Laufgewichtes ändern, nämlich g und G' aus der Gleichung herausgefallen und nur konstante Größen übrig geblieben. Wir haben hier somit das bemerkenswerte Ergebnis, daß die mit der Biegung der

Laufschiene eintretende Änderung der Hebelwirkung der Gewichtsseite von der Stellung des Laufgewichtes unabhängig ist, und daß der Laufgewichtswaagebalken, da die Hebelwirkung der Lastseite während der ganzen Prüfung unverändert bleibt, sich bei diesem Verfahren so verhält, als wäre er biegungsfrei.

Um nun die Formel abzuleiten, die die Abhängigkeit der beiden veränderlichen Größen g und G' voneinander zum Ausdruck bringt, stellen wir die Bedingungsgleichungen für das Gleichgewicht der Waage bei Einstellung des Laufgewichtes auf die Nutzhebelarme $g = g$ und $g = 0$ auf. Bezeichnet man die unveränderliche Hebelwirkung der Lastseite mit C, so erhält man für die beiden Stellungen des Laufgewichtes die Gleichungen

$$C = (g_0 + g)G + g'(G'_0 + G'_m - G^1) + \Delta W$$

und
$$C = g_0 G + g'(G'_0 + G'_m) + \Delta W.$$

Zieht man die untere Gleichung von der oberen ab, so ergibt sich

$$0 = gG - g'G'$$

oder
$$g = \frac{g'}{G} \cdot G'.$$

Da g' und G konstante Größen sind, so sind die Nutzhebelarme oder Skalenabschnitte g den von der Auswägeschale heruntergenommenen Gewichten G' genau proportional. Dieses Prüfungsverfahren ist daher ohne grundsätzliche Fehler.

Eine Prüfungseinrichtung der beschriebenen Art kann man, wie nebenbei bemerkt sei, auch als Waage benutzen, wenn man die Bezifferung der Skala umkehrt, den Endstrich also mit 0 und den Nullstrich mit der Höchstlast bezeichnet. Die Hebelwirkung des Laufgewichtes würde bei einer solchen Waage ihren größten Wert haben in der Nullstellung und in dieser durch Gewichte auf der Lastseite austariert werden. Die Ausgleichung der auf der Auswägeschale befindlichen Nutzlast würde durch Verminderung der Hebelwirkung des Laufgewichtes erfolgen. Die Waage würde somit für negativen Lastausgleich eingerichtet sein, wie ein solcher auch bei einzelnen Bauarten der später zu behandelnden Neigungswaagen angewendet wird.

73. Skalenprüfung durch Längenmessung.

a) Vorbetrachtung.

Die wahre, d. h. die von dem Schwerpunkt des Laufgewichtes bei seiner Verschiebung von Kerbe zu Kerbe gebildete Skale läßt sich durch Längenmessung nur in der Weise prüfen, daß man die Verschiebungen des Schwerpunktes in der Balkenrichtung mißt. Könnte man also unmittelbar im Schwerpunkt des Laufgewichtes das eine Ende eines Meßdrahtes befestigen, so würde man, indem man den Draht über eine mit Keilnut versehene Meßrolle mit einem vor einer Kreisskale spielenden

Zeiger führte und ihn am anderen Ende mit einem Spanngewicht beschwerte, die Verschiebungen des Schwerpunktes in vergrößertem Maßstabe an der Kreisskale ablesen und die wahre Skale einwandfrei prüfen können.

Da jedoch der Schwerpunkt des die Laufschiene umhüllenden Laufgewichtes im Innern der Laufschiene liegt, so ist eine Verbindung zwischen ihm und der Meßrolle nicht möglich. Man muß daher seine Verschiebungen mittelbar durch diejenigen eines Punktes der Oberfläche des Laufgewichtes, z. B. der Stirnfläche messen.

Wird das Laufgewicht genau parallel geführt, so bleibt der Abstand des Beobachtungspunktes von dem Schwerpunkt, in der Bewegungsrichtung, also der Balkenrichtung gemessen, stets der gleiche, und die Verschiebungen beider Punkte stimmen miteinander überein. Die Messungen sind in diesem Fall einwandfrei.

Erfährt jedoch das Laufgewicht bei seiner Verschiebung zugleich eine Drehung, so ändert sich der bezeichnete Abstand und die Verschiebungen beider Punkte stimmen nicht mehr miteinander überein. Die Messung wird um den Betrag der Änderung falsch.

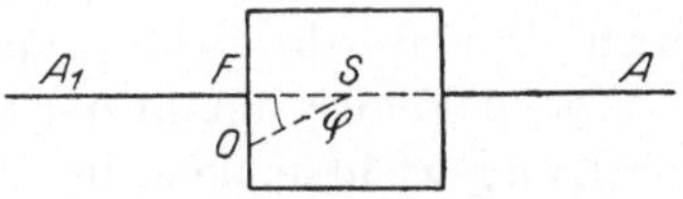

Dreht sich das Laufgewicht bei der Verschiebung um irgendeine Achse, so kann man sich diese Drehung ersetzt denken durch eine gleich große um eine durch den Schwerpunkt gehende parallele Achse und eine Parallelverschiebung. Von diesen kann die letztere den in der Balkenrichtung gemessenen Abstand der beiden Punkte nicht ändern. Die Drehung um die durch den Schwerpunkt gehende Achse dagegen bringt einen Fehler in die Messung hinein. Da es sich immer nur um sehr kleine Drehungen des Laufgewichtes handelt, so kann man die Drehung zerlegt denken in drei Drehungen um drei zueinander senkrecht stehende Achsen, nämlich in drei Drehungen um eine zum Balken parallele Achse, um eine wagerechte, zum Balken senkrecht gerichtete und um eine lotrechte Achse.

Abb. 34. Laufgewicht, von oben gesehen. Einfluß einer Drehung um eine lotrechte Achse.

Von diesen drei Drehungen hat die erste keinen Einfluß auf die Messungen, weil sie den bezeichneten Abstand der breiten Punkte nicht ändern kann. Die zweite läßt sich dadurch unschädlich machen, daß man den Beobachtungspunkt in die Schneidenebene verlegt. Denn dann liegen dieser Punkt, der Schwerpunkt und die Achse nahezu in derselben Ebene und ein Herausdrehen des Beobachtungspunktes aus dieser Ebene, selbst um mehrere Millimeter ändert den Abstand beider Punkte in der Balkenrichtung nicht merklich. Es bleibt daher nur der durch die Drehung des Laufgewichtes um die lotrechte Achse verursachte Fehler übrig.

In Abb. 34 stelle AA_1 die wahre Skala dar. S sei der Schwerpunkt des Laufgewichtes, O der Beobachtungspunkt, die Entfernung beider

Punkte voneinander SO sei $= r$ und der Winkel OSF zwischen dieser Linie und der wahren Skala sei $= \varphi$. Dann ist FS der Abstand des Beobachtungspunktes von dem Schwerpunkt in der Richtung des Balkens oder der wahren Skale. Bezeichnet man diesen Abstand mit y, so ist

$$y = r \cos \varphi.$$

Differentiiert man diese Gleichung, so erhält man die Änderung, die y durch eine kleine Drehung des Laufgewichtes um eine lotrechte (zur Zeichenebene senkrecht) Achse um den kleinen Winkel $d\varphi$ erfährt und damit den Fehler der Messung. Dieser ist demnach

$$dy = - r \sin \varphi \, d\varphi.$$

In dieser Gleichung bedeutet $r \sin \varphi = OF$ den Abstand des Beobachtungspunktes von der durch die wahre Skala oder Hebelarmlinie gelegten lotrechten Ebene. Ist die Masse des Laufgewichtes in der Querrichtung, senkrecht zum Balken symmetrisch verteilt, so fällt die Ebene mit der lotrechten, den Balken in der Längsrichtung halbierenden Ebene zusammen. **Der Fehler wird demnach um so kleiner, je näher man den Beobachtungspunkt an den Balken verlegt.**

Dieser Fehler kommt nur in seltenen Ausnahmefällen in Betracht, da die Laufgewichtsbalken, im besonderen die Laufschienen, so gerade gerichtet werden, daß zu merklichen Fehlern führende Drehungen des Laufgewichtes nicht eintreten können. Ist eine Schiene nicht ganz gerade, so wird sie in einem einzigen Bogen gekrümmt sein, da $\sim$-förmige Krümmungen wohl kaum vorkommen werden. Nimmt man an, daß bei einer in einem einzigen Bogen gekrümmten Schiene die Mitte der vorderen Seitenfläche um 0,3 mm von der geraden Verbindungslinie des ersten und letzten Skalenstriches abwiche und ist die Skala 600 mm lang, so würde, wenn man den halben Bogen als gerade Linie ansieht, die Drehung des Laufgewichtes $d\varphi = \dfrac{0,3}{300} = 0,001$ sein. Ist nun der Abstand des Beobachtungspunktes von der lotrechten Längsmittelschicht der Laufschiene $= 20$ mm, so würde die Krümmung nur einen Fehler von $20 \cdot 0,001 = 0,02$ mm zur Folge haben.

Ist die Laufschiene stärker gekrümmt, so braucht man nur die Skala an beiden Seiten zu prüfen, indem man zwei symmetrisch zum Balken gelegene Punkte zu Beobachtungspunkten wählt, und das Mittel aus je zwei Beobachtungen zu nehmen, um die richtigen Fehlerwerte zu erhalten. Denn wenn durch die Drehung des Laufgewichtes der Beobachtungspunkt der Vorderseite vorgeschoben wird, so muß der symmetrische Punkt auf der Rückseite der Laufschiene um ebensoviel zurückbewegt werden und umgekehrt. Im Mittel der abgelesenen Werte müssen sich also beide Fehler aufheben.

Im folgenden soll nun eine vom Verfasser angegebene, von der Firma Fuchs & Sohn in Bernburg hergestellte Meßvorrichtung zum Prüfen von

Laufgewichtsskalen beschrieben und ihre Benutzung erläutert werden. Die Meßvorrichtung ergibt ebenso wie die Schönherrsche Wägevorrichtung unmittelbar die Fehler der Skalenabschnitte, und zwar in Längenmaß.

b) Meßvorrichtung zum Prüfen der Skalen von Laufgewichtswaagebalken[1].

α) **Zweck und allgemeine Einrichtung.** Der Skalenprüfer dient zur Prüfung von Laufgewichtsskalen. Eine Laufgewichtsskale gilt als richtig, wenn ihre Einteilung richtig ist, d. h. wenn ihre Teile von Kerbe zu Kerbe sämtlich einander gleich sind, unabhängig davon, wie lang die Skale ist. Hat also eine Skale 99 Teile, so ist sie richtig, wenn jeder Teil

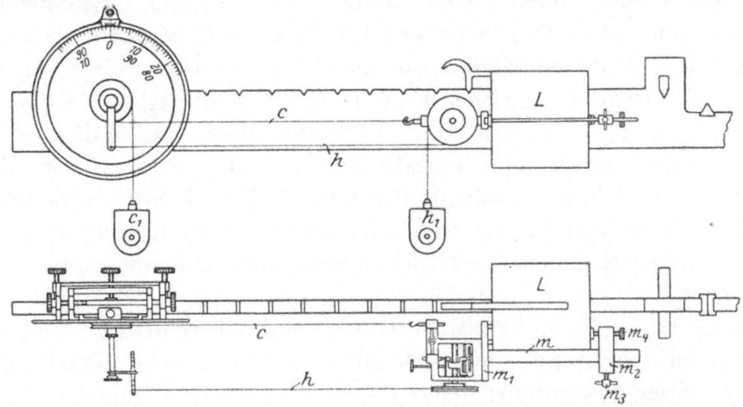

Abb. 35. Meßvorrichtung zum Prüfen von Laufgewichtsskalen. Gesamtansicht.

gleich $1/_{99}$ der ganzen Skale ist, oder wenn der erste Teil gleich $1/_{99}$, der Abschnitt 0—2 gleich $2/_{99}$, der Abschnitt 0—3 gleich $3/_{99}$ usw. der ganzen Skale ist. Mißt man also die Gesamtlänge der Skale und berechnet die Werte $1/_{99}$, $2/_{99}$, $3/_{99}$, ... $98/_{99}$ dieser Gesamtlänge, so hat man die Sollwerte der verschiedenen Skalenabschnitte.

Mißt man nun die einzelnen Skalenabschnitte, bestimmt also ihre wirklichen Werte, ihre „Istwerte", und vergleicht diese mit den zugehörigen Sollwerten, so erhält man die Fehler der Abschnitte. Der Fehler eines Abschnittes ist gleich seinem Istwert weniger seinem Sollwert.

Die Art und Weise, wie man mit dem Skalenprüfer die einzelnen Abschnitte mißt, zeigt die Abb. 35. Die geradlinige Verschiebung des Laufgewichtes L wird mittels eines durch ein Spanngewicht gespannt gehaltenen feinen Stahldrahtes c auf eine Meßrolle b mit Teilscheibe b_1

---

[1] Mitteilungen der Phys.-Techn. Reichsanstalt Abteilung I. Berlin. J. Springer 1925.

übertragen, an der die Verschiebung in fünffacher Vergrößerung abgelesen werden kann. Zur Prüfung der Skale bringt man die Meßscheibe und das Laufgewicht in ihre bezüglichen Nullstellungen, verschiebt letzteres von Kerbe zu Kerbe und liest nach jeder Einstellung die Anzeige der Meßscheibe ab. Darauf berechnet man aus der abgelesenen Gesamtlänge der Skale die Sollwerte der einzelnen Abschnitte und durch Abziehen dieser Sollwerte von den zugehörigen Istwerten ihre Fehler.

In einem Fall braucht man die Sollwerte nicht zu berechnen, wenn nämlich bei Bestimmung der Gesamtlänge der Laufgewichtsskale die an der Meßuhr abgelesene Zahl gleich einem ganzen Vielfachen der Anzahl der Laufgewichtsskalenteile ist, wenn also z. B. die Gesamtlänge einer Laufgewichtsskale von 99 Teilen zufällig genau gleich $99 \cdot a$ Meßuhrteilen ist, wo a eine ganze Zahl bedeutet. Ist die Gesamtlänge zufällig genau gleich $594 = 99 \cdot 6$ Meßuhrteilen, so sind die Sollwerte der einzelnen Abschnitte der Reihe nach gleich 6, 12, 18 usw. Meßuhrteilen. Die beiden Skalen, die Laufgewichtsskale und die Meßuhrskale, sind in diesem Fall gewissermaßen aufeinander abgestimmt. Ist ein Abschnitt der Laufgewichtsskale richtig, so stimmt der feste Nullstrich mit einem Strich der Meßscheibe überein. Ist er falsch, so ergibt die Abweichung beider Striche unmittelbar den Fehler des betreffenden Abschnittes der Laufgewichtsskale.

Dieser Fall, in dem die beiden Skalen zufällig bereits von vornherein aufeinander abgestimmt sind, tritt nun so gut wie nie ein. Es ist daher, um die lästige Berechnung der Sollwerte zu vermeiden, zu der eigentlichen Meßvorrichtung, der Meßuhr, eine Vorrichtung (Aufteilungsvorrichtung) hinzugefügt worden, die es gestattet, durch einfaches Einstellen einer Stellschraube die Abstimmung stets künstlich herbeizuführen. Dies wird, kurz angedeutet, auf die Weise bewirkt, daß der Meßdraht, wenn die Gesamtlänge der Laufgewichtsskale z. B. um 2 Meßuhrteile zu lang oder zu kurz ist, bei Verschiebung des Laufgewichtes vom Anfang bis zum Ende ganz allmählich und der Verschiebung proportional auf mechanischem Wege um 2 Meßuhrteile zurückgezogen oder vorgeschoben wird.

Der Skalenprüfer besteht daher aus zwei Teilen, der Meßuhr und der Aufteilungsvorrichtung.

β) **Die Meßuhr** (Abb. 36). Die Meßuhr ist folgendermaßen eingerichtet: In die Platte a ist die feste Achse a_1 eingeschraubt. Auf die Achse ist ein Doppelkugellager und auf dieses weiter eine Stahlhülse b (Meßrolle) geschoben, die sich demnach mit dem Laufring des Kugellagers um die feste Achse drehen kann. Mit der Meßrolle fest verbunden ist eine Scheibe b_1 (Meßscheibe), die mit einer Kreisteilung von 100 Skalenteilen versehen ist.

In die Meßrolle b ist eine keilförmige Nut eingedreht mit einem Keilwinkel von 30—40⁰, die zur Aufnahme des Meßdrahtes dient. Der Umfang der Keilnut, gemessen in der Drahtachse, soll, möglichst angenähert, 100 mm betragen, so daß ein Skalenteil der Meßscheibe einer Verschiebung des Laufgewichtes um 1 mm entspricht. Dicht über der Meßscheibe ist an der Platte a eine kleine Skale a_2 durch Schrauben befestigt, die zur Feinablesung dient. Die Skale ist genau gleich 2 Skalenteilen der Meß-

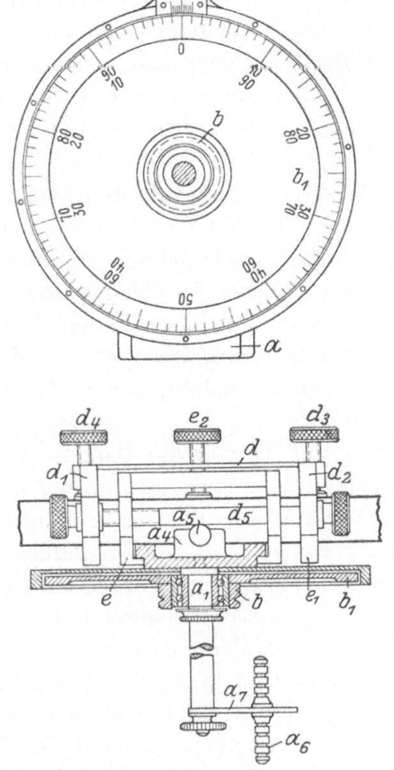

Abb. 36. Meßuhr mit Klemmsattel.

scheibe. Jeder der beiden Teile ist in 10 Teile unterteilt, von denen jeder demnach einer Verschiebung des Laufgewichtes um 0,1 mm entspricht. Zwischen diesen Skalenteilen können daher hundertstel Millimeter geschätzt werden, was durch eine Lupe, die in einen Lupenhalter (a_3) eingeschoben werden kann, erleichtert wird.

Der mittlere Strich der kleinen Skale bildet den festen Nullstrich, der als Ablesestelle dient. Für die Kreisteilung der Meßscheibe sind zwei Zahlenkreise vorgesehen, die in entgegengesetzter Richtung verlaufen, und von denen der eine oder andere benutzt wird, je nachdem es sich bei der Prüfung um einen nach rechts oder nach links gerichteten Balken (Rechtsbalken oder Linksbalken) handelt. Man benutzt stets denjenigen Zahlenkreis, bei dem bei Verschiebung des Laufgewichtes von Null nach dem Ende die Zahlen in wachsendem Sinne, also nacheinander die Zahlen 1, 2, 3 usw. an dem festen Null-

strich vorübergehen, demnach bei Linksbalken den inneren, bei Rechtsbalken den äußeren Zahlenkreis.

Bei einer Prüfung kommt der feste Nullstrich im allgemeinen zwischen zwei Strichen und Zahlen der Kreisskale zu stehen. Von
diesen beiden Zahlen liest man die kleinere ab und hat damit die ganzen
Millimeter. Darauf liest man an der festen Skale den Abstand des zu der
kleineren Zahl gehörenden Striches der Meßscheibe von dem festen Nullstrich in zehntel und hundertstel Millimeter ab.

Zur Übertragung der Bewegung des Laufgewichtes auf die Meßrolle
dient ein Stahldraht c (Abb. 35) von 0,3 mm Stärke (Meßdraht). Dieser
läßt sich in eine Kapsel c_1, die zugleich als Spanngewicht dient, hinein-
kurbeln oder wird von einer Spiralfeder aufgewickelt, wie ein Kapsel-
meßband. Der Meßdraht hat an seinem Ende eine Fassung c_2 (Abb. 37)
in Form eines kurzen, engen Rohres. In dem Rohr befindet sich ein

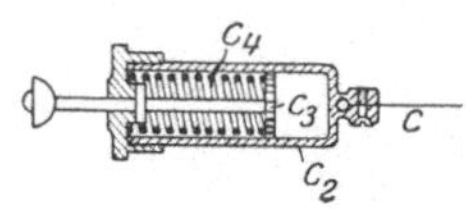

Abb. 37. Federnde Fassung
für den Meßdraht.

Kolben c_3, der mit dem Ende der Kolbenstange
in den Zugbolzen (l_1) der Aufteilungsvorrichtung
eingehakt wird, und der von dem Spanngewicht
gegen den Druck einer Druckfeder c_4 an einen in
dem Rohr befindlichen Anschlag gezogen wird.
Die Federung hat den Zweck, den Meßdraht,
wenn sich dieser zufällig einmal durch zu heftige Vorwärtsbewegung
des Laufgewichtes lockern sollte, straff zu halten, um ein Gleiten des
Drahtes auf der Meßrolle zu verhindern.

Die Vorrichtung zur Befestigung der Meßuhr am Balken (Klemmsattel, Abb. 36) besteht aus zwei Teilen, einem äußeren, der aus zwei
durch die Platte d fest miteinander verbundenen Böcken d_1, d_2 zusammengesetzt ist und durch die Klemmschrauben d_3, d_4 an dem Balken festgeklemmt werden kann, und aus einem inneren, der ebenfalls aus zwei miteinander fest verbundenen Böcken e, e_1 zusammengesetzt ist, und der
mit der Klemmschraube e_2 am Balken festgeklemmt werden kann. Der
Innensattel läßt sich mit der in den Böcken d_1, d_2 drehbar gelagerten
Längsschraube d_5 um etwa 10 mm verschieben, um die Meßscheibe genau
auf Null einstellen zu können. Die beiden Böcke e, e_1 sind an der Vorderseite mit rechtwinklig übergreifenden, mit dem Balken eine Nut bilden-
den Kanten versehen. In diese Nut wird die Meßuhr mit ihrer Platte a
so eingeschoben, daß der an der Platte befindliche Anschlag a_4 auf der
Balkenoberfläche glatt aufliegt.

In der Anschlagplatte befindet sich eine Schraube a_5 (Höhenstellschraube) zur Höheneinstellung der Meßuhr (Abb. 35), die nur dazu benutzt wird, die Meßuhr, im Fall der Balken am Ende eine Aussparung
hat, in dieselbe Höhe zu bringen, wie wenn die Aussparung nicht vorhanden wäre. Sonst wird die Schraube so hoch geschraubt, daß die Anschlagplatte sich glatt auf den Balken auflegt. Der Meßdraht hat daher

da, wo er auf die Meßrolle übergeht, stets genau dieselbe Lage zu der vorderen Oberkante des Balkens.

Um auch das Ende des Meßdrahtes in die gleiche Lage bringen und damit den Draht der Balkenkante genau parallel richten zu können, ist dem Skalenprüfer ein kleines Doppelwinkelstück (Parallelrichter) f (Abb. 38) beigegeben, das, wenn man es auf die Oberfläche des Balkens drückt, mit einem wagerechten Arm f_1 (Zeigerarm) die richtige Lage des Meßdrahtes anzeigt. Man braucht also den Draht nur, wie später beschrieben, in diese Lage zu bringen, um die Parallelität zu erzielen. Der Parallelrichter wird von einer sich gegen die Rückseite des Balkens stemmenden Blattfeder f_2 an die Vorderfläche angedrückt.

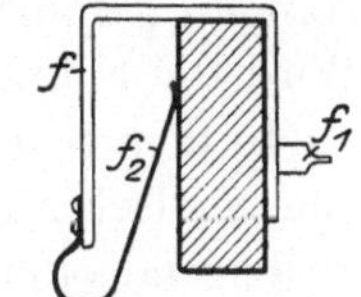

Abb. 38. Parallelrichter am Laufgewichtsbalken.

Der Parallelrichter dient außerdem dazu, zu prüfen, ob der Balken gerade ist. Man schiebt ihn zu diesem Zweck auf dem Balken entlang und beobachtet den Abstand des Drahtes von dem Zeigerarm.

γ) **Die Aufteilungsvorrichtung.** Wenn die Gesamtlänge einer Laufgewichtsskale von 99 Skalenteilen nicht gleich z. B. $99 \cdot 6 = 594$, sondern etwa gleich 597,23 Meßuhrteilen ist, so müßte man, um die Sollwerte der einzelnen Abschnitte der Laufgewichtsskala zu berechnen, die Bruchteile $^1/_{99}$, $^2/_{99}$, $^3/_{99}$ usw. von 597,23 berechnen. Man erleichtert sich diese Arbeit jedoch, indem man diese Bruchteile nur von dem Überschuß über 594,00, nämlich von 3,23 berechnet, und nennt dies „den Überschuß oder gegebenenfalls den Fehlbetrag aufteilen". Die Sollwerte der ganzen Meßuhrteile braucht man nicht zu berechnen, weil die Laufgewichtsskala um einen ganzen Teil, das ist um 1 mm nicht falsch sein kann, ohne daß es dem bloßen Auge auffällt.

Diese Aufteilung wird von der Aufteilungsvorrichtung auf mechanischem Wege in der Weise bewirkt, daß z. B. ein Überschuß von 3,23 Meßuhrteilen bei Verschiebung des Laufgewichtes von Null bis zum Ende durch allmähliches Zurückziehen des Drahtes um 3,23 Teile beseitigt oder ein Fehlbetrag durch Vorschieben des Drahtes ergänzt wird. Man stellt künstlich Sollwerte her, die gleich ganzen Meßuhrteilen sind, und dies geschieht einfach dadurch, daß man bei Endstellung des Laufgewichtes die Meßscheibe, um bei obigem Beispiel zu bleiben, durch eine Stellschraube auf 594 oder, da die Scheibe nur 100 Skalenteile hat, auf 94 einstellt.

In dem Rahmen g (Abb. 39) ist eine Achse g_1 gelagert, die innerhalb des Rahmens mit Schraubengewinde, außerhalb an einem Ende mit einer zweiteiligen Stufenscheibe g_2 versehen ist.

In die feste Achse a_1 der Meßuhr ist ein Schnurhalter a_6 (Abb. 36) mit verstellbarem Arm a_7 eingeschraubt, an den mittels eines Hakens eine Schnur h (Abb. 35) angehängt werden kann, die ebenso wie der Meßdraht in einer Kapsel (h_1) aufgewickelt ist. Die Kapsel dient gleichzeitig als Spanngewicht, ebenso wie die des Meßdrahtes. Legt man die Schnur um eine der Stufenscheiben und bewegt das Laufgewicht, so dreht die Schnur die Scheibe und damit die Schraubenwelle.

Auf der Schraubenwelle sitzt, von dieser und der festen Führungsstange i geführt, ein Schlitten k, der mit Muttergewinde versehen ist. Wird die Schraubenwelle gedreht, so verschiebt sich der Schlitten.

In dem Schlitten drehbar gelagert ist eine Gleitbahn k_1, die durch eine Stellschraube k_2 der Schraubenwelle parallel oder von der Achse aus ansteigend oder abfallend eingestellt werden kann.

In dem Rahmen g ist ein Hebel l drehbar gelagert, der mit seinen beiden Armen in seitliche Aussparungen zweier Bolzen l_1 und l_2 eingreift

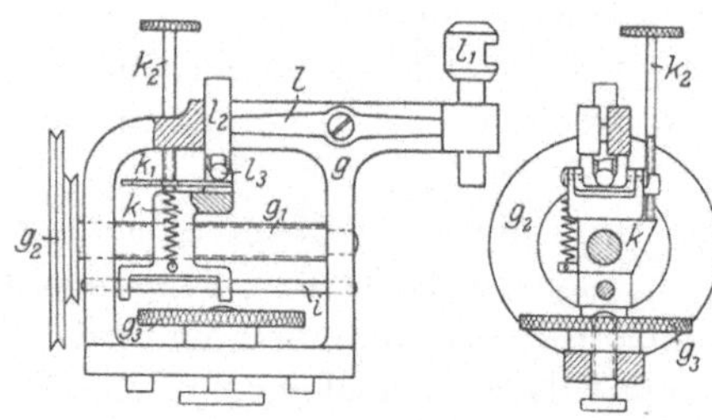

Abb. 39. Aufteilungsvorrichtung.

und sie dadurch miteinander kuppelt. Die beiden Bolzen sind in zylindrischen Ausbohrungen des Rahmens geradlinig und zueinander parallel geführt. In den Bolzen l_1 (Zugbolzen) kann der Meßdraht mit seiner Fassung eingehakt werden. Der andere Bolzen l_2 (Druckbolzen) stützt sich mit einer in ihn eingesprengten Kugel l_3 (Gleitkugel) auf die Gleitbahn k_1. Wird der Meßdraht eingehakt, so zieht er, von dem Spanngewicht gespannt, den Zugbolzen nach vorn und drückt mittels des Hebels l den Druckbolzen mit der Gleitkugel zurück auf die Gleitbahn.

Stellt man die Gleitbahn mit der Stellschraube k_2 genau senkrecht zum Meßdraht, so kann man durch Drehen der Stufenscheibe und der Schraubenwelle den Schlitten beliebig verschieben, ohne daß die Lage des Meßdrahtes sich ändert. Stellt man sie so, daß sie von der Achse her ansteigt, so drückt sie bei Verschiebung des Schlittens nach rechts den Druckbolzen l_2 mehr und mehr vor, den Zugbolzen l_1 mittels des Hebels l mehr und mehr zurück, und der Meßdraht wird zurückgezogen. Stellt man die Gleitbahn so, daß sie von der Achse an abfällt, so wird der Meßdraht vorgeschoben.

Wenn man bei Endstellung des Laufgewichtes die Meßscheibe nach obigem Beispiel auf 594 einstellt, darf sich natürlich bei Zurückstellung des Laufgewichtes auf Null die Nullstellung der Meßscheibe nicht verändern, weil sonst die Gesamtlänge der Laufgewichtsskale ja nicht gleich 594 Meßuhrteilen wäre. Bei Nullstellung des Laufgewichtes darf sich daher die Nullstellung der Meßscheibe nicht ändern, wenn man die Stellschraube dreht und die Gleitbahn selbst verstellt. Dies ist auf folgende

Weise erreicht: Der Abstand der Achse der Gleitbahn von der Gleitbahn ist genau gleich dem Halbmesser der Gleitkugel l_3 des Druckbolzens l_2. Bringt man also bei Nullstellung des Laufgewichtes den Schlitten in eine solche Lage, daß die Achsenlinie durch den Mittelpunkt der Gleitkugel geht (**Nullstellung des Schlittens**), so kann man die Gleitbahn beliebig um die Kugel drehen, ohne daß der Druckbolzen l_2, der Hebel l und der Meßdraht c ihre Lage ändern. Die Gleitbahn dreht sich als Tangentenebene um die Kugel herum, ohne sie zu verschieben.

Bei der Prüfung stellt man daher die drei beweglichen Teile, das **Laufgewicht, den Schlitten und die Meßscheibe**, sämtlich auf Null ein und kann nun bei Endstellung des Laufgewichtes durch einfaches Einstellen der Meßscheibe nach obigem Beispiel auf 594 mit der Stellschraube die Aufteilung bewirken.

Zur Befestigung der Aufteilungsvorrichtung am Laufgewicht dient eine **Klammer** (Abb. 35), die aus einer Schiene m mit zwei kurzen Armen, einem festen m_1 und einem auf ihr verschiebbaren m_2 besteht, letzteres, um die Klammer der Länge der Laufgewichte anpassen zu können. Der verschiebbare Arm hat zwei Schrauben m_3, m_4, eine (m_3), um den Arm auf der Schiene, eine zweite (m_4) um die ganze Klammer an dem Laufgewicht festklemmen zu können. In dem festen Arm m_1 befindet sich eine schwalbenschwanzförmige Nut, in die die Aufteilungsvorrichtung mit der hinteren Wand des Rahmens eingeschoben und in der sie mit einer Schraube g_3 festgeklemmt wird.

d) **Gebrauchsanweisung.** Die Laufgewichtsskale wird entweder an der Waage selbst geprüft, wenn deren Bauart dies gestattet, oder der Balken wird herausgenommen und auf zwei Böcke oder dgl., wenn möglich, so hoch gelegt, daß die Spanngewichte nicht auf den Boden aufstoßen. Im Notfall lassen sich die Spanngewichte während der Prüfung auch hoch und nieder kurbeln.

Um die Fehler der Laufgewichtsskale richtig bestimmen und sie in Längenmaß unmittelbar ablesen zu können, ist im wesentlichen dreierlei notwendig:

1. Der Meßdraht muß der Balkenachse oder, was dasselbe ist, einer Balkenkante parallel gerichtet sein.

2. Wenn das Laufgewicht auf Null steht, müssen die Meßscheibe und auch der Schlitten sich ebenfalls in ihren Nullstellungen befinden.

3. Nach Einstellung des Laufgewichtes auf die Endkerbe muß die Meßscheibe mittels der Stellschraube der Gleitbahn auf eine Zahl eingestellt werden, die gleich einem ganzen Vielfachen der Anzahl der Skalenteile des Balkens ist.

Vorbereitung. 1. Man setzt den Klemmsattel auf das Ende des Balkens, schiebt die Meßuhr in die Nute ein und drückt sie nach Zurückschrauben der Höhenstellschraube a_5 herunter, so daß sie mit der

Anschlagplatte a_4 glatt auf dem Balken aufliegt. Hat der Balken eine Aussparung, so bringt man die Meßuhr mit Hilfe der Höhenstellschraube c_5 in dieselbe Höhe, wie wenn die Aussparung nicht vorhanden wäre. Darauf schraubt man die Meßuhr mit den beiden äußeren Klemmschrauben vorläufig fest.

2. Man schraubt die Klammer ungefähr in richtiger Höhe am Laufgewicht fest. schiebt die Aufteilungsvorrichtung in die Nute ein und klemmt sie ungefähr in richtiger Entfernung vom Balken vorläufig fest.

3. Man stellt die drei beweglichen Teile, das Laufgewicht, den Schlitten und die Meßscheibe, auf Null ein, hakt den Meßdraht ein, schlingt ihn von unten her um die Meßrolle b, hakt die Treibschnur h an den Schnurhalter a_6 und schlingt sie, indem man bei Skalen bis 60 cm die kleinere, darüber die größere Stufenscheibe benutzt, bei Linksbalken von unten herum in gleicher Weise wie den Meßdraht, bei Rechtsbalken von oben her einmal ganz um die Scheibe.

4. Man richtet die Treibschnur h am Schnurhalter a_6 nach Augenmaß, den Meßdraht mit Hilfe des Parallelrichters der Balkenkante parallel. Zu dem letzteren Zweck drückt man den Parallelrichter, dessen Zeigerkante die Lage des Meßdrahtes an der Meßrolle angibt, auf den Balken und bringt das Ende des Meßdrahtes durch Verschieben der Aufteilungsvorrichtung in der Nut in den richtigen Abstand von der Vorderfläche des Balkens und durch Verrücken der Klammer in die richtige Höhe. Der Draht ist richtig eingestellt, wenn er dicht an dem Zeigerarm liegt, ohne ihn zu berühren.

5. Man bewegt das Laufgewicht längs der Skale mehrmals hin und her und stellt es wieder auf Null ein. Darauf stellt man den Schlitten unter leichtem Anheben des Spanngewichtes h_1 durch Drehen der Stufenscheibe genau auf Null ein. Die richtige Einstellung prüft man durch Anwippen der Stellschraube k_2 mit der Gleitbahn k_1. Es darf sich hierbei die Meßscheibe nicht bewegen. Ebenso stellt man die Meßscheibe mit Hilfe der Längsschraube d_5 genau auf Null ein und schraubt die Meßuhr mit der mittleren Klemmschraube c_2 fest.

6. Man stellt das Laufgewicht auf die letzte Kerbe ein und liest an der Meßscheibe die ganzen Millimeter ab. Die vollen Umdrehungen ergeben die Hunderter, die man auch durch Messen der Länge der Laufgewichtsskala erhalten kann, da eine Umdrehung der Meßscheibe einer Skalenlänge von 100 mm entspricht.

Die von der Meßscheibe angezeigte Zahl dividiert man durch die Anzahl der Skalenteile des Balkens, z. B. 592 durch 99, und erhält damit das der abgelesenen Zahl zunächst liegende Vielfache von 99, nämlich 594. Auf diese Zahl stellt man die Meßscheibe mit Hilfe der Stellschraube der Gleitbahn ein.

7. Man schiebt das Laufgewicht auf Null zurück, berichtigt, wenn nötig, die Nullstellung der Meßscheibe und die Prüfung kann beginnen.

Prüfung. Man prüft zunächst, ob der Balken gerade ist. Dazu setzt man den Parallelrichter auf den Balken, bewegt ihn vom Anfang der Skale langsam bis zum Ende und beobachtet hierbei den Abstand des Meßdrahtes von dem Zeigerarm. Ändert sich dieser Abstand an irgendeiner Stelle um mehr als 0,3 mm, so muß die Prüfung der Einteilung zweimal ausgeführt werden, einmal an der Vorderseite, das andere Mal an der Rückseite des Balkens. Das Mittel aus je zwei zugehörigen Werten ergibt den Fehler des betreffenden Skalenabschnittes.

Überschreitet ein Fehler die Fehlergrenze, so geht man mit dem Laufgewicht um zwei Kerben zurück, stellt fest, ob die Fehler dieser beiden Kerben dieselben geblieben sind und mißt noch einmal. Ergibt sich wieder derselbe Wert, so ist der Abschnitt falsch.

Die Fehlergrenze für die Einteilung der Skale ist gleich 0,00012 mal der Länge der Skale: Für eine Skale von 1000 mm ist sie daher gleich $0,00012 \cdot 1000 = 0,12$ mm oder 1,2 Skalenteilen der kleinen festen Skale.

Um die Fehlergrenze für eine Nebenskale in Längenmaß zu erhalten, bestimmt man das Verhältnis der einem bestimmten Gewicht, z. B. 1000 kg, entsprechenden Länge der Nebenskale zu der der Hauptskale und multipliziert die Fehlergrenze der letzteren mit dieser Verhältniszahl. Ist z. B. die Länge für 50 kg auf der Nebenskale $= 100$ mm, so würde die entsprechende Skalenlänge für 1000 kg gleich $20 \cdot 100 = 2000$ mm sein. Ist nun die Länge für 1000 kg auf der Hauptskale $= 100$ mm, so ist die Verhältniszahl $\frac{2000}{100} = 20$, d. h. die Fehlergrenze für die Nebenskale ist gleich dem Zwanzigfachen derjenigen der Hauptskale.

Für die Prüfung der Einteilung der Nebenskalen genügt im allgemeinen ein geeigneter Maßstab. Nur dann, wenn die Fehlergrenze kleiner als 0,25 mm ist, wird die Nebenskale mit Normalgewichten auf der sonst unbelasteten Brücke geprüft. Der Gesamtwägebereich der Nebenskalen wird stets mit Normalgewichten auf der Brücke geprüft.

74. Bestimmung der Hebelfehler. Allgemeine Formeln.

Während eine Waage dazu dient, das Gewicht einer Ware zu bestimmen, oder bestimmte Gewichtsmengen herzustellen, oder nachzuprüfen, ob ein Gewicht richtig ist, kann man umgekehrt Gewichte dazu benutzen, um nachzuprüfen, ob die Waage richtig ist. Zu dem Zweck sind genau oder innerhalb gewisser enger Fehlergrenzen richtige Gewichte, sogenannte Normalgewichte, erforderlich oder bei ganz genauen Untersuchungen Gewichte, deren Fehler man kennt und berücksichtigen kann.

Bei jeder Prüfung der Richtigkeit einer Waage hat man diese zunächst im unbelasteten Zustand auszutarieren. Darauf setzt man bei

Waagen mit Gewichtsschale auf beide Schalen Normalgewichte, die dem Hebelverhältnis der Waage entsprechen, bei Laufgewichtswaagen auf die Lastschale oder Brücke Normalgewichte von dem Sollbetrag, auf den das Laufgewicht eingestellt ist, und gleicht nun auf der Lastseite durch Hinzusetzen oder Hinwegnehmen von Gewichten aus. Die hinzugesetzten oder hinweggenommenen Gewichte stellen den Fehler der betreffenden Nutzlast oder, mit umgekehrtem Vorzeichen genommen, den Fehler der Waage für diese Last dar. d. h. die Nutzlast ist zu groß, die Anzeige der Waage also zu klein, wenn Gewichte hinzugesetzt, die Nutzlast ist zu klein, die Anzeige also zu groß, wenn Gewichte von der Lastschale heruntergenommen werden mußten, um die Waage in die Einspielungslage zu bringen.

Die so gefundene Zulage, im algebraischen Sinne aufgefaßt, bedeutet bei den Waagen mit Gewichtsschale die Hebelfehlerzulage, um deren Bestimmung es sich in diesem Abschnitt handelt, und die aus der Justierfehler- und der Biegungsfehlerzulage besteht. Bei den Laufgewichtswaagen dagegen ist in ihr außer diesen beiden Zulagen noch die Teilungsfehlerzulage für den betreffenden Skalenabschnitt mit enthalten. Daher muß man bei diesen Waagen, wenn man die nachfolgenden Formeln bei der Prüfung von Waagen anwenden will, die Teilungsfehlerzulage von der gefundenen Gesamtzulage stets vorher abziehen.

Wir hatten gesehen, daß man von dem Fehler einer Waage schlechthin nicht sprechen kann, sondern nur von einer sich über den ganzen Wägebereich hin erstreckenden Fehlerfolge, einer ganzen Fehlertafel oder Fehlerkurve. Zur Aufstellung einer Fehlertafel für die zu untersuchende Waage benutzen wir die Gleichung, die das Fehlergesetz der Waage darstellt. Diese lautet für die Einhebelwaage

$$Z = (\alpha + 2\beta L_0)\, L + \beta L^2. \tag{175}$$

Versteht man bei zusammengesetzten Waagen unter α die Summe der Justierfehler-, unter β die Summe der Biegungsfehlerkoeffizienten aller hintereinander geschalteter Hebel oder Hebelgruppen, so gilt die Gleichung für sämtliche Waagen. Dabei ist bei Brückenwaagen vorausgesetzt, daß die Brücke während einer Prüfung, auch wenn es sich um eine Taralast handelt, stets so belastet wird, daß der Belastungspunkt mit demselben Punkt der Brücke zusammenfällt. Denn nur dann ist der Biegungsfehlerkoeffizient der Lasthebelgruppe (Vereinigung der beiden parallel geschalteten Lasthebel) konstant, was für die abzuleitenden Formeln Vorbedingung ist. Da eine Brückenwaage bei Seitenbelastung besonders geprüft wird, so wird die Brückenwaage bei der Hauptprüfung stets mittenbelastet, in welchem Fall bei symmetrischen Brückenwaagen der Biegungsfehlerkoeffizient der Lasthebelgruppe gleich der Hälfte desjenigen eines einzelnen Lasthebels ist.

Die vorstehende Formel gilt unter der Voraussetzung, daß die Waage im unbelasteten Zustand austariert worden ist, da sie die Differenz der beiden Gleichungen für das Gleichgewicht der belasteten und der unbelasteten Waage bildet. Die Formel enthält zwei Konstanten, da man den Ausdruck in der Klammer als eine einzige Konstante ansehen kann. Kennt man diese beiden Konstanten, so kann man die Fehlertafel aufstellen.

Um die beiden Konstanten zu ermitteln, braucht man nur die Fehler zweier beliebiger Abschnitte aus dem Wägebereich der Waage zu bestimmen. Man kann z. B. bei einer Zentesimalwaage für 10000 kg den Fehler des Abschnittes von 2000—5000 kg bestimmen, indem man die Waage mit einer Taralast von 2000 kg vorbelastet, sie austariert und nun eine Normallast von 3000 kg auf die Brücke bringt, und ebenso den Fehler eines zweiten beliebigen Abschnittes. Die beiden Fehlerbestimmungen ergeben zwei Gleichungen, in denen die Größen Z und L bekannt sind, so daß man aus ihnen die unbekannten Konstanten berechnen kann.

Um ganz allgemeine Prüfungsformeln aufzustellen, nehmen wir an, für die eine Fehlerbestimmung sei eine Taralast T_1 und eine Normallast L_1 benutzt worden, und für die andere eine Taralast T_2 und eine Normallast L_2. Wenn eine Waage mit einer Taralast T_1 vorbelastet und dann austariert wird, so ist dies gleichbedeutend damit, als ob das Gewicht L_0 der Brücke um die Taralast T_1 vermehrt worden wäre. Man braucht daher in der Fehlerformel nur L_0 durch $L_0 + T_1$ zu ersetzen, um die aus der ersten Fehlerbestimmung sich ergebende Gleichung zu erhalten. Bezeichnet man die bei den beiden Fehlerbestimmungen gefundenen Fehler mit Z_1 und Z_2, so lauten die beiden Gleichungen

$$Z_1 = [\alpha + 2\beta(L_0 + T_1)]L_1 + \beta L_1^2$$

und
$$Z_2 = [\alpha + 2\beta(L_0 + T_2)]L_2 + \beta L_2^2.$$

Löst man die Gleichungen auf, so ergeben sich für die beiden Konstanten die Werte

$$\alpha + 2\beta L_0 = \frac{L_2 Z_1(2T_2 + L_2) - L_1 Z_2(2T_1 + L_1)}{L_1 L_2[2(T_2 - T_1) + (L_2 - L_1)]} \tag{176}$$

und
$$\beta = \frac{L_1 Z_2 - L_2 Z_1}{L_1 L_2[2(T_2 - T_1) + (L_2 - L_1)]}. \tag{177}$$

Setzt man diese beiden Werte in die allgemeine Fehlerformel (175) ein, so kann man für jede einzelne Nutzlast die Hebelfehlerzulage bestimmen. Die Fehlerzulage z. B. für die Höchstlast wird

$$Z_m = \frac{L_m[L_2 Z_1(2T_2 + L_2) - L_1 Z_2(2T_1 + L_1) + L_m(L_1 Z_2 - L_2 Z_1)]}{L_1 L_2[2(T_2 - T_1) + (L_2 - L_1)]}. \tag{178}$$

Die beiden Formeln (176) und (177) umfassen sämtliche Kombinationen zweier Fehlerbestimmungen, die möglich sind.

75. Bestimmung der Hebelfehler mit reiner Normallast.

Sind genügend Normalgewichte vorhanden, so werden bei der eich-
amtlichen Prüfung die Fehler der Waage bei Belastung mit der Höchstlast und ihrem zehnten Teil bestimmt. Sind Z_1 und Z_m die beobachteten
Hebelfehlerzulagen, so erhält man die Werte für die beiden Fehlerkoeffi-
zienten, wenn man in den allgemeinen Formeln (176) und (177)

$$T_1 = T_2 = 0, \quad L_1 = 0{,}1\,L_m, \quad L_2 = L_m \text{ und } Z_2 = Z_m$$

setzt, nämlich
$$\alpha + 2\,\beta L_0 = \frac{100\,Z_1 - Z_m}{9\,L_m} \tag{179}$$

und
$$\beta = \frac{10\,(Z_m - 10\,Z_1)}{9\,L_m^2}. \tag{180}$$

Wie aus dieser letzten Gleichung hervorgeht, ist der Biegungsfehlerkoeffizient $= 0$, wenn $Z_m = 10\,Z_1$ ist, d. h. wenn die Hebelfehlerzulage für die
Höchstlast zehnmal so groß ist, wie die für den zehnten Teil der Höchstlast.

Für die Güte einer zusammengesetzten Waage ist wesentlich mit-
bestimmend die Größe des Einflusses, den die Biegung der Hebel auf die
Anzeige der Waage ausübt. Je geringer dieser Einfluß ist, um so mehr
nähert sich die Fehlerkurve einer geraden Linie, um so genauer läßt sich
die Waage über den ganzen Wägebereich hin berichtigen. Man kann ihr
von diesem Gesichtspunkt aus eine Gütezahl beilegen, indem man die
Biegungsfehlerzulage für die Höchstlast in Einheiten der Fehlergrenze
ausdrückt. Bezeichnet man die Biegungsfehlerzulage für die Höchst-
last βL_m^2 mit $Z_{m\beta}$ und die Fehlergrenze mit Gr, so würde der Quotient
$\dfrac{Z_{m\beta}}{Gr}$ die Gütezahl der Waage bedeuten in dem Sinne, daß die Waage,
nach der Abhängigkeit ihrer Anzeige von der Biegung der Hebel be-
urteilt, um so besser ist, je kleiner diese Zahl ist.

Nach dem oben beschriebenen Prüfungsverfahren ist die Biegungsfehlerzulage für die Höchstlast, wenn man den Wert für β aus der Formel (180) entnimmt,

$$Z_{m\beta} = \beta L_m^2 = \frac{10 \cdot (Z_m - 10\,Z_1)}{9}.$$

Die Gütezahl würde also $= \dfrac{10\,(Z_m - 10\,Z_1)}{9\,Gr}$ sein. Sie wäre z. B. $= 1$, wenn
die Zulage gleich der Fehlergrenze wäre.

76. Bestimmung der Hebelfehler mit gemischter Last, Tara- und Normallast.

Sind nicht genügend Normalgewichte vorhanden, so prüft man die
Waage am besten in der Weise, daß man die Hebelfehler zweier gleich
großer Abschnitte am Anfang und Ende des Wägebereiches bestimmt.
Ist die vorhandene Normallast $= L_n$, so prüft man den Wägungsabschnitt

von 0 bis L_n mit reiner Normallast und den Abschnitt $L_m - L_n$ bis L_m, nachdem man die Waage mit einer Taralast $T = L_m - L_n$ vorbelastet und austariert hat. Demgemäß hat man in den allgemeinen Gleichungen (176) und (177) zu setzen $L_1 = L_2 = L_n$, $T_1 = 0$ und $T_2 = T$ und erhält für die beiden Koeffizienten folgende Werte:

$$\alpha + 2\beta L_0 = \frac{(2T + L_n) Z_1 - L_n Z_2}{2 T L_n} \tag{181}$$

und

$$\beta = \frac{Z_2 - Z_1}{2 T L_n} . \tag{182}$$

Ferner ergibt sich durch Einsetzen der oben bezeichneten Werte in die allgemeine Gleichung (178) die Formel zur Berechnung der Fehlerzulage für die Höchstlast, nämlich

$$Z_m = \frac{L_m}{L_n} \cdot \frac{Z_1 + Z_2}{2} . \tag{183}$$

77. Zahlenbild einer Fehlerbestimmung nach dem Verfahren mit gemischter Last und Erläuterung.

Der Verlauf dieser Prüfung ist folgender:

a) Beobachtung.

1. Man stellt die Zehnerskale auf 10 kg, die Einerskale auf 5 kg ein, um sämtliche Abgleichungen auf der Gewichtsseite vornehmen zu können. Darauf entlastet man mehrere Male und tariert mit dem Tariergewicht oder nötigenfalls mit Taragut auf der Brück aus. Diese Tara läßt man unverändert, um am Schluß der Prüfung feststellen zu können, ob die Waage zu ihrem Gleichgewichtszustand zurückkehrt, oder ob sie eine dauernde Veränderung erfahren hat. Darauf vermerkt man unter I: Taralast = 0, unter II: Normallast = 0 und unter III: Ablesung auf der Gewichtsseite = 15,0 kg.

2. Man setzt, ohne zu entlasten, nach bloßer Feststellung des Laufgewichtsbalkens 1000 kg Normallast gleichmäßig verteilt und vorsichtig auf die Brücke und gleicht auf der Gewichtsseite aus. Hierauf vermerkt man unter I: Taralast = 0, unter II: Normallast = 1000 und unter III: Ablesung auf der Gewichtsseite = 1015,8 kg.

3. Man nimmt, ohne zu entlasten, nach bloßer Feststellung des Laufgewichtsbalkens die Normallast von 1000 kg von der Brücke wieder herunter und gleicht auf der Gewichtsseite aus. Hierauf vermerkt man unter I: Taralast = 0, unter II: Normallast = 0 und unter III: Ablesung auf der Gewichtsseite = 15,6 kg.

4. Man entlastet, stellt das Laufgewicht auf 8900 kg, die Zehnerskale auf 10 kg und die Einerskale auf 5 kg ein, bringt eine nahezu gleiche Taralast auf die Brücke und belastet und entlastet mehrere Male. Dann gleicht man mit Taragut auf der Brücke aus. Hierauf vermerkt man

Prüfung einer Laufgewichts-Brückenwaage für eine Höchstlast von 10000 kg bei Vorhandensein einer Normallast von $L_n = 1000$ kg.

Ablesung auf der									Biegungsfehlerzulage für die Höchstlast	Fehler der Anzeige der Waage
Lastseite		Gewichts-seite	Mittel $\frac{a+a}{2}$	Anzeige der Waage IIIb — IV	Gesamt-fehlerzulage II — V	Teilungs-fehlerzulage (Z_t)	Hebel-fehlerzulage (Z_1, Z_2) VI — VII	Hebelfehlerzulage für die Höchstlast $Z_m = \frac{L_m}{L_n}\cdot\frac{Z_1+Z_2}{2}$	$Z_{m,3} = \frac{L_m^2(Z_2-Z_1)}{2L_n\cdot T}$	(+ zu hoch) (— zu niedrig) = — IX
Tara-last (T) rund.	Normal-last (L_n)									
kg	kg	kg	kg	kg	kg	kg	kg	kg	kg	kg
1	II	III	IV	V	VI	VII	VIII	IX	X	XI
0	0	a) 15,0								
0	1000	b) 1015,8	15,3	1000,5	— 0,5	+ 0,41	— 0,91			
0	0	a) 15,6								
								$\frac{9900}{1000}\cdot\frac{-0,91-0,23}{2}$ $= -5,6$	$\frac{9,9^2[-0,23-(-0,91)]}{2\cdot 8,9}$ $= +3,7$	+ 5,6
8915	0	a) 8915,0								
8915	1000	b) 9914,8	8915,4	999,4	+ 0,6	+ 0,83	— 0,23			
8915	0	a) 8915,8								

unter I: Taralast = 8915, unter II: Normallast = 0 und unter III: Ablesung auf der Gewichtsseite = 8915,0 kg.

5. Man setzt, ohne zu entlasten, nach bloßer Feststellung des Laufgewichtsbalkens 1000 kg Normallast gleichmäßig verteilt und vorsichtig auf die Brücke und gleicht auf der Gewichtsseite aus. Hierauf vermerkt man unter I: Taralast = 8915, unter II: Normallast = 1000 und unter III: Ablesung auf der Gewichtsseite = 9914,8 kg.

6. Man nimmt, ohne zu entlasten, nach bloßer Feststellung des Laufgewichtsbalkens die Normallast von 1000 kg von der Brücke wieder herunter und gleicht auf der Gewichtsseite aus. Hierauf vermerkt man unter I: Taralast = 8915, unter II: Normallast = 0 und unter III: Ablesung auf der Gewichtsseite = 8915,8 kg.

Der zweite Teil der Prüfung unterscheidet sich von dem ersten nur dadurch, daß die Waage mit einer Taralast von 8915 kg vorbelastet wird. Im übrigen verläuft er genau so, wie der erste.

b) Berechnung.

Die Berechnung des Fehlers der Höchstlast ist an der Hand des Vordruckes leicht auszuführen. Wir beschränken uns daher auf einige erläuternde Bemerkungen.

Die „Anzeige der Waage" in Spalte V ist hier, wie man sieht, nicht gleich bedeutend mit der Ablesung auf der Gewichtsseite. Sie ist es nur dann, wenn, wie es beim Gebrauch der Waage im Betrieb geschieht, das Laufgewicht und seine Nebenskalen bei der Austarierung sämtlich auf ihre Nullpunkte eingestellt worden sind. In unserem Fall sind bei der ersten Prüfung 15, bei der zweiten 8915 kg der Gewichtsseite mit austariert worden. Diese haben also an der Ausgleichung der Normallast auf der Brücke nicht teilgenommen. An der Ausgleichung ist vielmehr nur die Differenz des am Schluß und am Anfang jeder Einzelprüfung abgelesenen Gewichtes beteiligt gewesen. Die Anzeige der Gewichtsseite ist also gleich der Differenz beider Ablesungen.

In Spalte X ist die Biegungszulage für die Höchstlast in Kilogramm angegeben. Um hieraus den Durchbiegungskoeffizienten β zu berechnen, muß man die Biegungszulage durch das Quadrat der ebenfalls in Kilogramm anzugebenden Höchstlast, also hier durch 9900^2 dividieren. Für β ergibt sich daher der Wert $\dfrac{+\,3{,}7}{9900^2} = +\,0{,}00000003775$, d. h. das Produkt der Gewichtshebelarme, das Lasthebelpaar durch einen in bezug auf Durchbiegung gleichwertigen Einzelhebel ersetzt gedacht, vergrößert sich bei Belastung der Brücke mit 1 kg um diesen Bruchteil seines Betrages stärker als das Produkt der Lasthebelarme.

78. Erforderliche Genauigkeit der Bestimmung der Normalabschnitte.

Die beiden bei der Prüfung benutzten Skalenabschnitte 0—1000 und 8900—9900 kg dienen zu demselben Zweck, wie die bei der Prüfung von Waagen mit Gewichtssatz auf der Gewichtsseite benutzten Normalgewichte. Wir bezeichnen sie daher als „Normalabschnitte". Von den bei den Einzelprüfungen beobachteten Gesamtzulagen mußten wir (vgl. Spalte VIII) die Zulagen, die zur Ausgleichung der Teilungsfehler dieser Abschnitte dienen, abziehen, um die reinen Hebelfehlerzulagen zu erhalten. Jeder Fehler, der bei der Bestimmung der Teilungsfehlerzulagen der Normalabschnitte gemacht wird, überträgt sich daher auf die Hebelfehlerzulagen und weiter in mehrfacher Vergrößerung auf den Fehler der Höchstlast. Wir müssen uns daher darüber klar werden, mit welcher Genauigkeit die Teilungsfehler der Normalabschnitte bestimmt werden müssen.

Die Hebelfehlerzulage für die Höchstlast ist nach Formel (183)

$$Z_m = \frac{L_m}{L_n} \cdot \frac{Z_1 + Z_2}{2} \,.$$

Bezeichnet man die in Z_1, Z_2 und Z_m infolge fehlerhafter Bestimmung der Normalabschnitte enthaltenen Fehler der Reihe nach mit ΔZ_1, ΔZ_2 und ΔZ_m, so ist

$$\Delta Z_m = \frac{L_m}{L_n} \cdot \frac{\Delta Z_1 + \Delta Z_2}{2} \,.$$

Für den Fehler Z_m der Höchstlast ist in den Eichvorschriften eine Eichfehlergrenze festgesetzt, deren absoluter Betrag gleich 0,0006 der Höchstlast ist. In den Eichvorschriften ist ferner für die Gebrauchsnormale, mit denen die Eichgeräte geprüft werden, eine Fehlergrenze festgesetzt, die gleich 0,4 der Eichfehlergrenze ist. Der höchste zulässige Grenzwert für den Fehler ΔZ_m, der von falscher Bestimmung der Normalabschnitte herrührt, ist also seinem absoluten Betrage nach $= 0,4 \cdot 0,0006 \, L_m = 0,00024 \, L_m$. Die Bestimmung der Normalabschnitte muß also so genau sein, daß

$$\Delta Z_m = \frac{L_m}{L_n} \cdot \frac{\Delta Z_1 + \Delta Z_2}{2} < 0,00024 \cdot L_m \qquad \text{ist.}$$

Nimmt man nun den ungünstigsten Fall an, daß die Normallast nur ein Zehntel der Höchstlast beträgt (kleiner darf die Normallast bei dem beschriebenen Prüfungsverfahren auf keinen Fall sein), so muß

$$\Delta Z_m = 5\,(\Delta Z_1 + \Delta Z_2) < 0,00024\, L_m$$

sein, oder
$$\Delta Z_1 + \Delta Z_2 \;<\; 0,000048\, L_m$$

oder
$$\Delta Z_1 = \Delta Z_2 \;<\; 0,000024\, L_m.$$

Ist also z. B. eine Skala 600 mm lang, so müssen die Normalabschnitte, falls für die Prüfung der Waage nur 0,1 der Höchstlast an Normalen zur Verfügung steht, mit einer Genauigkeit von $0,000024 \cdot 600 = 0,0144$ mm bestimmt werden. Ist eine doppelt so große Normallast vorhanden, so brauchen die Normalabschnitte nur mit einer Genauigkeit von 0,0288 mm bestimmt zu werden. Erfolgt die Bestimmung der Normalabschnitte durch Wägung, und beträgt der Gewichtswert der ganzen Skala rund 40 kg, so müssen die Normalabschnitte mit einer Genauigkeit von $0,000024 \cdot 40 = 0,00096$ kg $= 0,96$ g, bestimmt werden, wenn 0,1 der Höchstlast, und mit einer solchen von 1,92 g, wenn 0,2 der Höchstlast an Normalen vorhanden sind.

79. Zahlenbild einer Prüfung der Normalabschnitte nach dem Meßverfahren und einer solchen nach dem Wägeverfahren.

Da die Skalenprüfung im allgemeinen bereits behandelt worden ist, so geben wir hier nur ein Beispiel der Bestimmung der Normalabschnitte mittels Längenmessung und ein solches mittels Wägung.

Gesamtbild einer Bestimmung der Teilungsfehler und Teilungsfehlerzulagen der Normalabschnitte durch Längenmessung.

Stellung des Laufgewichtes	Zeigers der Meßuhr	Länge der Normalabschnitte $b-a$ und $d-c$	Länge der ganzen Laufgewichtsskale $d-a$	Sollwert der Normalabschnitte $\dfrac{L_{II}}{L_{III}} \cdot IV$	Istwert weniger Sollwert $g-g_s$ $=III-V$	Teilungsfehler $\alpha_t = \dfrac{g-g_s}{g_s} = \dfrac{VI}{V}$	Teilungsfehlerzulage $\alpha_t \cdot L_n = VII \cdot L_n$
kg	t*	t	t	t	t		kg
I	II	III	IV	V	VI	VII	VIII
0	a) 0						
1000	b) 60,03	60,03		$\dfrac{1000}{594,07 \;\; 9900} \cdot 594,07$	+ 0,02	+ 0,00033	+ 0,33
8900	c) 534,12			$= 60,01$			
9900	d) 594,07	59,95			− 0,06	− 0,00100	− 1,00

* t = Skalenteile der Meßuhr.

Gesamtbild einer Bestimmung der Teilungsfehler und Teilungsfehlerzulagen der Normalabschnitte durch Wägung.

Stellung des Laufgewichtes	Gewicht auf der Lastschale	Gewichtswert der Normalabschnitte $b-a$ und $d-c$	Gewichtswert der ganzen Laufgewichtsskale $d-a$	Sollwert der Normalabschnitte $\dfrac{L_{II}}{L_{III}} \cdot IV$	Istwert weniger Sollwert $g-g$ $=III-V$	Teilungsfehler $\alpha_t = \dfrac{g-g_s}{g_s} = \dfrac{VI}{V}$	Teilungsfehlerzulage $\alpha_t \cdot L_n = VII \cdot L_n$
kg	kg	kg	kg	kg	kg		kg
I	II	III	IV	V	VI	VII	VIII
0	a) 0						
1000	b) 9,995	9,995		$\dfrac{1000}{99,055 \;\; 9900} \cdot 99,055$	− 0,011	− 0,0011	− 1,10
8900	c) 89,027			$= 10,006$			
9900	d) 99,055	10,028			+ 0,022	+ 0,0022	+ 2,20

80. Zwei Arten der Prüfung einer Waage in Stufen (Staffelverfahren).

Sind nicht genügend Normalgewichte vorhanden, um den Fehler der Höchstlast unmittelbar bestimmen zu können, so kann man sich auch in der Weise helfen, daß man sich entweder eine Normallast aus Taragut herstellt, oder so, daß man die Fehler der verschiedenen Abschnitte des gesamten Wägungsbereiches einzeln bestimmt und sie zusammenzählt. In beiden Fällen wird die Last in Teilen, Staffeln, die meistens von gleicher Größe sind, die aber auch verschieden sein können, auf die Brücke gebracht. Im ersten Fall setzt man die Höchstlast selbst, im zweiten den Fehler der Höchstlast aus Staffeln zusammen.

Zur Herstellung einer Hilfsnormallast aus Taragut kann man entweder eine besondere Waage oder die zu prüfende Waage selbst benutzen, vorausgesetzt, daß diese eine genügende Genauigkeit hat.

Die Teilhandlungen einer Prüfung sind im folgenden für jedes der beiden Verfahren der Reihe nach angegeben.

a) Prüfung mit staffelweise hergestellter Normallast.

1. Man zieht die kleinste Skale zur Hälfte heraus und tariert nach mehrmaliger Entlastung die leere Waage aus.

2. Man setzt die vorhandene Normallast (z. B. 1000 kg) auf die Brücke und gleicht auf der Gewichtsseite aus.

3. Man nimmt, ohne zu entlasten, nach bloßer Feststellung des Laufgewichtsbalkens die Normallast von der Brücke herunter, ersetzt sie, ebenfalls ohne zu entlasten, vorsichtig durch Taralast und gleicht auf der Lastseite mit Taragut aus.

4. Nach mehrmaliger Entlastung setzt man zu der so gewonnenen ersten Staffel an Normallast die vorhandene Normallast von 1000 kg hinzu und gleicht auf der Gewichtsseite aus.

5. Man nimmt, ohne zu entlasten, nach bloßer Feststellung des Laufgewichtsbalkens die Normallast von 1000 kg von der Brücke herunter, ersetzt sie, ebenfalls ohne zu entlasten, durch Taralast und gleicht auf der Lastseite mit Taragut aus usw.

Man darf also bei diesem Verfahren, während man die Normallast durch Taralast ersetzt, auf keinen Fall entlasten. Denn man schließt ja daraus, daß Normallast und Taralast unter gleichen Bedingungen gleiche Wirkung ausüben, d. h. die Waage in denselben Gleichgewichtszustand bringen, daß beide Gewichte einander gleich sind. Man darf daher einerseits den Zustand der Waage in diesem Abschnitt der Prüfung nicht durch Entlastung ändern, andererseits muß man Taralast und Normallast in gleicher Weise, d. h. so lagern, daß ihre Schwerpunkte sich über demselben Punkt der Brücke befinden, weil jedem Punkt der Brücke im allgemeinen ein besonderes Hebelverhältnis entspricht.

Während der Ersetzung der Normallast durch Taralast darf man auch dann nicht entlasten, wenn die Taralast, wie es bei Herstellung der ersten Staffel gewöhnlich der Fall ist, aus einem Fahrzeug besteht. Um Änderungen des Gleichgewichtszustandes der Waage, wie solche durch Erschütterungen beim Auffahren des Fahrzeuges auf die Brücke eintreten können, zu vermeiden, muß man die Brücke durch Keile, die man zwischen sie und den Rahmen klemmt, festlegen und das Fahrzeug sehr vorsichtig auffahren.

Nach jeder Herstellung einer Normalstaffel kann man die Waage mit der jeweiligen Gesamtnormallast prüfen. Zu diesem Zweck braucht man die Waage nur durch Abgleichung auf der Gewichtsseite in die Einspielungslage zu bringen, sobald die eigentliche Normallast auf die Brücke gesetzt worden ist. Man stellt darauf die Anzeige der Waage fest, indem man den Laufgewichts- und Skalenstand abliest und von dieser Ablesung den zu Anfang mit austariertem Gewichtswert der halben kleinsten Skale abzieht. Diese Anzeige zieht man weiter von dem Betrag der auf der Brücke befindlichen Normallast ab und erhält so den Fehler der Nutzlast. Auf eine jedesmalige Austarierung muß man hierbei freilich verzichten, da man die ganze auf der Brücke befindliche Normallast nicht jedesmal herunternehmen kann.

b) Staffelprüfung mit Summierung der Fehler der einzelnen Wägungsabschnitte.

1. Man zieht die kleinste Skale zur Hälfte heraus, entlastet mehrmals und tariert die Waage mit dem Tariergewicht aus.

2. Man setzt, ohne zu entlasten, unter bloßer Feststellung des Laufgewichtsbalkens die vorhandene Normallast vorsichtig auf die Brücke und gleicht auf der Gewichtsseite aus.

3. Man liest auf der Gewichtsseite ab, zieht von der Ablesung den Betrag der Hälfte der kleinsten Skale, der ja mit austariert war, ab und erhält so die Anzeige der Waage. Diese zieht man von dem Betrage der Normallast ab und erhält damit den Fehler der Nutzlast für den ersten Wägungsabschnitt.

4. Man nimmt die Normallast von der Brücke herunter, ersetzt sie durch Taralast und gleicht auf der Gewichtsseite aus. Darauf liest man auf dieser Seite ab.

5. Man setzt, ohne zu entlasten, unter bloßer Feststellung des Laufgewichtsbalkens die Normallast zu der Taralast, gleicht auf der Gewichtsseite aus und liest wieder ab.

6. Man zieht die erste Ablesung von der zweiten ab, erhält so die Anzeige der Waage, zieht diese von dem Betrag der Normallast ab und erhält damit den Fehler der Nutzlast für den zweiten Wägungsabschnitt usw.

Die Summe aller Fehler ergibt den Fehler für die Höchstlast. In diesen Fehlern sind im Gegensatz zu dem ersten Verfahren Entlastungsfehler nicht enthalten.

Beide Staffelverfahren sind sehr umständlich und bilden nur einen Notbehelf. Bei Waagen mit Gewichtsschale sollten sie überhaupt nicht angewandt werden. Denn es hat keinen Sinn, die Fehler von zehn Wägungsabschnitten, wie es z. B. bei einer 10 000 kg-Waage und bei Vorhandensein einer Normallast von 1000 kg notwendig wäre, zu bestimmen, wenn man, wie gezeigt wurde, durch Bestimmung der Fehler zweier Abschnitte die ganze Fehlerkurve erhalten kann.

Die Anwendung der Staffelverfahren beschränkt sich daher auf Laufgewichtswaagen, und zwar auch bei diesen nur auf besondere Fälle. Ist nämlich die Skale geprüft und sind die Teilungsfehler bestimmt worden, so braucht man wieder nur die Fehler der Nutzlast für zwei Abschnitte, nicht aber die von zehn Abschnitten zu bestimmen, um das ganze Fehlerbild der Waage zu erhalten. Die Anwendung des Staffelverfahrens hat in diesem Fall ebensowenig Sinn, wie die bei Waagen mit Gewichtsschale. Nur in solchen Fällen, in denen die Skale nicht geprüft werden konnte, wird man als Ausnahme und Notbehelf ein Staffelverfahren benutzen.

Einwandfrei ist die Anwendung des Staffelverfahrens auch in diesem Fall nur dann, wenn man sämtliche Abschnitte, also z. B. bei einer Skale mit 99 Teilen 99 Abschnitte prüft. Denn das Staffelverfahren liefert nur die Gesamtfehler. Da aber in den Gesamtfehlern die hauptsächlich von Zufälligkeiten abhängigen, unregelmäßigen Teilungsfehler enthalten sind, so kann man niemals von einem Gesamtfehler auf den anderen schließen. Von zwei benachbarten Kerben kann die eine falsch, die andere richtig liegen.

81. Bestimmung der Justierfehlerdifferenz $\alpha'_3 - \alpha_3$ der Lasthebel einer Brückenwaage der Bauart D, sowie des gemeinsamen Biegungsfehlerkoeffizienten $\frac{1}{2}\beta_3 - \frac{2}{3}\beta_b$ der Lasthebel und der Brücke.

Um zu prüfen, ob die Hebelverhältnisse der beiden Lasthebel einander gleich sind, setzt man eine Last, beispielsweise von 10 Zentnern lotrecht über der Lastschneide des einen Hebels so auf die Brücke, daß dieser die ganze Last zu tragen hat. Darauf tariert man die Waage genau aus. Nun setzt man, ohne sonst etwas zu ändern, die 10 Zentner lotrecht über die Lastschneide des anderen Hebels und bestimmt die Zulage Z, die notwendig ist, um die Waage jetzt wieder zum Einspielen zu bringen.

Ist die Zulage positiv, so ist der Lastarm dieses Hebels zu kurz. Beträgt die Zulage $+0{,}5$ kg und die Last 500 kg, so ist der Arm um

$$\frac{Z}{L} = \frac{0{,}5}{500} = 0{,}001$$

seiner Länge zu kurz. Er muß daher, wenn er z. B. 400 mm lang ist, durch Vorschleifen der beiden Schneiden um 0,4 mm verlängert werden.

Der Biegungsfehlerkoeffizient β_3 eines Lasthebels läßt sich nur dann gesondert bestimmen, wenn der der Brücke $= 0$ ist, d. h. wenn die Lasthebel in der Einspielungslage der Waage wagerecht gerichtet sind. Ist dies nicht der Fall, β_b also $\gtreqless 0$, so erhält man bei der Prüfung nur den aus β_3 und β_b zusammengesetzten Koeffizienten $\frac{1}{2}\beta_3 - \frac{2}{3}\beta_b$.

Die Prüfung ist denkbar einfach, wenn ein Fahrzeug zur Verfügung steht. Man bringt dies, um nach beiden Seiten genügende Verschiebungsmöglichkeit zu haben, auf die Mitte der Brücke und tariert die Waage bei dieser Stellung der Last genau aus. Darauf verschiebt man das Fahrzeug nacheinander um eine gemessene Strecke nach der einen und um eine gleich große nach der anderen Richtung und bestimmt in beiden Stellungen die Zulagen, die notwendig sind, um die Waage zum Einspielen zu bringen. Ist die Entfernung der Lastschneide des einen Hebels von der des anderen oder, was dasselbe ist, die Stützweite der Brücke $= 5$ m, die Verschiebung des Fahrzeuges $= 1$ m, die Einseitigkeit in bezug auf die Anfangsstellung des Fahrzeuges also $= 1:2,5 = 0,4$, sind ferner die Zulagen $+3,5$ und $+1,5$ kg und das Gewicht des Fahrzeuges $= 10\,000$ kg, so erhält man nach Formel (161)

$$\frac{1}{2}\beta_3 - \frac{2}{3}\beta_b = \frac{Z_{+\varepsilon} + Z_{-\varepsilon}}{\varepsilon^2 \cdot L^2} = \frac{3,5 + 1,5}{0,4^2 \cdot 10\,000^2} = \frac{1}{3\,200\,000}.$$

Sind die Lasthebel so gelagert, daß sie in der Einspielungslage der Waage wagerecht gerichtet sind, so ist der Koeffizient der Brücke $\beta_b = 0$ und der eines Lasthebels $\beta_3 = \dfrac{1}{1\,600\,000}$.

IX. Justierung der Waage.

82. Verschiedene Möglichkeiten der Justierung.

Der Gesamtfehler einer Waage mit Gewichtsschale setzt sich zusammen aus dem Justierfehler und dem Biegungsfehler des Hebelverhältnisses, derjenige einer Laufgewichtswaage aus diesen beiden und den Teilungsfehlern der Skale. Um den Fehler einer Waage, wenn nicht ganz zu beseitigen, so doch möglichst klein zu machen, wären daher von vornherein zwei Möglichkeiten denkbar. Das Nächstliegende wäre, jeden einzelnen Fehler auf Null zu bringen, und dies ist auch die einzige Möglichkeit, eine über den ganzen Wägebereich hin vollkommen richtige Waage herzustellen. Da jeder der Einzelfehler positiv oder negativ sein kann, so gibt es daneben noch eine zweite Möglichkeit, den Fehler der Waage wenigstens zu verkleinern, indem man einen Fehler durch den anderen auszugleichen sucht.

Um einen Fehler zur Ausgleichung eines anderen benutzen zu können, muß er sich leicht verändern lassen. Das ist in besonderem Maße bei dem Justierfehler der Fall, der sich durch Vor- oder Zurückschleifen einer Schneide in gewissen Grenzen beliebig in positivem oder negativem Sinne ändern läßt. Er kann daher auch an der fertigen Waage auf Null oder einen gewünschten Ausgleichswert gebracht werden.

Der Biegungsfehler dagegen läßt sich an dem fertigen Hebel nicht mehr ändern, weil er von der Form und den Abmessungen des Hebels, sowie von den Höhen der Schneiden abhängt. Er muß daher von vornherein durch besondere Gestaltung des Hebels mit seinen Schneiden möglichst auf Null gebracht werden. Das ist ganz besonders notwendig bei den Lasthebeln der Brückenwaagen, weil bei diesen die Biegungsfehlerzulage nicht nur von der Größe, sondern auch von der Lage der Last auf der Brücke abhängig ist, und demzufolge eine Ausgleichung der Fehlerzulage nur für eine bestimmte Lage der Last, im besonderen für Mittenbelastung in Betracht käme, während eine Ausgleichung der zusätzlichen Zulagen überhaupt nicht möglich ist.

Die Teilungsfehler der Skale lassen sich zwar durch Schleifen der einen oder anderen Seitenfläche der Kerben verändern, sie lassen sich aber nicht zur Ausgleichung anderer Fehler benutzen, weil die Änderung eines einzelnen Teilungsfehlers immer nur den Fehler der Waage bei der dem betreffenden Skalenabschnitt entsprechenden Last verändert, während die Justier- und Biegungsfehler stets die ganze Fehlerfolge der Waage beeinflussen.

Es kommt daher nur eine Ausgleichung des Biegungsfehlers durch den Justierfehler in Betracht, und zwar kann diese niemals eine vollkommene sein, die sich über den ganzen Wägebereich erstreckt, weil die Justierfehlerzulage der ersten, die Biegungsfehlerzulage dagegen der zweiten Potenz der Last proportional ist. Die Biegungsfehler sollten daher von vornherein durch besondere Gestaltung der Hebel möglichst vermieden werden.

83. Herstellung von Hebeln mit einem von der Biegung unabhängigen Hebelverhältnis.

Ob und in welchem Maße das Hebelverhältnis eines einzelnen Hebels von der Biegung abhängig ist, kann man leicht feststellen, wenn man den Hebel als Waage benutzt. Handelt es sich um einen einarmigen Hebel, so schaltet man vor diesen einen gleicharmigen Hebel, dessen Biegungsfehlerkoeffizient $=0$ ist, wenn er symmetrisch gestaltet ist.

Man tariert die Waage in unbelastetem Zustand aus, setzt — dem Hebelverhältnis entsprechende — Normalgewichte auf die beiden Schalen und gleicht auf der Lastseite aus. Die erforderliche Zulage sei $=Z_1$. Darauf bringt man möglichst große Taralasten auf die Schalen, tariert die Waage mit dieser Vorbelastung aus, setzt dieselben Normalgewichte auf die Schalen und gleicht auf der Lastseite durch eine Zulage aus, die $=Z_2$ sei. Ist $Z_2 = Z_1$, so ist das Hebelverhältnis von der Biegung des Hebels unabhängig. Je größer die Differenz $Z_2 - Z_1$ ist, um so größer ist der Einfluß der Biegung.

Wie in Abschnitt 36 näher ausgeführt, ist die Änderung, die die Länge eines Hebelarmes durch die Biegung des Hebels bei Belastung der Lastschale mit der Einheit der Last erfährt, $= h\omega$, wo h die Höhe der Schneide, das ist die Entfernung der Schneidenlinie von der neutralen Schicht, und ω den Biegungswinkel des durch die Schneidenlinie gehenden Querschnittes des Hebels bedeuten. Der Biegungsfehler eines Hebels läßt sich demnach auf zwei verschiedene Arten ändern, indem man ω oder h ändert. Der Biegungswinkel ω einer Schneide läßt sich nur in der Weise ändern, daß man für den betreffenden Arm je nach Bedarf stärkere oder schwächere Abmessungen wählt. Man könnte für Gruppen von Hebeln, die gleichen Zwecken dienen und sich nur durch die Größe unterscheiden, gewisse Normen durch Ausprobieren festlegen, um ein für allemal bei den verwendeten Hebeln den Einfluß der Biegung auszuschalten. Dieses Verfahren wäre jedoch ziemlich umständlich und kostspielig.

Bequemer kommt man zum Ziel, wenn man den Biegungsfehler der Hebel durch Änderung der Schneidenhöhen beseitigt. Dieses Verfahren ist besonders einfach und wirksam bei den einarmigen Hebeln und um solche handelt es sich ausschließlich. Ist die Differenz der beiden Zulagen, die bei der oben beschriebenen Prüfung zur Ausgleichung der Waage bei den beiden Belastungen erforderlich waren, positiv, z. B. $Z_2 - Z_1 = + a$ kg, so bedeutet dies, daß sich der Gewichtshebelarm im Vergleich zum Lasthebelarm infolge der Biegung des Hebels stärker verlängert hat, als dem Hebelverhältnis entspricht. Die Verlängerung des Gewichtshebelarmes muß daher verringert werden, und da diese $= h\omega$, also der Schneidenhöhe proportional ist, so muß man die Gewichtsschneide durch eine solche von geringerer Höhe ersetzen.

Um die richtige Höhe der Schneide ausfindig zu machen, setzt man zunächst eine Gewichtsschneide ein, deren Höhe z. B. um c mm kleiner ist als die der ursprünglichen. Darauf führt man mit denselben Gewichten und in gleicher Weise die gleiche Prüfung aus, wie vor Einsetzen der neuen Schneide. Ist nun die Differenz der Zulagen $= a_1$ kg, so entspricht einer Verringerung der Schneidenhöhe um c mm eine Verringerung der Differenz der Zulagen um $a - a_1$ kg. Folglich muß man, um die Differenz a der Zulagen um 1 kg zu verkleinern, die Höhe der Schneide um $\dfrac{c}{a - a_1}$ und weiter, um sie auf Null zu bringen, die Schneidenhöhe um $\dfrac{a}{a - a_1} c$ mm verkleinern. Ist z. B. die Differenz der Zulagen bei Benutzung der ursprünglichen Gewichtsschneide $Z_2 - Z_1 = + 4$ kg und nach Einsetzen einer um 6 mm niedrigeren Schneide $= - 2$ kg, so muß die Höhe der ursprünglichen Schneide um $\dfrac{4}{4 - (-2)} \cdot 6 = 4$ mm verringert werden.

Wäre die Differenz der Zulagen negativ gewesen, so hätte man die Höhe der Gewichtsschneide vergrößern müssen. Die Differenz der Zulagen ändert sich demnach proportional der Änderung der Höhe der Gewichtsschneide, was hier noch allgemein nachgewiesen werden möge.

Die hier betrachtete Prüfung stimmt in ihrer Ausführung überein mit der im Abschnitt 76 beschriebenen Prüfung zur Bestimmung des Fehlers der Höchstlast. Ist daher, wie oben angegeben, die Differenz der Zulagen bei Anwendung der beiden verschieden hohen Gewichtsschneiden $= a$ bzw. $= a_1$, so ist der Biegungsfehlerkoeffizient des Hebels nach Formel (182) im ersten Fall

$$\beta = \frac{a}{2\,T\,L_n}$$

und im zweiten

$$\beta_1 = \frac{a_1}{2\,T\,L_n},$$

wo T und L_n die benutzte Tara- bzw. Normallast bedeuten. Nun ist nach Gleichung (75)

$$\beta = \frac{\varDelta g}{g} - \frac{\varDelta l}{l}$$

oder, da $\varDelta g = h\omega$ und $\varDelta l = h'\omega'$ ist,

$$\beta = \frac{h\omega}{g} - \frac{h'\omega'}{l}.$$

Wendet man diese Gleichung auf den vorliegenden Fall an, so erhält man, da die Höhe der Gewichtsschneide in dem einen Fall $= h$, im anderen $= h - c$ ist, die beiden Gleichungen

$$\beta = \frac{h\omega}{g} - \frac{h'\omega'}{l}$$

und

$$\beta_1 = \frac{(h - c)\,\omega}{g} - \frac{h'\omega'}{l}.$$

Setzt man diese beiden Werte für β und β_1 den oben angegebenen gleich, so wird

$$\frac{a}{2\,T\,L_n} = \frac{h\omega}{g} - \frac{h'\omega'}{l}$$

und

$$\frac{a_1}{2\,T\,L_n} = \frac{(h - c)\,\omega}{g} - \frac{h'\omega'}{l}.$$

Zieht man die untere Gleichung von der oberen ab, so ergibt sich

$$\frac{a - a_1}{2\,T\,L_n} = \frac{c \cdot \omega}{g},$$

d. h. die Änderung der Differenzen der beiden Zulagen (Differenz der Differenzen) ist dem Höhenunterschied der beiden Gewichtsschneiden proportional.

Lagen die drei Schneiden des Hebels in seinem ursprünglichen Zustand in einer Ebene, so tritt nach Einsetzen der neuen Gewichtsschneide die Lastschneide aus der durch die beiden übrigen Schneiden gehenden Ebene heraus, und zwar bei Verringerung der Höhe der Gewichtsschneide nach unten, bei Vergrößerung nach oben. Es müßte also im ersten Fall eine höhere, im zweiten Fall eine niedrigere Lastschneide eingesetzt werden, damit, theoretisch betrachtet, die Empfindlichkeit der Waage nicht geändert wird. Dies würde zwar auch in demselben Sinne wirken, wie die Änderung der Gewichtsschneide. Da jedoch einerseits bei einem

Hebelverhältnis, z. B. von $5:1$ die Höhenänderung der Lastschneide nur $1/5$ derjenigen der Gewichtsschneide zu betragen braucht, und da andererseits die dem Gewichtshebel nachgeschalteten Hebel nur geringen Einfluß auf die Empfindlichkeit der Waage ausüben, so wird man von einer Änderung der Lastschneide absehen können.

Das Verfahren an sich ist demnach ziemlich einfach und braucht unter der Voraussetzung, daß die Höhen der Stütz- und Lastschneide stets sich selbst gleich gehalten werden, für ein und dieselbe Hebelform zur Ermittlung der richtigen Höhe der Gewichtsschneide nur einmal angewendet zu werden. Es erfordert aber eine besondere Prüfungseinrichtung.

84. Konzentrische Justierung.

Bei der Justierung einer Waage handelt es sich darum, ihre Fehler für diejenigen beiden Belastungen, für die in der Eichordnung Fehlergrenzen festgesetzt sind, so einzurichten, daß sie mit größtmöglichster Sicherheit in diese Grenzen fallen. Die beiden Lasten, für die die Eichordnung Fehlergrenzen vorschreibt, sind die Höchstlast und ihr zehnter Teil, und zwar ist die Fehlergrenze für den zehnten Teil der Höchstlast gleich 0,2 der Fehlergrenze für die Höchstlast. Wir wollen jedoch unsere Betrachtungen nicht auf diesen Sonderfall gründen, sondern sie ganz allgemein gestalten, indem wir annehmen, es seien Fehlergrenzen für die Lasten L_I und L_II festgesetzt und die Fehlergrenze für L_I sei gleich dem Bruchteil $\varkappa$ derjenigen für L_II. Bezeichnet man die Fehlergrenze für L_II mit Gr, so ist demnach die Fehlergrenze für $L_\mathrm{I} = \varkappa \cdot Gr$. Will man von den zu entwickelnden, allgemeinen Formeln zu dem Sonderfall der Eichordnung übergehen, so braucht man nur $L_\mathrm{II} = L_m$, $L_\mathrm{I} = 0,1 L_m$ und $\varkappa = 0,2$ zu setzen.

Der nächstliegende Gedanke wäre nun, den Fehler derjenigen beiden Lasten, für welche Fehlergrenzen festgesetzt sind, durch Justierung auf Null zu bringen und damit die größte Sicherheit zu erreichen, daß die Waage bei der Eichung die Fehlergrenzen innehält. Das ist aber nur in einem Fall möglich, nämlich nur dann, wenn der Biegungsfehlerkoeffizient der Waage $= 0$ ist, wie aus folgendem hervorgeht. Bezeichnet man den Fehler der Nutzlast L_I mit Z_I und den der Nutzlast L_II mit Z_II, und setzt in der allgemeinen Fehlergleichung (112) der Kürze halber α statt $\alpha + 2\beta L_0$, so ist

$$Z_\mathrm{I} = \alpha L_\mathrm{I} + \beta L_\mathrm{I}^2$$

und
$$Z_\mathrm{II} = \alpha L_\mathrm{II} + \beta L_\mathrm{II}^2.$$

Denkt man sich die Waage so justiert, daß diese beiden Fehler $= 0$ werden, so wäre

$$0 = \alpha L_\mathrm{I} + \beta L_\mathrm{I}^2$$

und
$$0 = \alpha L_\mathrm{II} + \beta L_\mathrm{II}^2.$$

Multipliziert man die obere Gleichung mit L_{II}, die untere mit L_I und zieht die obere von der unteren ab, so ergibt sich:

$$\beta \cdot L_I L_{II}(L_{II} - L_I) = 0.$$

Diese Gleichung wird nur dann erfüllt, wenn entweder $\beta = 0$ oder $L_I = L_{II}$ ist. Dieser letztere Fall läßt sich folgendermaßen in Worte fassen: Hat der Biegungsfehlerkoeffizient β einen endlichen Wert, so läßt sich der Fehler der Waage immer nur für eine einzige Last, niemals jedoch für zwei Lasten zugleich auf Null bringen. Da der Biegungsfehlerkoeffizient β, wie man wohl mit Recht behaupten kann, bei keiner Waage $= 0$ ist, so läßt sich keine Waage so justieren, daß ihr Fehler bei den beiden Belastungen L_I und L_{II} gleichzeitig $= 0$ wird.

Man könnte nun wenigstens einen der beiden Fehler durch Justierung von α auf Null bringen. Das wäre aber unzweckmäßig, weil in diesem Fall der andere Fehler der Grenze näher käme als nötig ist. Am besten justiert man α offenbar so, daß die beiden Fehler nach entgegengesetzten Seiten, und zwar um denselben Bruchteil ihrer Eigenfehlergrenze von Null abweichen. Man justiert also so, daß entweder der Fehler $Z_I = + \varkappa F$ und $Z_{II} = - F$, oder so, daß $Z_I = - \varkappa F$ und $Z_{II} = + F$ wird. Dann weichen Z_I um den Bruchteil $\dfrac{\varkappa F}{\varkappa Gr} = \dfrac{F}{Gr}$ und Z_{II} um den Bruchteil $\dfrac{F}{Gr}$, d. h. um denselben Bruchteil der Eigenfehlergrenze, und zwar beide nach entgegengesetzten Seiten von Null ab.

Eine solche Justierung bezeichnen wir als konzentrische Justierung einer Waage. Die Fehler Z_I und Z_{II} für die beiden Lasten L_I und L_{II}, für welche Fehlergrenzen festgesetzt sind, bezeichnen wir, wenn sie obige Bedingung erfüllen, d. h. wenn die Waage konzentrisch justiert ist, mit Z_{Ic} bzw. Z_{IIc} und nennen sie kurz die konzentrischen Fehler der Waage.

85. Beziehung zwischen dem Justierfehler- und dem Biegungsfehlerkoeffizienten bei konzentrischer Justierung.

Bei konzentrischer Justierung ist

$$Z_I = - \varkappa Z_{II}.$$

Setzt man hierin aus der allgemeinen Fehlergleichung (112) die Werte für Z_I und Z_{II} ein, so wird

$$\alpha L_I + \beta L_I^2 = - \varkappa(\alpha L_{II} + \beta L_{II}^2).$$

Hieraus folgt

$$\alpha = - \beta \frac{L_I^2 + \varkappa L_{II}^2}{L_I + \varkappa L_{II}}. \tag{184}$$

Um diese Formel auf die in der Eichordnung festgelegten Fehlergrenzen anzuwenden, hat man wieder $L_I = 0{,}1\, L_m$, $L_{II} = L_m$ und $\varkappa = 0{,}2$ einzusetzen und erhält die Gleichung

$$\alpha = - 0{,}7\,\beta L_m. \tag{185}$$

Der konzentrische Fehler der Höchstlast wird demnach

$$Z_{m\,c} = \dot{\alpha} L_m + \beta L_m^2 = -0{,}7\,\beta L_m^2 + \beta L_m^2 = 0{,}3\,\beta L_m^2. \qquad (186)$$

Bei konzentrischer Justierung der Waage ist demnach der Gesamtfehler (Justierfehlerzulage + Biegungsfehlerzulage) der Höchstlast = 0,3 der Biegungsfehlerzulage.

86. Fehler-Nullpunkt bei konzentrischer Justierung.

Nach der Formel (123) wird der Fehler $= 0$ für die Last

$$L = -\frac{\alpha + 2 L_0 \beta}{\beta} = -\frac{\alpha}{\beta}.$$

Setzt man hierin für α aus der Formel (184) den Wert ein, auf den es bei konzentrischer Justierung gebracht werden muß, so ergibt sich

$$L = \frac{L_I^2 + \varkappa L_{II}^2}{L_I + \varkappa L_{II}}. \qquad (187)$$

Für den Sonderfall der Eichordnung ergibt sich hieraus

$$L = 0{,}7\,L_m. \qquad (188)$$

Ist also eine Waage konzentrisch justiert, so ist ihr Fehler bei 0,7 der Höchstlast $= 0$. **Man bringt daher eine Waage am sichersten in die Eichfehlergrenze, wenn man sie so justiert, daß ihr Fehler bei 0,7 der Höchstlast $= 0$ wird.**

87. Grenze der Justiermöglichkeit.

Der größte Wert, den der Fehler für die Höchstlast annehmen darf, ist die Fehlergrenze selbst.

$$Z_m = Gr.$$

Setzt man hierin aus der allgemeinen Fehlerformel den Wert für Z_m ein, so wird

$$\alpha L_m + \beta L_m^2 = Gr.$$

Führt man weiter aus Formel (184) für α den Wert ein, den es bei konzentrischer Justierung annimmt und beachtet, daß L_{II} die Höchstlast bedeutet, so ergibt sich

$$-\beta L_m \frac{L_I^2 + \varkappa L_m^2}{L_I + \varkappa L_m} + \beta L_m^2 = Gr$$

und hieraus

$$\beta = \frac{L_I + \varkappa L_m}{L_m (L_I + \varkappa L_m) - (L_I^2 + \varkappa L_m^2)} \cdot \frac{Gr}{L_m}. \qquad (189)$$

Diesen Wert darf β nicht überschreiten, wenn sich die Waage überhaupt noch in die Fehlergrenzen bringen lassen soll. In Wirklichkeit muß β noch viel kleiner sein, weil man zum Justieren einen gewissen Spielraum nötig hat. Nimmt man die Hälfte der Fehlergrenze als ausreichenden Spielraum an, so darf β die Hälfte des angegebenen Wertes nicht überschreiten.

Multipliziert man die vorstehende Gleichung mit L_m^2, so erhält man den Grenzwert, den die Biegungsfehlerzulage für die Höchstlast annimmt, wenn bei konzentrischer Justierung der Waage der Fehler (Justierfehlerzulage $+$ Biegungsfehlerzulage) der Höchstlast gleich der Fehlergrenze ist, nämlich

$$Z_{m\,3} = \beta L_m^2 = \frac{L_m(L_I + \varkappa L_m)}{L_m(L_I + \varkappa L_m) - (L_I^2 + \varkappa L_m^2)} \cdot Gr. \tag{190}$$

Setzt man in die beiden vorstehenden Gleichungen die den Vorschriften der Eichordnung entsprechenden Werte ein, nämlich $L_I = 0{,}1\,L_m$, $Gr = 0{,}0006\,L_m$ und $\varkappa = 0{,}2$, so erhält man die Grenzwerte

$$\beta = \frac{0{,}002}{L_m}$$

und

$$Z_{m\,3} = 0{,}002\,L_m.$$

Soll daher die Waage bequem justierbar sein, so muß dem absoluten Wert nach der Biegungsfehlerkoeffizient

$$\beta \lessgtr \frac{0{,}001}{L_m} \tag{191}$$

oder, was dasselbe besagt, die Biegungsfehlerzulage für die Höchstlast

$$Z_{m\,3} \lessgtr 0{,}001\,L_m \tag{192}$$

sein. Für eine 10000 kg-Waage muß sich also Z_{m_3} innerhalb des Bereiches ± 10 kg halten.

88. Berechnung der für eine konzentrische Justierung erforderlichen Änderung des Fehlers der Höchstlast aus den bei der Prüfung beobachteten beiden Fehlern.

Hat man die beiden Fehler Z_{10} und Z_1 für die Höchstlast und ihren zehnten Teil unmittelbar mit Normalgewichten bestimmt, und überschreitet einer oder überschreiten beide die Fehlergrenze, so muß man, um die Waage sicher in die Fehlergrenzen zu bringen, die beiden Fehler durch Schleifen der Lastschneide des Gewichtshebels so ändern, daß man eine konzentrische Justierung erzielt.

Die hierzu notwendige, vorläufig unbekannte **Änderung des Fehlers der Höchstlast** sei $= +x$ kg. Dann ist die Änderung des zehnten Teiles der Höchstlast $= +0{,}1x$ kg. Der neue Fehler der Höchstlast wird daher $= Z_{10} + x$ und der ihres zehnten Teiles $= Z_1 + 0{,}1x$. Soll die Justierung konzentrisch sein, so muß der Fehler für ein Zehntel der Höchstlast entsprechend der Eichfehlergrenze gleich dem mit umgekehrten Vorzeichen versehenen fünften Teil desjenigen der Höchstlast sein, demnach

$$Z_1 + 0{,}1x = -0{,}2 \cdot (Z_{10} + x).$$

Hieraus folgt

$$x = -\frac{10Z_1 + 2Z_{10}}{3}. \tag{193}$$

Der konzentrische Fehler der Höchstlast ist demnach

$$Z_{10\,c} = Z_{10} + x = \frac{Z_{10} - 10 Z_1}{3}.$$

Ist z. B. bei der ersten Prüfung der Waage der Fehler der Höchstlast zu $+9,0$ kg, der für den zehnten Teil zu $+2,4$ kg gefunden worden, so daß beide die Fehlergrenze überschreiten, so muß der erstere um

$$x = - \frac{10 \cdot 2,4 + 2 \cdot 9,0}{3} = -14,0 \text{ kg}$$

geändert werden. Hierdurch ändert sich der Fehler für den zehnten Teil der Höchstlast um -1.4 kg. Die beiden konzentrischen Fehler werden daher

$$Z_1 = 2.4 - 1,4 = +1 \text{ kg}$$

und

$$Z_{10} = 9.0 - 14,0 = -5 \text{ kg}.$$

Da der **Fehler der Nutzlast** ursprünglich positiv war, so war die Last auf der Brücke zu groß, der Lastarm des Gewichtshebels, dem man den Justierfehler der ganzen Waage zuschreiben kann, demnach zu klein. Der Lastarm muß daher durch Vorschleifen der Lastschneide verlängert werden.

Handelt es sich um eine Zentesimalwaage von 10000 kg mit einem gleicharmigen Gewichtshebel, dessen Arme 300 mm lang sind, so muß der Lastarm um $\frac{14}{10\,000} \cdot 300 = 0,42$ mm verlängert werden.

Bei einer Laufgewichtswaage hätte man, bevor man die Formel (193) anwendete, zunächst die Teilungsfehlerzulage für den Abschnitt 0 bis 1000 kg von dem Fehler Z_1 abziehen müssen. Wäre diese z. B. $-0,3$ kg gewesen, so wäre der Hebelfehler für den zehnten Teil der Höchstlast $= 2,4 - (-0,3) = 2,7$ kg, und diesen hätte man in obige Formel einsetzen müssen.

Ist der Fehler der Höchstlast nach dem Verfahren mit gemischter Last (vgl. Abschnitt 76) mit Hilfe einer Normallast $L_n = 0,1\,L_m$ bestimmt worden, so ist nach der Formel (183)

$$Z_{10} = 5(Z_1 + Z_2).$$

Setzt man diesen Wert in Gleichung (193) ein, so erhält man

$$x = - \frac{10(2Z_1 + Z_2)}{3} \tag{194}$$

und der konzentrische Fehler der Höchstlast wird

$$Z_{10\,c} = Z_{10} + x = 5(Z_1 + Z_2) + x = \frac{5(Z_2 - Z_1)}{3}. \tag{195}$$

Ist z. B. bei der ersten Prüfung $Z_1 = -1,3$ kg, $Z_2 = -2,2$ kg gefunden worden, so daß der Fehler der Höchstlast $Z_{10} = 5(-1,3 - 2,2) = -17,5$ kg war, so muß dieser um $x = - \dfrac{10(-2 \cdot 1,3 - 2,2)}{3} = +16,0$ kg oder der Fehler des zehnten Teiles der Höchstlast um $+1,6$ kg geändert

werden. Die konzentrischen Fehler der beiden Lasten werden daher nach
der Justierung

$$Z_{1c} = -1,3 + 1,6 = +0,3 \text{ kg}$$

und

$$Z_{10c} = -17,5 + 16,0 = -1,5 \text{ kg}.$$

89. Justierfähigkeit einer Waage.

Die konzentrische Justierung einer Waage ist dadurch gekennzeichnet, daß dem absoluten Wert nach die Fehler der Höchstlast und ihres
zehnten Teiles den gleichen Bruchteil ihrer Eigenfehlergrenzen ausmachen. Dieser ist für die Höchstlast $= \dfrac{Z_{mc}}{Gr}$. Für die Justierung der
Waage geht dieser Bruchteil der Fehlergrenze verloren und es bleibt für
sie nur ein Spielraum von $1 - \dfrac{Z_{mc}}{Gr}$ oder von $\left(1 - \dfrac{Z_{mc}}{Gr}\right) 100$ % der
Fehlergrenze übrig, wo für Z_{mc} der absolute Wert einzusetzen ist.
Diese Größe nennen wir die Justierfähigkeit der Waage und bezeichnen sie mit J. Es ist also

$$J = \left(1 - \frac{Z_{mc}}{Gr}\right) 100 \% . \tag{196}$$

Ist z. B. bei einer 10000 kg-Waage der — absolut genommene — Fehler
der Höchstlast bei konzentrischer Justierung $= 1,5$ kg, so ist die Justierfähigkeit der Waage

$$= \left(1 - \frac{1,5}{6}\right) 100 = 75 \% .$$

Um die Justierfähigkeit aus den bei der ersten Prüfung der Waage
gefundenen Fehlern unmittelbar berechnen zu können, muß man aus den
beiden Gleichungen (193) und (195) die Werte für den konzentrischen
Fehler Z_{10c} der Höchstlast, der mit Z_{mc} gleichbedeutend ist, in die
Gleichung (196) einsetzen.

Sind die Fehler Z_{10} und Z_1 der Höchstlast und ihres zehnten Teiles
nach dem Verfahren mit reiner Normallast bestimmt worden, so ergibt
sich die Justierfähigkeit aus der Formel

$$J = \left(1 - \frac{Z_{10} - 10 Z_1}{3 \, Gr}\right) 100 \% . \tag{197}$$

Sind die Fehler Z_1 und Z_2 des zehnten Teiles der Höchstlast am Anfang
und Ende des Wägebereiches bestimmt worden, so erhält man die Justierfähigkeit aus der Formel

$$J = \left|1 - \frac{5 (Z_2 - Z_1)}{3 \, Gr}\right| 100 \% . \tag{198}$$

Von den beiden im vorigen Abschnitt angeführten 10000 kg-Waagen,
an denen die konzentrische Justierung bei Anwendung des einen oder
anderen Prüfungsverfahrens erläutert wurde, hat demnach die eine, da

die Fehlergrenze für die Höchstlast ± 6 kg beträgt, eine Justierfähigkeit von

$$J = \left(1 - \frac{9 - 10 \cdot 2,4}{3 \cdot 6}\right) \cdot 100 = 16,7\%$$

und die andere eine solche von

$$J = \left\{1 - \frac{5[-2,2 - (-1,3)]}{3 \cdot 6}\right\} \cdot 100 = 75\%.$$

90. Verschiedene Arten der Justierung von Waagen. Justierung eines Hebelarmes. Justierung des Laufgewichtes.

Waagen mit Gewichtsschale und Gewichtssatz lassen sich nur auf eine Art berichtigen, nämlich dadurch, daß man durch Schleifen einer Schneide die Länge eines Hebelarmes verändert. Hierzu wählt man einen Hebelarm, der einerseits bequem zugänglich, andererseits möglichst kurz ist. Denn je kürzer der zu verändernde Balkenarm ist, um so weniger braucht man die Schneide vor- oder zurückzuschleifen, um die Anzeige der Waage um einen bestimmten Betrag zu verändern. Die Berichtigung einer Waage wird daher stets an dem Lastarm des Gewichtshebels vorgenommen.

Zeigt eine Waage eine Last von 10000 kg mit 10010 kg, also um $\frac{10}{10000}$ ihres Betrages zu hoch an, so muß der Lastarm um denselben Betrag oder um rund 0,001 seiner Länge verlängert werden. Handelt es sich um eine Zentesimalwaage, bei der der Lastarm des Gewichtshebels z. B. 350 mm lang ist, so muß die Lastschneide um 0,35 mm vor, d. h. nach außen hin geschliffen werden. Bei einer Laufgewichtswaage, bei der der Lastarm des Laufgewichtswaagebalkens z. B. 60 mm lang ist, müßte die Lastschneide um 0,06 mm vorgeschliffen werden.

Diese Art der Berichtigung hat nicht nur den Nachteil, daß durch ungeschicktes Schleifen die Schneide leicht verdorben werden kann, und zwar um so mehr, je sorgfältiger sie gearbeitet war, sondern auch den weiteren, daß der Einrichter, auch wenn er sich die Strecke, um die er die Schneide vor- oder zurückschleifen muß, berechnet hat, doch nicht weiß, um wieviel er sie geschliffen hat und allein auf Schätzung angewiesen ist, da die Strecke wegen ihrer Kleinheit nicht meßbar ist. Man sollte daher diese Art der Berichtigung überhaupt nicht anwenden, wenn sich eine andere Möglichkeit bietet.

Eine solche gibt es bei Laufgewichtswaagen. Diese haben vor den Waagen mit Gewichtsschale den großen Vorzug voraus, der leider nicht ausgenutzt wird, daß die Waage sich mit größter Genauigkeit und unbedingter Sicherheit an dem Laufgewicht berichtigen läßt. Zu diesem Zweck muß das Hauptlaufgewicht, sowie jede der Nebenskalen mit je einer Justierhöhlung versehen sein, die zur Aufnahme von Justiermaterial dient und sich durch Stempelung unzugänglich machen läßt. Das Justiermaterial, bestehend z. B. aus kreisförmigen Plättchen mit aufgeschlagenem Gewicht, muß in die Höhlung genau hineinpassen, damit es sich nicht verrücken kann. Außerdem muß auf dem Hauptlaufgewicht sein Gewicht einschließlich desjenigen der Nebenskalen und auf diesen ihr Eigengewicht aufgeschlagen sein.

Hat man nun die Waage erstmalig geprüft, indem man entweder nach dem Verfahren mit reiner Normallast die Fehler Z_1 und Z_{10}, oder nach dem Verfahren mit gemischter Last die Fehler Z_1 und Z_2 bestimmt hat, so berechnet man nach Formel (193) bzw. (194) den Justierbetrag, um den die Anzeige der Höchstlast geändert werden muß. Ist dieser $= A$ kg, so stellt $\frac{A}{L_m}$ den Bruchteil dar, um den der Lastarm, je nachdem die Waage zu viel oder zu wenig anzeigt, vergrößert oder verkleinert oder aber, was die gleiche Wirkung hat, das Gewicht des Laufgewichtes verkleinert oder vergrößert werden muß. Ist dieses $= G$ kg, so muß es um $\frac{A}{L_m} G$ kg verändert werden.

Dieses Justiergewicht muß nun in dem richtigen Verhältnis auf den Hauptkörper des Laufgewichtes und die Nebenskalen verteilt werden. Handelt es sich z. B. um eine Waage von 10 000 kg mit einem Laufgewicht mit zwei Nebenskalen, so stellt man das richtige Verhältnis zwischen den Gewichten der Nebenskalen und dem des ganzen Laufgewichtes in folgender Weise fest. Man mißt die Längen der drei Skalen. Die der Hauptskale, die einer Wägefähigkeit von 9900 kg entsprechen möge, sei $= g_m$, die der ersten Nebenskale mit einer Wägefähigkeit von 90 kg sei $= g_{1m}$ und die der zweiten mit einer Wägefähigkeit von 9 kg sei $= g_{2m}$. Das Hauptlaufgewicht würde demnach 1 kg aufwiegen, wenn es auf den Hebelarm $\frac{g_m}{9900}$ eingestellt würde. Das gleiche gilt für die erste Nebenskale, wenn diese auf den Hebelarm $\frac{g_{1m}}{90}$ und für die zweite Nebenskale, wenn diese auf den Hebelarm $\frac{g_{2m}}{9}$ eingestellt würde. In allen drei Fällen sind die Drehungsmomente einander gleich. Bezeichnet man daher die Nebenskalen mit G_1 bzw. G_2, so ist

$$G \cdot \frac{g_m}{9900} = G_1 \cdot \frac{g_{1m}}{90}$$

und

$$G \cdot \frac{g_m}{9900} = G_2 \cdot \frac{g_{2m}}{9}$$

oder

$$\frac{G_1}{G} = \frac{g_m}{9900} : \frac{g_{1m}}{90}$$

und

$$\frac{G_2}{G} = \frac{g_m}{9900} : \frac{g_{2m}}{9} \, .$$

Ist also z. B. $g_m = 693$, $g_{1,m} = 270$ und $g_{2,m} = 180$ mm, so wird $\dfrac{G_1}{G} = \dfrac{7}{300}$ und $\dfrac{G_2}{G} = \dfrac{7}{2000}$. Ist daher der berechnete Justierbetrag $= + 6$ g, so würde die erste Nebenskala um 140 mg, die zweite um 21 mg und der Hauptkörper des Laufgewichtes um $6 - (0{,}140 + 0{,}021) = 5{,}839$ g schwerer gemacht werden müssen. Wiegt das ganze Laufgewicht 12 kg, so wiegt die erste Nebenskala $\dfrac{7}{390} \cdot 12\,000 = 280$ g und die zweite $\dfrac{7}{2000} \cdot 12\,000 = 42$ g. Es müssen also jede der beiden Schieberskalen, sowie auch das ganze Laufgewicht um $\dfrac{1}{3000}$ ihres Gewichtes schwerer gemacht werden. Sind die Gewichte der Skalen und des ganzen Laufgewichtes von vornherein auf ihnen aufgeschlagen, so braucht man das Verhältnis der Gewichte der Nebenskalen zu dem des ganzen Laufgewichtes nicht besonders zu bestimmen, kann aber andererseits durch Nachmessen der Skalen nachprüfen, ob das Verhältnis richtig ist.

Ist eine Waage im Betrieb falsch geworden, so muß man sich davon überzeugen, ob der Fehler nicht etwa an dem Laufgewicht selbst aufgetreten ist. In diesem Fall muß man die einzelnen Teile nachwägen und nötigenfalls einzeln berichtigen.

Dritter Teil

Neigungswaagen.

91. Wirkungsweise.

Die Neigungswaagen haben mit den Laufgewichtswaagen das Gemeinsame, daß sie mit einem unveränderlichen, zur Ausgleichung der Last dienenden Gegengewicht versehen sind. Bei beiden erfolgt die Ausgleichung durch Änderung des Hebelarmes des Gegengewichtes. Während jedoch bei den Laufgewichtswaagen diese Hebelarmänderung durch Verschieben des Laufgewichtes an der Laufschiene künstlich bewirkt wird, ändert sich bei den Neigungswaagen das Hebelverhältnis selbsttätig dadurch, daß bei Belastung der Lastschale der Hebel sich neigt. Die Neigungswaage stellt sich von selbst in eine der Größe der Last entsprechende Gleichgewichtslage ein, und ist in diesem Sinne als selbsttätige, d. h. selbstausgleichende Waage anzusehen. Bringt man daher an der Waage eine aus Zeiger und Skale bestehende Anzeigevorrichtung an, bei der auf der Skale die den verschiedenen Neigungen entsprechenden Gewichte verzeichnet sind, so kann man das Gewicht der jeweiligen Last unmittelbar ablesen.

92. Verschiedene Arten.

Die Waagen mit Neigungsgewicht teilen wir ein in reine Neigungswaagen, das sind solche Waagen, bei denen sämtliche Lasten nur durch das Neigungsgewicht aufgewogen werden, bei denen also die letzte Gewichtsangabe auf der Skale die Höchstlast der Waage bedeutet, und in Waagen gemischter Bauart mit Neigungsgewicht, das sind Waagen, bei denen nur ein Teil, und zwar gewöhnlich nur ein kleiner Teil der Höchstlast durch das Neigungsgewicht ausgeglichen wird. Dazu gehören die Tafel- und Brückenwaagen, die Schaltgewichts- und Laufgewichtswaagen mit Neigungsgewicht. Die reinen Neigungswaagen teilen wir weiter ein in einfache, das sind solche, die nur einen Hebel, den Neigungshebel, haben und in zusammengesetzte Neigungswaagen, das sind solche, die außer dem Neigungshebel ein besonderes Lasthebelwerk haben, das gewöhnlich nach Bauart B oder C der Tafel- oder Brückenwaagen eingerichtet ist.

Außerdem kann man zwei große Gruppen unterscheiden, nämlich Waagen mit ungleichmäßiger und solche mit gleichmäßiger Skale. Bei jenen ist der Kraftschluß zwischen Neigungshebel und Schale bei den einfachen Waagen oder zwischen Neigungshebel und Zugstange bei den zusammengesetzten mittels Schneide und Pfanne hergestellt. Bei diesen trägt der Lastarm des Neigungshebels eine Kurvenscheibe, auf deren Rand ein dünnes, vollkommen biegsames Metallband befestigt ist, das als Zugband dient und sich bei Neigungen des Hebels auf- und abwickelt.

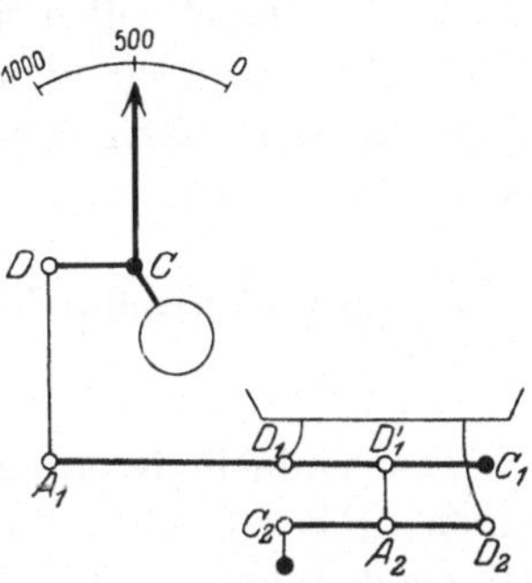

Abb. 40. Neigungswaage mit Zugstange. Lasthebelwerk nach Bauart B.

Abb. 40 stellt eine zusammengesetzte Neigungswaage mit Lastschneide am Neigungshebel und Zugstange dar, deren Lasthebelwerk nach Bauart B eingerichtet ist, Abb. 41 eine Waage mit Kurvenscheibe und Zugband, deren Lasthebelwerk der Bauart C entspricht. Vertauscht man bei beiden Waagen die Neigungshebel miteinander, so erhält man zwei weitere Bauarten. Abb. 42 zeigt eine Tafelwaage mit Neigungsgewicht. Bei dieser ist bemerkenswert, daß die Zugstange nicht mit dem Unterhebel, sondern mit der Schalenstütze der Lastschale verbunden ist. Das untere Ende der Zugstange wird daher genau lotrecht geführt.

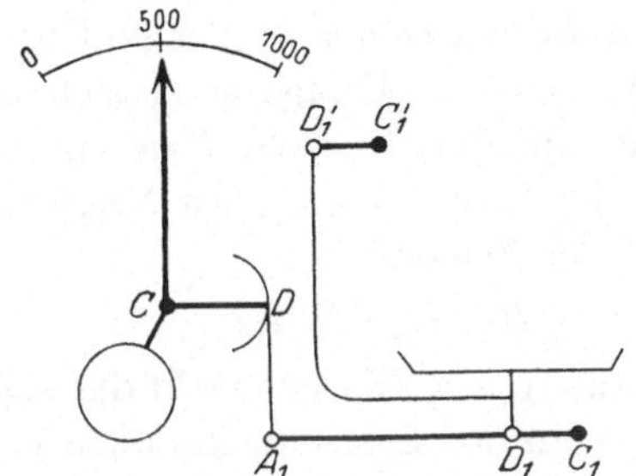

Abb. 41. Neigungswaage mit Kurvenscheibe und Zugband. Lasthebelwerk nach Bauart C.

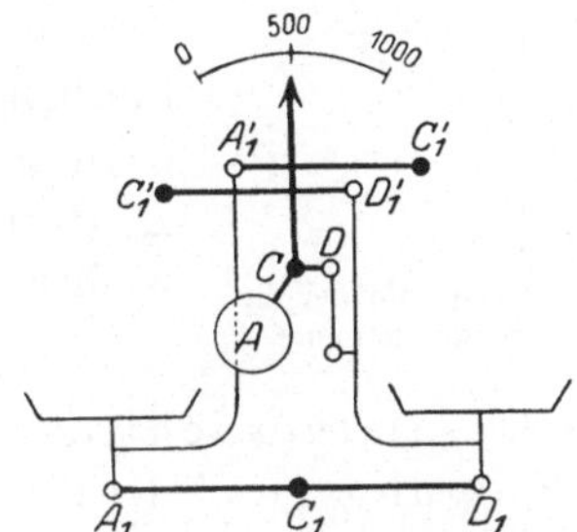

Abb. 42. Tafelwaage nach Bauart C mit Neigungsgewicht.

Im folgenden soll nur die Theorie der reinen Neigungswaagen entwickelt werden. Diese gilt jedoch ohne weiteres auch für die Waagen gemischter Bauart mit Neigungsgewicht, wenn bei ihnen die in der nachfolgenden Nummer unter 4. angeführte Voraussetzung erfüllt ist.

93. Voraussetzungen.

Für die Entwicklung der Theorie der Neigungswaagen machen wir folgende Voraussetzungen:

1. Die Stützschneiden, um die sich die Hebel drehen, sollen wagerecht gerichtet sein.

2. Die Angriffspunkte der an der Waage wirkenden Kräfte sollen in bezug auf den schwingenden Teil eine unveränderliche Lage einnehmen und in derselben Ebene liegen, so daß ihr Zusammenwirken in jeder Lage der Waage durch eine ebene Figur dargestellt werden kann.

3. Die Hebel sollen keine merkliche Biegung haben.

4. Bei den zusammengesetzten Waagen sollen sämtliche Hebel mit Ausnahme des Neigungshebels sich im indifferenten Gleichgewichtszustand befinden.

94. Einfache Neigungswaage mit Lastschneide.

a) Gleichgewicht.

Eine einfache Neigungswaage besteht in ihrem schwingenden Teil aus einem Hebel, einem schweren Neigungsgewicht, einem Zeiger und einer hängenden Lastschale. Hiervon bilden Hebel, Neigungsgewicht und Zeiger einen festen Körper, die Lastschale dagegen ist an diesem um eine

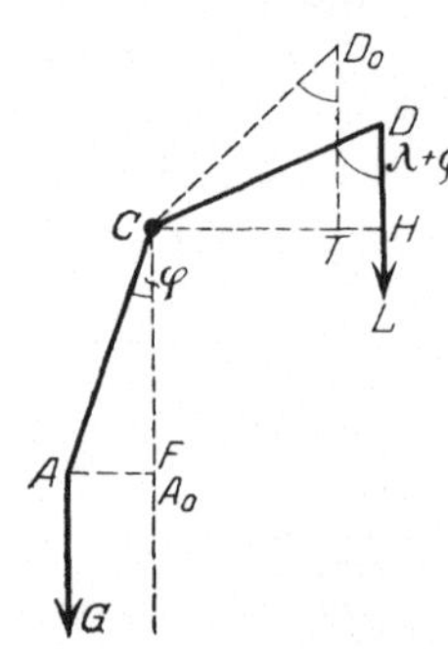

Abb. 43. Kräftebild der einfachen Neigungswaage.

Schneide pendelartig beweglich. Da die Schale jedoch stets lotrecht wirkt und gemäß Voraussetzung 2 in einem unveränderlichen Punkt angreift, so können wir uns ihre Masse in diesen Punkt verlegt denken und die ganze unbelastete Waage als einen einzigen festen Körper ansehen.

Das Gesamtgewicht G der in der Nullage befindlichen, unbelasteten Waage setzt sich demnach zusammen aus dem Gewicht B des Balkens, L_0 (tote Last) der Lastschale, N des Neigungsgewichtes und Z des Zeigers

$$G = B + L_0 + N + Z.$$

Dieses Gesamtgewicht der unbelasteten Waage stellt das eigentliche Neigungsgewicht dar, das der an der Lastschneide lotrecht abwärts wirkenden Nutzlast L das Gleichgewicht hält. Wir bezeichnen daher das Gesamtgewicht G als Neigungsgewicht, nicht aber N, das nur ein Teilgewicht darstellt.

Die aus vier Teilen bestehende, als starres System gedachte unbelastete Waage hat einen gemeinsamen Schwerpunkt. In diesem denken wir uns die Masse des Systems vereinigt und erhalten in Abb. 43 ein einfaches Kräftebild, ein Gewicht G, das in dem gemeinsamen Schwerpunkt A angreift und lotrecht abwärts wirkt, und eine Nutzlast L, die in der Lastschneide D angreift und ebenfalls lotrecht abwärts wirkt. Das Neigungsgewicht G greift an dem — unveränderlichen — Arm (Gewichtsarm) AC an, den wir mit g, die Nutzlast L an dem — ebenfalls unveränderlichen — Arm (Lastarm) CD an, den wir mit l bezeichnen.

Die Gleichgewichtslage der unbelasteten Waage bezeichnen wir als ihre Nullage. In dieser ist der Gewichtsarm g lotrecht abwärts gerichtet, weil sich der Schwerpunkt der Waage lotrecht unter die Stützschneide einstellen muß. Der Lastarm l bildet in dieser Lage mit der Kraftrichtung der Last, d. h. der Lotrechten einen Winkel CD_0T, den wir mit λ bezeichnen. Wird die Waage belastet, so neigt sich der Hebel um einen Winkel, den wir mit φ bezeichnen. Der Gewichtsarm g beschreibt den Winkel $A_0CA = \varphi$ und der Winkel λ nimmt um φ zu $= \lambda + \varphi$.

Die belastete Waage ist im Gleichgewicht, wenn die Drehungsmomente der beiden Kräfte L und G einander gleich sind. Der Hebelarm der Kraft L ist $= CH = l\sin(\lambda + \varphi)$, der des Gewichtes G ist $= AF = g\cdot\sin\varphi$. Die Bedingung für das Gleichgewicht der belasteten Waage ist daher:

$$Ll\sin(\lambda + \varphi) = Gg\sin\varphi$$

oder
$$L = G\frac{g\sin\varphi}{l\sin(\lambda+\varphi)}. \tag{199}$$

In dieser Formel haben die Größen G, g, l und λ bestimmte unveränderliche Werte. Die Nutzlast L dagegen und der Neigungswinkel φ sind veränderlich. Jeder Last entspricht ein bestimmter Neigungswinkel φ des Hebels. Man kann daher von diesem auf die Größe der Nutzlast schließen.

Belastet man die Waage nacheinander mit den Gewichten 0, 10, 20, 30, . . . g und bezeichnet die einzelnen Stellungen der Zeigerspitze auf einer an dem Gestell befestigten, kreisbogenförmigen Platte durch Striche und vermerkt an diesen die zugehörigen Gewichte, so erhält man eine Skale, an der man jederzeit das Gewicht der auf der Schale befindlichen Last ablesen kann.

b) Umfang, Einteilung der Skale. Neigungsbereich der Waage. Symmetrische Skale.

An einer Neigungsskale unterscheidet man den Umfang (Gesamtlänge) und die innere Einteilung. Der Skalenumfang ist einerseits dem Neigungsbereich der Waage, andererseits der Länge des Zeigers proportional. Der Neigungsbereich, den wir mit φ_m bezeichnen wollen, ist gleich dem Winkel, den Anfangs- und Endstellung des Zeigers miteinander bilden, also gleich dem größten Zeigerausschlag.

Der Neigungsbereich ist für alle Teile der Waage, den Zeiger, den Gewichts- und den Lastarm, der Größe nach der gleiche, der Lage nach in bezug auf die Lotrechte oder Wagerechte jedoch verschieden. Die Lage des Neigungsbereiches des Gewichtsarmes ist bei allen Neigungswaagen dieselbe, weil dieser Arm in der Nullage stets lotrecht gerichtet ist. Sein Neigungsbereich liegt daher einseitig neben der Lotrechten, und zwar mit dieser beginnend. Die Lage des Neigungsbereiches des

Lastarmes dagegen ist verschieden, je nachdem wie groß man den Winkel wählt, den Last- und Gewichtsarm miteinander bilden, oder welchen Anfangswert man dem Kraftwinkel λ gibt.

Bezeichnet man diejenige Lage der Waage, in der der Kraftwinkel $\lambda + \varphi = 90^0$ ist, als Symmetrielage der Waage, so kann man den Neigungsbereich des Lastarmes so legen, daß die eine Hälfte über, die andere unter dieser liegt. In diesem Fall wird, wie wir später sehen werden, die Skale, die bei den Waagen mit Lastschneide und Pfanne stets ungleichmäßig ist, zu beiden Seiten der Mitte symmetrisch, obwohl der Neigungsbereich des Gewichtsarmes unsymmetrisch ist. Bei den Neigungswaagen mit hängender Lastschale, bei denen die Last lotrecht wirkt, ist $\lambda + \varphi = 90^0$, wenn der Lastarm wagerecht gerichtet ist. Bei diesen fällt also die Symmetrielage des Lastarmes in die Wagerechte.

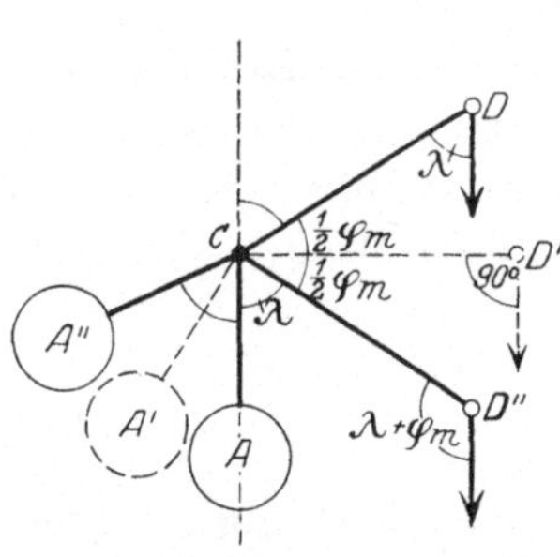

Abb. 44. Neigungsbereich des Lastarmes symmetrisch zur Wagerechten.

Abb. 44 stellt einen solchen, symmetrisch zur Wagerechten liegenden Neigungsbereich des Lastarmes dar. ACD ist die Nullage, $A'CD'$ die Symmetrielage und $A''CD''$ die Endlage des Neigungshebels. Der Winkel $DCD'' = \varphi_m$ stellt demnach den Neigungsbereich dar. Dieser liegt symmetrisch zu CD', da $< DCD' = D'CD'' = \dfrac{1}{2}\,\varphi_m$ ist.

Bei symmetrischer Lage des Neigungsbereiches des Lastarmes ist φ_m von λ abhängig. Es ist nämlich, wie unmittelbar aus der Abb. 44 zu ersehen.

$$
\left.
\begin{aligned}
\varphi_m &= 180^0 - 2\lambda \\
\lambda &= 90^0 - \tfrac{1}{2}\,\varphi_m
\end{aligned}
\right\}
\tag{200}
$$

oder

Die Skale einer Neigungswaage ist nach Gewichten bezeichnet, die in gleichen Stufen von z. B. 10 zu 10 g fortschreiten. Wie aus Formel (199) hervorgeht, entsprechen gleichen Gewichten nicht gleiche Neigungen des Hebels. Die beiden veränderlichen Größen L und φ stehen vielmehr in einem verwickelten Abhängigkeitsverhältnis zueinander. Die Skale wird daher ungleichmäßig.

c) Berechnung der Skale.

Eine Neigungsskale läßt sich ohne Kenntnis der Größen G, g und l berechnen. Man braucht dazu nur den Anfangswert λ des Kraftwinkels der Last, den Neigungsbereich φ_m und die Anzahl der Skalenteile zu kennen. Soll die Skale symmetrisch sein, so braucht man nur einen der beiden Werte λ oder φ_m zu kennen.

Wir wollen im folgenden die Formel zur Berechnung einer symmetrischen Skale entwickeln. Zu dem Zweck formen wir zunächst die Gleichung (199) um, indem wir $\sin(\lambda + \varphi)$ auflösen, Zähler und Nenner durch $\sin\varphi$ dividieren und φ auf eine Seite bringen, und erhalten

$$\operatorname{tg}\varphi = \frac{Ll\sin\lambda}{Gg - Ll\cos\lambda}. \tag{201}$$

Bezeichnet man die Höchstlast der Waage wie bisher mit L_m und setzt in Gleichung (199) die einander entsprechenden Werte L_m und φ_m ein, so erhält man

$$L_m = G\frac{g}{l}\frac{\sin\varphi_m}{\sin(\lambda + \varphi_m)}$$

oder

$$Gg = L_m l\frac{\sin(\lambda + \varphi_m)}{\sin\varphi_m}.$$

Für eine symmetrische Skale ist nach Formel (200) $\varphi_m = 180^0 - 2\lambda$. Setzt man diesen Wert in vorstehende Formel ein, so folgt

$$Gg = L_m l\frac{\sin(180^0 - \lambda)}{\sin(180^0 - 2\lambda)} = L_m l\frac{\sin\lambda}{\sin 2\lambda}$$

oder, da $\sin 2\lambda = 2\sin\lambda\cdot\cos\lambda$,

$$Gg = \frac{L_m l}{2\cos\lambda}.$$

Führt man diesen Ausdruck in Gleichung (201) ein, und multipliziert Zähler und Nenner mit $2\cos\lambda$. so wird, da sich l heraushebt,

$$\operatorname{tg}\varphi = \frac{L\cdot 2\sin\lambda\cdot\cos\lambda}{L_m - 2L\cos^2\lambda}$$

und wenn man Zähler und Nenner durch L_m dividiert und $\sin 2\lambda$ wieder einführt

$$\operatorname{tg}\varphi = \frac{\dfrac{L}{L_m}\sin 2\lambda}{1 - 2\dfrac{L}{L_m}\cos^2\lambda}. \tag{202}$$

Wie aus der Formel ersichtlich, sind die den verschiedenen Lasten L entsprechenden Neigungswinkel φ bei gleichem λ, also gleichem Neigungsbereich, nur von dem Verhältnis der einzelnen Lasten zur Höchstlast der Waage abhängig. Soll daher die Skale 100 Teile erhalten, so setzt man nacheinander $\dfrac{L}{L_m} = 0,01. = 0,02, = 0,03, \ldots = 0,99$, um die verschiedenen Neigungswinkel φ zu berechnen. Soll der Neigungsbereich $\varphi_m = 50^0$ sein, so ist nach Formel (200) $\lambda = 65^0$. Für diese Verhältnisse ist die nachstehende Skale berechnet worden.

Diese Skale kann man für Einhebelwaagen beliebiger Höchstlast benutzen. Man braucht nur die Bezifferung der betreffenden Höchstlast anzupassen. Ist diese z. B. 2000 g, so ist der Wert eines Skalenteiles $= 20$ g. Unter gewissen Voraussetzungen, die im folgenden näher behandelt werden sollen. kann man sie auch für zusammengesetzte Nei-

Symmetrische Skale einer Einhebel-Neigungswaage mit Lastschneide für einen Neigungsbereich von 50° und 100 Skalenteile.

Skalen-ab-schnitt 0 bis	Neigungs-winkel	Skalen-ab-schnitt 0 bis	Neigungs-winkel	Skalen-ab-schnitt 0 bis	Neigungs-winkel	Skalen-ab-schnitt 0 bis	Neigungs-winkel
1	26′ 25″	26	12° 23′ 0″	51	25° 32′ 0″	76	38° 37′ 50″
2	53′ 0″	27	12° 53′ 40″	52	26° 4′ 10″	77	39° 8′ 0″
3	1° 19′ 50″	28	13° 24′ 20″	53	26° 36′ 10″	78	39° 38′ 5″
4	1° 46′ 50″	29	13° 55′ 10″	54	27° 8′ 10″	79	40° 8′ 0″
5	2° 14′ 0″	30	14° 26′ 10″	55	27° 40′ 10″	80	40° 37′ 50″
6	2° 41′ 20″	31	14° 57′ 10″	56	28° 12′ 10″	81	41° 7′ 30″
7	3° 8′ 50″	32	15° 28′ 15″	57	28° 44′ 10″	82	41° 37′ 0″
8	3° 36′ 35″	33	15° 59′ 30″	58	29° 16′ 0″	83	42° 6′ 20″
9	4° 4′ 30″	34	16° 30′ 50″	59	29° 47′ 50″	84	42° 35′ 35″
10	4° 32′ 30″	35	17° 2′ 10″	60	30° 19′ 40″	85	43° 4′ 40″
11	5° 0′ 45″	36	17° 33′ 40″	61	30° 51′ 30″	86	43° 33′ 35″
12	5° 29′ 10″	37	18° 5′ 10″	62	31° 23′ 10″	87	44° 2′ 20″
13	5° 57′ 40″	38	18° 36′ 50″	63	31° 54′ 50″	88	44° 30′ 50″
14	6° 26′ 25″	39	19° 8′ 30″	64	32° 26′ 20″	89	44° 59′ 15″
15	6° 55′ 20″	40	19° 40′ 20″	65	32° 57′ 50″	80	45° 27′ 30″
16	7° 24′ 25″	41	20° 12′ 10″	66	33° 29′ 10″	91	45° 55′ 30″
17	7° 53′ 40″	42	20° 44′ 0″	67	34° 0′ 30″	92	46° 23′ 25″
18	8° 23′ 0″	43	21° 15′ 50″	68	34° 31′ 45″	93	46° 51′ 10″
19	8° 52′ 30″	44	21° 47′ 50″	69	35° 2′ 50″	94	47° 18′ 40″
20	9° 22′ 10″	45	22° 19′ 50″	70	35° 33′ 50″	95	47° 46′ 0″
21	9° 52′ 0″	46	22° 51′ 50″	71	36° 4′ 50″	96	48° 13′ 10″
22	10° 21′ 55″	47	23° 23′ 50″	72	36° 35′ 40″	97	48° 40′ 10″
23	10° 52′ 0″	48	23° 55′ 50″	73	37° 6′ 20″	98	49° 7′ 0″
24	11° 22′ 10″	49	24° 28′ 0″	74	37° 37′ 0″	99	49° 33′ 35″
25	11° 52′ 30″	50	25° 0′ 0″	75	38° 7′ 30″	100	50° 0′ 0″

gungswaagen mit Lastschneide am Neigungshebel und Zugstange unmittelbar benutzen.

Bei einer Zeigerlänge von 200 mm würde der Umfang der Skale $200 \cdot \dfrac{50}{180} \cdot \pi = 200 \cdot 0{,}87266 = 174{,}53$ mm betragen. Einem Neigungswinkel von 10″ würde ein Ausschlag des Zeigers von 0,01 mm entsprechen. Die berechnete Skale würde daher bei dieser Zeigerlänge eine Genauigkeit von ± 0,01 mm für jeden Skalenabschnitt haben.

d) Empfindlichkeit.

Wir hatten im Abschnitt 12 neben der theoretischen Definition der Empfindlichkeit eine für die Praxis sich besser eignende aufgestellt und unter der Empfindlichkeit den durch die Einheit der Last auf der Lastschale bewirkten, in Millimeter gemessenen Ausschlag der Zeigerspitze verstanden. Benutzt man bei den Neigungswaagen als Empfindlichkeitsgewicht das einem Skalenteil entsprechende Gewicht, so stellt die Länge der einzelnen Skalenteile die Empfindlichkeit der Waage an den verschiedenen Stellen des Wägebereiches dar.

Zur Ableitung der Formeln bedienen wir uns, wie früher, der theoretischen Definition:

$$E = \frac{d\varphi}{dL} = 1 : \frac{dL}{d\varphi}.$$

Durch Differentiieren der Gleichung (199) ergibt sich demnach für die Empfindlichkeit der einfachen Neigungswaage die Formel

$$E = \frac{l}{Gg} \frac{\sin^2(\lambda + \varphi)}{\sin \lambda}. \tag{203}$$

Da $\sin(\lambda + \varphi)$ für $\lambda + \varphi = 90^0 - \alpha$ denselben Wert hat wie für $\lambda + \varphi = 90^0 + \alpha$, so ist die Empfindlichkeit der Waage in beiden Lagen die gleiche. Die Lage der Waage, in der der Kraftwinkel $\lambda + \varphi$ der Last $= 90^0$, in der also die Kraftrichtung der Last senkrecht zu ihrem Arm gerichtet, das ist bei lotrechter Kraftrichtung die Lage, in der der Lastarm wagerecht gerichtet ist, bildet demnach die Symmetrielage der Waage. Zeigt in dieser Lage der Zeiger der Waage auf die Mitte der Skale, so ist die ganze Skale symmetrisch, die Empfindlichkeit am Anfang der Skale ist gleich der am Ende, sie wechselt aber von Strich zu Strich, und zwar von der Mitte aus nach beiden Seiten in gleicher Weise.

Um den Höhe- oder Tiefpunkt der Empfindlichkeitskurve zu ermitteln, die sich nach vorstehender Gleichung zeichnen läßt, bilden wir den Differentialquotienten $\dfrac{dE}{d\varphi}$ und setzen ihn $= 0$, indem wir zugleich der Kürze halber den konstanten Teil $\dfrac{l}{Gg \sin \lambda}$ durch const bezeichnen:

$$\frac{dE}{d\varphi} = \text{const } 2 \sin(\lambda + \varphi) \cos(\lambda + \varphi) = \text{const} \sin 2(\lambda + \varphi) = 0. \tag{204}$$

Die Kurve hat daher einen ausgezeichneten Punkt für $2(\lambda + \varphi) = 180^0$ oder $\lambda + \varphi = 90^0$. Da für diesen Punkt

$$\frac{d^2 E}{d\varphi^2} = 2 \text{ const} \cos 2(\lambda + \varphi)$$

negativ ist, so ist der Punkt ein Höhepunkt der Kurve, d. h. die Empfindlichkeit erreicht in der Symmetrielage der Waage ihren größten Wert.

Um das Verhältnis der Empfindlichkeit am Anfang der Skale zu der in der Mitte zu bestimmen, setzen wir in Gleichung (203) nacheinander $\varphi = 0$ und $\varphi = \frac{1}{2} \varphi_m$ und erhalten für den Anfang der Skale

$$E_0 = \frac{l}{Gg} \cdot \sin \lambda$$

und für die Mitte, da nach Formel (200) $\frac{1}{2} \varphi_m = 90^0 - \lambda$,

$$E_{\frac{1}{2} \varphi_m} = \frac{l}{Gg} \cdot \frac{1}{\sin \lambda}.$$

Für das Verhältnis beider zueinander ergibt sich daher

$$\frac{E_0}{E_{\frac{1}{2}\varphi_m}} = \sin^2 \lambda$$

oder
$$E_0 = \sin^2 \lambda \, E_{\frac{1}{2}\varphi_m} . \tag{205}$$

Ist z. B. der Neigungsbereich φ_m einer Waage $= 50^0$, so ist nach Formel (200) $\lambda = 90 - \frac{1}{2} 50 = 65^0$ und $\sin^2 \lambda = 0{,}82$, d. h. die Skalenteile in der Mitte und am Anfang oder Ende der Skale verhalten sich wie $1:0{,}82$. Bei einem Neigungsbereich von 60^0 würden sie sich verhalten wie $1:0{,}75$.

95. Zusammengesetzte Neigungswaagen mit Lastschneide am Neigungshebel und Zugstange.

a) Die drei gebräuchlichsten Bauarten.

Die einfachen Neigungswaagen mit hängender Lastschale haben den Nachteil, daß sie zweifachen Schwingungen unterworfen sind, solchen der ganzen Waage und Sonderschwingungen der Schale, die sich gegenseitig beeinflussen und zweifacher Dämpfung bedürfen. Man zieht daher, sowie auch der Bequemlichkeit der Benutzung wegen, Waagen mit Oberschale vor, die mit einem besonderen Lasthebelwerk und parallel geführter Schale oder in einfachster Form mit letzterer allein versehen sind.

In Abb. 45 ist eine Waage dargestellt, die den Übergang bildet von den einfachen zu den zusammengesetzten Neigungswaagen. Sie hat mit den einfachen Waagen das Gemeinsame, daß sie nur einen Hebel, den Neigungshebel besitzt, und hat andererseits eine parallel geführte Lastschale, wie die zusammengesetzten Waagen. Wird bei dieser Waage die Last zentrisch, d. h. so auf die Schale gesetzt, daß ihr Schwerpunkt sich lotrecht über der Lastschneide befindet, so wirkt sie, solange der Schwerpunkt lotrecht über der Lastschneide bleibt, genau so, als ob sie sich auf einer hängenden Schale befände. Wird die Last exzentrisch auf die Schale gesetzt, so kommt zu dieser Wirkung ein Drehungsmoment hinzu, das auf die Schale und Schalenstütze ausgeübt wird. Dieses Moment wird jedoch, wie in Nr. 28 nachgewiesen ist, vollständig von den beiden Führungsgliedern CD und $C'D'$ aufgenommen, wenn diese einander gleich und parallel sind. In dem Fall treten in den beiden Gliedern nur Zug- und Druckkräfte auf, die, da sie in der Richtung der Glieder wirken, auf die Einstellung der Waage von keinem Einfluß sind. Unter der Voraussetzung, daß das Führungsviereck $CDC'D'$ dieser

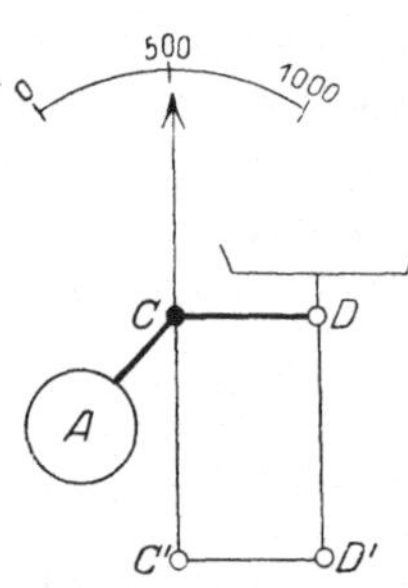

Abb. 45. Einfache Neigungswaage mit parallel geführter Lastschale nach Bauart C.

Waage ein Parallelogramm ist und bei allen Neigungen des Hebels bleibt, gilt für sie daher ohne weiteres die Theorie der einfachen Neigungswaage, und es können für sie dieselben Skalen verwendet werden, wie für diese.

Bei den zusammengesetzten Neigungswaagen, deren Lasthebelwerk bei Kleinwaagen fast ausnahmslos nach einer der beiden Bauarten B oder C (Abb. 40 und 41) eingerichtet ist, wirkt die Last nicht unmittelbar auf den Neigungshebel, sondern auf einen oder zwei besondere Lasthebel, die unter sich durch eine Koppel und mit dem Neigungshebel durch eine Zugstange verbunden sind. Diese Bindeglieder bringen als Träger der Übertragungskräfte eine neues veränderliches Glied in die Gleichung der Waage hinein, weil sie bei Neigungen der Hebel ihre Richtung ändern, und dies ist hinsichtlich der Theorie der Hauptunterschied zwischen den einfachen und den zusammengesetzten Waagen. Bei jenen sind die Drehungsmomente der Last und des Neigungsgewichtes im ganzen Neigungsbereich unmittelbar vergleichbar, weil die Kraftrichtungen unveränderlich sind, bei diesen werden sie bei der Übertragung von Hebel zu Hebel verfälscht, weil die Richtung der Bindeglieder sich mit der Neigung der Waage ändert.

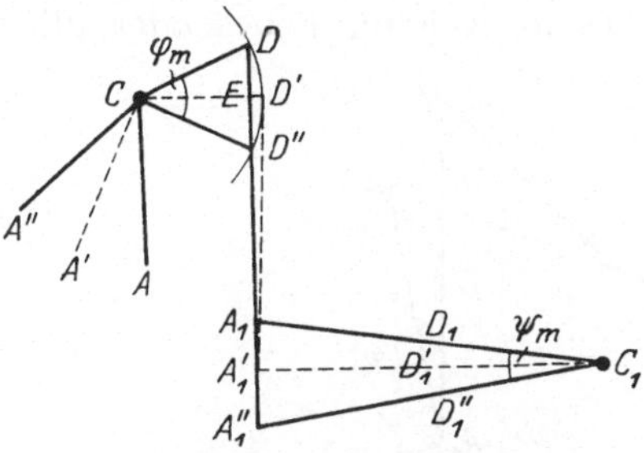

Wir legen unserer Betrachtung eine Zweihebelwaage mit hängender Schale zugrunde, weil diese die einfachste Form einer zusammengesetzten Waage darstellt, und weil die Theorie dieser Waage bei Erfüllung der Voraussetzung 4 in Nr. 93 für alle anderen Neigungswaagen gilt.

Abb. 46. Verhältnis des Neigungsbereichs des Lasthebels zu dem des Neigungshebels bei symmetrischer Lage beider.

b) **Verhältnis der Neigung des Lasthebels (ψ) zu der des Neigungshebels (φ). Verhältnis der Neigungsbereiche.**

Bei zusammengesetzten Neigungswaagen nehmen wir stets an, daß die Zugstange oder bei Waagen mit Kurvenscheibe das Zugband in der Nullage der Waage lotrecht gerichtet sind.

Wir berechnen zunächst das Verhältnis der Neigungsbereiche des Last- und des Neigungshebels unter der Voraussetzung, daß beide Neigungsbereiche zur Wagerechten symmetrisch gelegen sind. In Abb. 46 ist eine Zweihebel-Neigungswaage in drei Lagen dargestellt

in der Anfangslage $ACD - A_1C_1D_1$,

in der Mittellage $A'CD' - A_1'C_1'D_1'$

und in der Endlage $A''CD'' - A_1''C_1''D_1''$.

Da die beiden Neigungsbereiche symmetrisch zur Wagerechten gelegen sind und die Zugstange in der Nullage lotrecht gerichtet ist, so ist sie in der Endlage ebenfalls lotrecht und die vier Punkte D, D'', A_1 und A_1'' liegen auf einer Geraden. Infolgedessen ist

$$DD'' = A_1 A_1''$$

oder

$$2l \sin \frac{1}{2}\varphi_m = 2g_1 \sin \frac{1}{2}\psi_m.$$

Hieraus ergibt sich

$$\sin \frac{1}{2}\psi_m = \frac{l}{g_1} \cdot \sin \frac{1}{2}\varphi_m. \tag{206}$$

Nimmt man z. B. das Verhältnis $\dfrac{l}{g_1} = 0{,}1$ an, so wird bei einem Neigungsbereich von 50^0

$$\sin \frac{1}{2}\psi_m = 0{,}1 \sin 25^\circ = 0{,}0423$$

und $\psi_m = 4^0\,51'$, also nahezu gleich dem zehnten Teil des Neigungsbereiches des Neigungshebels oder, allgemein ausgedrückt, gleich dem Bruch-

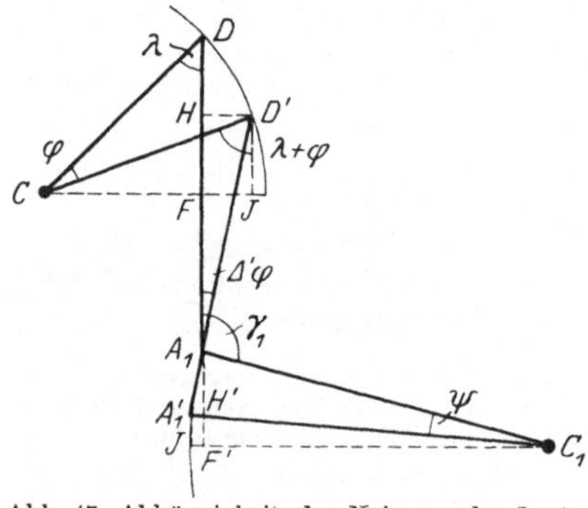

Abb. 47. Abhängigkeit der Neigung des Lasthebels von der des Neigungshebels.

teil $\dfrac{l}{g_1}$ des Neigungsbereiches des Neigungshebels.

Um nun eine allgemeine Beziehung zwischen der Neigung ψ des Lasthebels und derjenigen φ des Neigungshebels zu erhalten, bestimmen wir die lotrechten Verschiebungen der beiden Endpunkte der Zugstange und setzen sie einander gleich. Die Höhenlage dieser beiden Punkte wird zwar auch dadurch ein wenig geändert, daß die Zugstange ihre Richtung ändert. Bei der Kleinheit des Ablenkungswinkels der Zugstange ist die Änderung jedoch so gering, daß sie vernachlässigt und die Zugstange als lotrecht geführt angenommen werden kann. Die lotrechte Verschiebung des oberen Endpunktes der Zugstange ist nach Abb. 47

$$= DH = DF - D'J = l\cos\lambda - l\cos(\lambda+\varphi) = l[\cos\lambda - \cos(\lambda+\varphi)]$$

und die des unteren Endpunktes der Zugstange

$$= A_1 H' = A_1 F' - A_1' J' = g_1 \cos \sphericalangle F'A_1 C_1 - g_1 \cos \sphericalangle J'A_1 C_1$$
$$= - g_1 \cos\gamma_1 + g_1 \cos(\gamma_1 - \psi) = g_1 [\cos(\gamma_1 - \psi) - \cos\gamma_1].$$

Es ist daher

$$l[\cos\lambda - \cos(\lambda+\varphi)] = g_1 [\cos(\gamma_1 - \psi) - \cos\gamma_1]$$

oder

$$\cos(\gamma_1 - \psi) = \frac{l}{g_1}[\cos\lambda - \cos(\lambda+\varphi)] + \cos\gamma_1. \tag{207}$$

Mit Hilfe dieser Formel kann man aus der Neigung φ den Winkel $\gamma_1 - \psi$ und hieraus ψ berechnen.

Nimmt man z. B. $\dfrac{l}{g_1} = 0{,}1$ an, so erhält man für einen Neigungsbereich von 50^0 bei symmetrischer Lage beider Neigungsbereiche, also
$\lambda = 65^0$ und $\gamma_1 = 92^0\,30'$ für φ und ψ folgende zusammengehörige Werte:

Neigung des Neigungshebels φ	Neigung des Lasthebels ψ	Differenz $0{,}1\,\varphi - \psi$
0^0	$0'$	$0'$
5^0	$28'$	$2'$
10^0	$56'$	$4'$
15^0	$1^0\,26'$	$4'$
20^0	$1^0\,55'$	$5'$
25^0	$2^0\,26'$	$4'$
30^0	$2^0\,56'$	$4'$
35^0	$3^0\,25'$	$5'$
40^0	$3^0\,54'$	$6'$
45^0	$4^0\,23'$	$7'$
50^0	$4^0\,51'$	$9'$

c) Änderung der Richtung der Zugstange.

Die Zugstange, die nach unserer Annahme in der Nullage der Waage
stets lotrecht gerichtet sein soll, ändert ihre Richtung, sobald die Hebel
sich neigen. Da ihre beiden Endpunkte Kreisbogen beschreiben, so erfahren sie Verschiebungen in wagerechter Richtung. Der obere Endpunkt D (Abb. 47) verschiebt sich bei einer Neigung des Hebels um den
Winkel $DCD' = +\varphi$ um die Strecke HD', die wir in dieser Richtung, also
im Sinne einer Zunahme des Hebelarmes des Neigungshebels als positiv
ansehen. Der untere Endpunkt der Zugstange verschiebt sich in negativer Richtung um die Strecke $-H'A'_1$. Die Differenz beider Verschiebungen dividiert durch die Länge z der Zugstange ergibt den Sinus des
Ablenkungswinkels der Zugstange oder, da der Winkel klein ist, ihn
selbst. Bezeichnet man den Winkel mit $\Delta'\varphi$, so ist

$$\Delta'\varphi = \frac{HD' - (-H'A'_1)}{z}.$$

Nun ist

$$HD' = CJ - CF = l\sin(\lambda + \varphi) - l\sin\lambda$$

und

$$-H'A'_1 = C_1F' - C_1J' = g_1\sin\gamma_1 - g_1\sin(\gamma_1 - \psi).$$

Setzt man diese Werte in die Gleichung ein, so ergibt sich

$$\Delta'\varphi = \frac{l\,[\sin(\lambda + \varphi) - \sin\lambda] + g_1[\sin(\gamma_1 - \psi) - \sin\gamma_1]}{z}. \tag{208}$$

Mit Hilfe dieser Formel lassen sich die Ablenkungen, die die Zugstange
durch die Neigung der Hebel erfährt, für beliebige Werte der in der Gleichung enthaltenen Konstanten berechnen. Nimmt man z. B. an, es sei

$g_1 = z = 10\,l$, so ergeben sich bei einem symmetrisch gelegenen Neigungsbereich von 50^0, wobei $\lambda = 65^0$ und $\gamma_1 = 92^0\,30'$ wäre, nebenstehende Ablenkungen.

Neigung des Neigungshebels φ	Richtungsänderung der Zugstange $\varDelta'\varphi$
0^0	0
5^0	11'
10^0	21'
15^0	27'
20^0	31'
25^0	32'
30^0	31'
35^0	27'
40^0	21'
45^0	11'
50^0	0

Wir hatten die wagerechten Verschiebungen der Endpunkte der Zugstange als positiv gerechnet, wenn sie in der Richtung CJ (Abb. 47) von der Stützschneide des Neigungshebels nach der Seite der Lastschneide hin erfolgt. Der Winkel $\varDelta'\varphi$ ist demnach positiv, wenn die Zugstange sich im Sinne der Uhrzeigerbewegung aus der lotrechten Lage herausdreht. Durch eine positiv gerichtete Drehung der Zugstange werden daher die beiden Kraftwinkel, die diese einerseits mit dem Neigungshebel, andererseits mit dem Lasthebel bildet, um den Betrag $\varDelta'\varphi$ verkleinert. Sie werden demnach $= \lambda + \varphi - \varDelta'\varphi$, bzw. $= \gamma_1 - \psi - \varDelta'\varphi$.

d) Änderung der Hebelarme $l\sin(\lambda + \varphi)$ und $g_1\sin(\gamma_1 - \psi)$ infolge Richtungsänderung der Zugstange.

Die in der Zugstange wirkende Übertragungskraft übt sowohl auf den Neigungshebel wie auf den Lasthebel ein Drehungsmoment aus. Bei einer Neigung der Waage um den Winkel φ und lotrecht geführter Zugstange ist ihr Hebelarm in bezug auf jenen $= l\sin(\lambda + \varphi)$, in bezug auf diesen $= g_1\sin(\gamma_1 - \psi)$. Bei frei sich einstellender Zugstange werden diese Hebelarme $= l\sin(\lambda + \varphi - \varDelta'\varphi)$, bzw. $= g_1\sin(\gamma_1 - \psi - \varDelta'\varphi)$. Infolge der Schrägstellung der Zugstange ändert sich daher der eine Hebelarm um den Bruchteil

$$\frac{l\sin(\lambda + \varphi - \varDelta'\varphi) - l\sin(\lambda + \varphi)}{l\sin(\lambda + \varphi)} = \frac{\sin(\lambda + \varphi - \varDelta'\varphi) - \sin(\lambda + \varphi)}{\sin(\lambda + \varphi)},$$

der andere um den Bruchteil

$$\frac{\sin(\gamma_1 - \psi - \varDelta'\varphi) - \sin(\gamma_1 - \psi)}{\sin(\gamma_1 - \psi)}$$

seiner Länge. In den folgenden beiden Tabellen sind diese Änderungen berechnet für eine Waage mit einem symmetrischen Neigungsbereich von 50^0 und einem Verhältnis $\dfrac{l}{g_1} = \dfrac{l}{z} = 0{,}1$ für Neigungen von 5 zu 5, bzw. 1 zu 1^0.

Wie die zweite Tabelle zeigt, ist die Änderung dieses Hebelarmes so gering, daß man sie vernachlässigen und $\sin(\gamma_1 - \psi - \varDelta'\varphi) = \sin(\gamma_1 - \psi)$ setzen kann.

Änderungen des Hebelarmes $l \sin (\lambda + \varphi)$.

Neigungs-winkel	Kraftwinkel bei		Änderungen des Hebelarmes in Bruchteilen seiner Länge
	lotrecht ge-führter	frei sich ein-stellender	
	Zugstange		
φ	$\lambda + \varphi$	$\lambda + \varphi - \Delta'\varphi$	
0^0	65^0	$65^0\ 0'$	0,0000
5^0	70^0	$69^0\ 49'$	$-0,0012$
10^0	75^0	$74^0\ 39'$	$-0,0017$
15^0	80^0	$79^0\ 33'$	$-0,0014$
20^0	85^0	$84^0\ 29'$	$-0,0008$
25^0	90^0	$89^0\ 28'$	0,0000
30^0	95^0	$94^0\ 29'$	$+0,0007$
35^0	100^0	$99^0\ 33'$	$+0,0014$
40^0	105^0	$104^0\ 39'$	$+0,0017$
45^0	110^0	$109^0\ 49'$	$+0,0012$
50^0	115^0	$115^0\ 0'$	0,0000

Änderungen des Hebelarmes $g_1 \sin (\gamma_1 + \psi)$.

φ	$\gamma_1 - \psi$	$\gamma_1 - \psi - \Delta'\varphi$	Änderungen des Hebelarmes
0^0	$92^0\ 30'$	$92^0\ 30'$	0,0000
1^0	$91^0\ 30'$	$91^0\ 9'$	$+0,0001$
2^0	$90^0\ 30'$	$89^0\ 59'$	0,0000
3^0	$89^0\ 30'$	$88^0\ 59'$	$-0,0001$
4^0	$88^0\ 30'$	$88^0\ 9'$	$-0,0002$
5^0	$87^0\ 30'$	$87^0\ 30'$	0,0000

e) Gleichgewicht.

Um die Bedingungsgleichung für das Gleichgewicht der Zweihebel-Neigungswaage mit hängender Schale abzuleiten, denken wir uns die Masse der Zugstange mit der Lastschneide des Neigungshebels vereinigt und die Zugstange gewichtslos. Dann kommt zu den an der Einhebel-waage wirkenden Kräften nur das Gewicht B_1 des Lasthebels hinzu.

Wir nehmen vorläufig an, daß die Zugstange nicht nur in der Anfangs- und Endlage, sondern im ganzen Neigungsbereich lotrecht gerichtet sei, was sich z. B. dadurch erreichen ließe, daß man den Lasthebel mit seiner Stützschneide in einem Pendelgehänge lagerte und die Zugstange durch einen Lenker parallel führte.

Zufolge der Voraussetzungen im Abschnitt b) dieser Nummer sind in der Anfangslage der Waage die drei Kraftwinkel $\lambda_1 = \beta_1 = 180^0 - \gamma_1$. Bei einer Neigung des Neigungshebels um den Winkel $+\varphi$, also einer solchen des Lasthebels um den Winkel $+\psi$, nehmen λ_1 und β_1 um ψ zu und γ_1, da nach der vorläufigen Annahme die Zugstange lotrecht geführt sein soll, um ψ ab, und es wird $\lambda_1 + \psi = \beta_1 + \psi = 180^0 - (\gamma_1 - \psi)$. Folglich ist $\sin(\lambda_1 + \psi) = \sin(\beta_1 + \psi) = \sin(\gamma_1 - \psi)$, d. h. die Sinus der drei zum Lasthebel gehörigen Kraftwinkel sind in jeder Lage der Waage einander gleich.

Denkt man sich nun die Zugstange einer in der Lage $+\varphi$ im Gleichgewicht befindlichen Waage in der Mitte durchschnitten und am oberen Teil eine nach unten, am unteren eine nach oben gerichtete lotrechte Kraft K angebracht, die gleich der in der Zugstange wirkenden Zugkraft ist, so hat man zwei im Gleichgewicht befindliche einfache Waagen, eine einfache Neigungswaage mit der Gesamtlast $L_0 + L = K$ und eine Lasthebelwaage mit dem Gewicht K.

Die Bedingung für das Gleichgewicht der Lasthebelwaage ist daher

$$K g_1 \sin(\gamma_1 - \psi) = (L_0 + L) l_1 \sin(\lambda_1 + \psi) + B_1 b_1 \sin(\beta_1 + \psi)$$

oder, da die Sinus einander gleich sind,

$$K g_1 = (L_0 + L) l_1 + B_1 b_1$$

oder
$$K = L \frac{l_1}{g_1} + \frac{L_0 l_1 + B_1 b_1}{g_1} \cdot \tag{209}$$

Stellt man sich demnach vor, es sei an die obere halbe Zugstange eine Schale von dem Gewicht $\dfrac{L_0 l_1 + B_1 b_1}{g_1}$ angehängt und mit der Nutzlast $L \dfrac{l_1}{g_1}$ belastet, so hat man eine einfache Neigungswaage, die in bezug auf die Theorie die Zweihebelwaage ersetzt. Führt man der Kürze halber für das Gewicht dieser Ersatzschale die Bezeichnung L'_0 ein und behält die Bezeichnungen G und g für das Gesamtgewicht der unbelasteten Ersatzwaage und seinen Pendelarm bei, setzt also

$$\frac{L_0 l_1 + B_1 b_1}{g_1} = L'_0 \tag{210}$$

und
$$B + N + Z + L'_0 = G \tag{211}$$

so ist die Bedingung für das Gleichgewicht der Ersatzwaage in der Lage $+\varphi$ gemäß Formel (199)

$$L \frac{l_1}{g_1} \cdot l \sin(\lambda + \varphi) = G g \sin \varphi \cdot \tag{212}$$

Wir denken uns nun die Zwangsführung der Zugstange aufgehoben und diese nur in der Anfangs- und Endlage lotrecht gerichtet. Dann ändert sich infolge der Schrägstellung der Zugstange das Spiel der Kräfte und die Waage nimmt eine etwas andere Gleichgewichtslage ein, für die wir der Einfachheit halber die Bezeichnung φ beibehalten wollen.

Ist in der neuen Lage die Abweichung der Zugstange von der Lotrechten $= \varDelta'\varphi$, so nimmt der Kraftwinkel $\lambda + \varphi$, den die Zugstange mit dem Lastarm des Neigungshebels bildet, den Wert $\lambda + \varphi - \varDelta'\varphi$ und der Kraftwinkel $\gamma_1 - \psi$, den sie mit dem Gewichtsarm des Lasthebels bildet, den Wert $\gamma_1 - \psi - \varDelta'\varphi$ an. Infolgedessen wird die Zugkraft K' in der Zugstange

$$K' = \frac{[(L_0 + L)\, l_1 + B_1 b_1]\, \sin(\lambda_1 + \psi)}{g_1 \sin(\gamma_1 - \psi - \varDelta'\varphi)}$$

oder mit Benutzung der abgekürzten Bezeichnung

$$K' = \left(L'_0 + L\,\frac{l_1}{g_1}\right) \frac{\sin(\lambda_1 + \psi)}{\sin(\gamma_1 - \psi - \varDelta'\varphi)},$$

und das Drehungsmoment, das die Zugkraft auf den Neigungshebel ausübt, wird

$$D_2 = \left(L'_0 + L\,\frac{l_1}{g_1}\right) \frac{\sin(\lambda_1 + \psi)}{\sin(\gamma - \psi - \varDelta'\varphi)} \cdot l \sin(\lambda + \varphi - \varDelta'\varphi),$$

während das Drehungsmoment bei lotrecht geführter Zugstange

$$D_1 = \left(L'_0 + L\,\frac{l_1}{g_1}\right) l \sin(\lambda + \varphi)$$

ist. Die Differenz dieser beiden Momente, die die Änderung des Kräftespieles darstellt infolge Schrägstellung der Zugstange, muß man nun zu der linken Seite der Gleichung, das ist zu dem Moment bei lotrechter Zugstange hinzufügen, um die Gleichung für die neue Lage der Waage zu erhalten.

Da man, wie in Abschnitt d) gezeigt wurde, bei symmetrischer Lage der Neigungsbereiche beider Hebel und in der Nullage der Waage lotrecht gerichteter Zugstange $\sin(\gamma_1 - \psi - \varDelta'\varphi) = \sin(\gamma_1 - \psi)$ setzen kann, und da infolge der zweiten dieser beiden Voraussetzungen $\sin(\gamma_1 - \psi) = \sin(\lambda_1 + \psi)$ ist, so ist in der Formel für D_2 der neben der ersten Klammer stehende Bruch $= 1$ und die Differenz der beiden Drehungsmomente wird

$$D_2 - D_1 = \left(L'_0 + L\,\frac{l_1}{g_1}\right) l\,[\sin(\lambda + \varphi - \varDelta'\varphi) - \sin(\lambda + \varphi)].$$

Löst man hierin $\sin(\lambda + \varphi - \varDelta'\varphi)$ auf in Funktionen von $\varDelta'\varphi$ und $\lambda + \varphi$, so ergibt sich, wenn man beachtet, daß man $\sin\varDelta'\varphi = \varDelta'\varphi$ und $\cos\varDelta'\varphi = 1$ setzen kann, weiter

$$D_2 - D_1 = -\left(L'_0 + L\,\frac{l_1}{g_1}\right) l \cdot \varDelta'\varphi \cos(\lambda + \varphi).$$

Dieser Ausdruck stellt das zusätzliche Drehungsmoment dar, das infolge der Richtungsänderung der Zugstange zu dem der Lastseite hinzukommt. Fügt man ihn auf der linken Seite der Gleichung (212) für die Waage mit lotrecht geführter Zugstange hinzu, so erhält man die Gleichung für die Waage mit frei einstellbarer Zugstange, nämlich

$$L\,\frac{l_1}{g_1} \cdot l \sin(\lambda + \varphi) - \left(L'_0 + L\,\frac{l_1}{g_1}\right) l \cdot \varDelta'\varphi \cos(\lambda + \varphi) = Gg \sin\varphi.$$

Dividiert man die Gleichung durch $\frac{l_1}{g_1} l\sin(\lambda + \varphi)$, so ergibt sich

$$L - \left(L'_0\,\frac{g_1}{l_1} + L\right) \varDelta'\varphi \operatorname{ctg}(\lambda + \varphi) = G\,\frac{g\,g_1}{l\,l_1}\,\frac{\sin\varphi}{\sin(\lambda + \varphi)}.$$

Hieraus erhält man für die Nutzlast den Wert

$$L = G\frac{g\,g_1}{l\,l_1}\,\frac{\sin\varphi}{\sin(\lambda+\varphi)}\cdot\frac{1}{1-\varDelta'\varphi\,\mathrm{ctg}(\lambda+\varphi)} + L'_0\frac{g_1}{l_1}\,\frac{\varDelta'\varphi\,\mathrm{ctg}(\lambda+\varphi)}{1-\varDelta'\varphi\,\mathrm{ctg}(\lambda+\varphi)}$$

und nach Anwendung einer bekannten Näherungsformel für kleine Größen und Zusammenfassung der Glieder, die von der Schrägstellung der Zugstange herrühren.

$$L = G\frac{g\,g_1}{l\,l_1}\cdot\frac{\sin\varphi}{\sin(\lambda+\varphi)} + \left[G\frac{g\,g_1}{l\,l_1}\cdot\frac{\sin\varphi}{\sin(\lambda+\varphi)} + L'_0\frac{g_1}{l_1}\right]\cdot\varDelta'\varphi\cdot\mathrm{ctg}(\lambda+\varphi) \quad (213)$$

Da bei symmetrischer Lage der Neigungsbereiche der beiden Hebel der Winkel $\varDelta'\varphi$, wie aus Gleichung (208) hervorgeht, stets positiv ist, und der Ausdruck in der eckigen Klammer ebenfalls positiv ist, so hängt das Vorzeichen des zweiten Gliedes auf der rechten Seite der Gleichung allein von $\mathrm{ctg}(\lambda+\varphi)$ ab. In der oberhalb der Wagerechten liegenden Hälfte der Neigungsbereiche ist das Glied daher, da hier $\lambda+\varphi < 90^0$ ist, positiv, in der unteren Hälfte dagegen negativ. Die Symmetrie der Skale wird demnach durch die Schrägstellung der Zugstange gestört.

Um mit Hilfe der letzten Gleichung eine Skale berechnen zu können, muß man die Konstanten $\frac{g_1}{l_1}$, λ, L'_0 und $G\frac{g\,g_1}{l\,l_1}$ kennen. Die erste Konstante, das Hebelverhältnis des Lasthebels, läßt sich, wenn es nicht bekannt ist, durch Nachmessen leicht ermitteln. Die zweite ergibt sich aus dem Neigungsbereich φ_m der Waage mit Hilfe der Gleichung (200). Ist dieser nicht bekannt, so kann man ihn leicht bestimmen, indem man die Sehne der ganzen Skale und den Zeiger mißt. Ist die Sehne $= s$ und der Zeiger $= z$, so ist

$$\sin\frac{1}{2}\varphi_m = \frac{1}{2}\,s:z. \quad (214)$$

Die Konstante L'_0, die die Zugkraft in der Zugstange bei unbelasteter und austarierter Waage darstellt, kann man in der Weise bestimmen, daß man die Zugstange vom Neigungshebel abschaltet, statt dessen eine Lastschale anhängt und die so entstandene Einhebelwaage durch Gewichte in die Nullage bringt. Dann ist L'_0 gleich dem Gesamtgewicht von Schale und Gewichten. Dabei ist die Masse der Zugstange mit der Gewichtsschneide des Lasthebels vereinigt gedacht. Die letzte aus fünf Größen bestehende Konstante braucht nur im ganzen bekannt zu sein und läßt sich aus der Gleichung für die Endstellung der Waage berechnen. Da nach unserer Annahme die Zugstange in der Nullage der Waage lotrecht gerichtet ist und die Neigungsbereiche beider Hebel zur Wagerechten symmetrisch gelegen sind, so ist die Zugstange auch in der Endlage lotrecht gerichtet. In beiden Lagen ist daher $\varDelta'\varphi = 0$ und in der Gleichung (213) fällt das zweite Glied der rechten Seite weg. Die Gleichung für die Endlage der Waage lautet demnach

$$L_m = G\frac{g\,g_1}{l\,l_1}\,\frac{\sin\varphi_m}{\sin(\lambda+\varphi_m)}.$$

Ist z. B. die Höchstlast einer Waage $L_m = 10\,000$ g, der Neigungsbereich $\varphi_m = 50^0$, also $\lambda = 65^0$, so ist

$$G\,\frac{g\,g_1}{l\,l_1} = \frac{\sin 115^0}{\sin 50^0} \cdot 10\,000 = 11\,831.$$

Die nachfolgende Tabelle zeigt an einem Beispiel den Einfluß, den die Richtungsänderung der Zugstange auf die Angaben einer Waage von 10 000 g bei einem Neigungsbereich von 50^0 ausübt. Dabei sind die Konstanten $L'_0 = 500$ g, $\dfrac{g_1}{l_1} = 5$. ferner für die Berechnung von $\varDelta'\varphi$ die Längen $g_1 = z = 10\,l$ angenommen. Die auf der Schale befindlichen Nutzlasten sind von 5 zu 5^0 für die Waage einerseits bei lotrecht geführter, andererseits bei freier Zugstange berechnet worden.

Neigung der Waage in Grad	Nutzlast auf der Schale Zugstange		Differenz
	lotrecht geführt	frei	
φ	g	g	g
0	0	0	0
5	1 097	1 101	+ 4
10	2 127	2 135	+ 8
15	3 109	3 117	+ 8
20	4 062	4 065	+ 3
25	5 000	5 000	0
30	5 938	5 933	− 5
35	6 891	6 878	− 13
40	7 873	7 856	− 17
45	8 903	8 890	− 13
50	10 000	10 000	0

96. Justierung einer Neigungswaage mit symmetrischer Skale.

Wie in Nr. 94 e nachgewiesen, ist die Skale einer Neigungswaage mit symmetrischem Neigungsbereich von der Waage, für die sie benutzt werden soll, vollkommen unabhängig. Um sie rein theoretisch berechnen und hiernach auf der Kreisteilmaschine herstellen zu können, braucht man nur zu wissen, welcher Neigungsbereich und welche Zeigerlänge gewünscht wird, und wieviel Skalenteile sie enthalten soll. Man kann die so hergestellte Skale für jede beliebige Neigungswaage — Symmetrie der Ausschläge in bezug auf die Skalenmitte vorausgesetzt — benutzen und braucht nur die Bezifferung der Skale der Höchstlast der Waage anzupassen. Ist die Einteilung der Skale falsch, so ist eine Justierung der Waage nicht möglich. Die Richtigkeit der Skale wird daher vorausgesetzt. Das Verfahren der Justierung mag an dem Beispiel einer einfachen Neigungswaage für eine Höchstlast von 1000 g erläutert werden.

Die Justierung, soweit diese allein die Richtigstellung der Anzeige der Waage bezweckt, bezieht sich auf zwei Punkte: Es muß der durch die

Höchstlast, in unserem Beispiel also durch 1000 g hervorgebrachte Ausschlag des Zeigers in Übereinstimmung gebracht werden mit dem entsprechenden, auf der Skale bezeichneten Bereich. Ferner muß die Skale am Gestell oder der Zeiger am Neigungshebel so eingestellt werden, daß, wenn die Waage sich in der Symmetrielage befindet, also im Fall der einfachen Waage, wenn der Lastarm wagerecht gerichtet ist, der Zeiger auf die Mitte der Skale, also auf 500 g zeigt. Oder mit anderen Worten: Es muß der Neigungsbereich des Zeigers mit dem der Skale und der Symmetriepunkt der Skale mit der Symmetrielage des Zeigers oder umgekehrt in Übereinstimmung gebracht werden.

Nachdem man das Gestell der Waage mit Hilfe der an ihm befindlichen Libelle gerichtet hat, tariert man die Waage in der Nullage aus. Darauf führt man die ersterwähnte Justierung zunächst in roher Annäherung aus, indem man 1000 g auf die Schale setzt und das Teilneigungsgewicht oder das kleine Stellgewicht verstellt, bis der Zeiger ungefähr auf 1000 g zeigt. Nun nimmt man die 1000 g von der Schale herunter, setzt 500 g auf und tariert genau auf den Strich 500 g aus. Darauf nimmt man die 500 g von der Schale herunter, liest die Zeigerstellung ab, setzt 1000 g auf und liest wieder ab. Sind die beiden Ausschläge des Zeigers, von der Mitte der Skale an gerechnet, nach beiden Seiten hin einander nicht gleich, so dreht man den Zeiger nach der Seite des größeren Ausschlages oder, was dieselbe Wirkung hat, die Skale nach der entgegengesetzten Seite so weit, daß der Zeiger in die Mitte des Gesamtausschlages kommt. Hierauf wiederholt man den Versuch, indem man die Waage von neuem auf 500 g austariert, prüft nach, ob man die richtige Stellung getroffen hat und berichtigt sie, wenn dies nicht der Fall sein sollte.

Nun wiederholt man die erste Justierung, indem man sie mit möglichster Genauigkeit ausführt. Die Justierung wird dann ganz besonders einfach, wenn die Waage mit einem kleineren Hilfsneigungsgewicht versehen ist, das an einem Arm verstellbar ist, der in der Nullage der Waage genau lotrecht gerichtet ist. In diesem Fall kann man nämlich das Hilfsneigungsgewicht beliebig höher oder tiefer stellen, ohne daß die Nullage der Waage sich ändert, während die Endlage in den durch das Gewicht und die Verstellbarkeit des Hilfsneigungsgewichtes gezogenen Grenzen geändert werden kann. Man stellt also mit Hilfe der an der Schale vorgesehenen Tariereinrichtung (Schälchen mit Tariermaterial) die Waage genau auf Null ein, setzt 1000 g auf die Schale und bringt die Waage durch Verstellen des Hilfsneigungsgewichtes genau in die Endstellung. Ist die oben erwähnte Bedingung nicht erfüllt, der Arm des Hilfsneigungsgewichtes also in der Nullage der Waage nicht lotrecht, so ändert man durch Einstellung der Waage auf den Endstrich zugleich die Nullage und kommt erst durch mehrfaches Einstellen der Waage in beide Endlagen zum Ziel.

97. Fehler, die sich an der Waage im Betriebe einstellen können und ihre Beseitigung.

Wir nehmen an, eine Neigungswaage sei bei ihrer Ingebrauchnahme genau richtig, und wollen die verschiedenen Ursachen untersuchen, die sie im Betriebe falsch machen können, und die Möglichkeiten der Nachjustierung besprechen.

Die Richtigkeit einer Neigungswaage hängt einerseits von dem festen Teil, dem Gestell mit der Skale, andererseits von dem schwingenden Teil der Waage, dem Waagenpendel, ab. Von der Skale wird verlangt richtige Einteilung und richtige Lage in bezug auf den schwingenden Teil. Diese letztere hängt ab von der richtigen Lage des Gestelles selbst und der richtigen Lage der Skale am Gestell. Die Richtigkeit des schwingenden Teiles ist abhängig von der Richtigkeit seines Gewichtes G, seines Pendelarmes g oder, beides zusammengefaßt, seiner Richtkraft Gg und seines Lastarmes l.

Alle diese Teile können sich im Verlauf des Betriebes ändern. Läßt man eine Änderung der Einteilung der Skale außer Betracht, da sie kaum vorkommen kann und, wenn sie vorkommen sollte, nur durch Ersatz der Skale durch eine neue berichtigt werden kann, so bleiben gemäß der Gleichung der einfachen Neigungswaage

$$L = G \frac{g}{l} \frac{\sin \varphi}{\sin (\lambda + \varphi)}$$

Änderungen der Größen G, g, l und des Anfangswertes λ des Kraftwinkels der Last näher zu untersuchen.

Das Gewicht G des Waagenpendels kann sich dadurch ändern, daß die Masse der Lastschale oder die des Neigungshebels durch Verschmutzen oder Verrosten zunimmt, oder durch Beschädigung oder Abnutzung abnimmt. In beiden Fällen ändert sich im allgemeinen zugleich auch der Pendelarm, sowie die Richtkraft der Waage.

Bezeichnet man die ursprüngliche Masse des Waagenpendels mit M und ihr Gewicht mit G, die abgeänderte Masse mit M' und ihr Gewicht mit G' und die hinzugekommene oder verlorengegangene Masse mit ΔM und ihr Gewicht mit ΔG, so ist

$$M' = M + \Delta M$$

und
$$G' = G + \Delta G.$$

Das Pendel mit dem Gewicht G' setzt sich daher aus zwei Teilpendeln mit den Gewichten G und ΔG zusammen und seine Richtkraft ist gleich der Summe der Richtkräfte der beiden Teilpendel. Bezeichnet man daher die Pendelarme der Gewichte G', G und ΔG der Reihe nach mit g', g und g'', so wird

$$G'g' = Gg + \Delta G g''$$

und der resultierende Pendelarm

$$g' = \frac{Gg + \varDelta G g''}{G'}.$$

Liegt der Schwerpunkt von $\varDelta M$ mit dem der Masse M auf derselben Wagerechten, so ist $g'' = g$ und es wird

$$g' = \frac{(G + \varDelta G)g}{G'} = g.$$

In diesem Fall bleibt der Pendelarm unverändert, die Richtkraft aber nimmt auf $(G + \varDelta G)g$ zu oder ab, je nachdem $\varDelta G$ positiv oder negativ ist.

Liegt der Schwerpunkt von $\varDelta M$ in der durch die Stützschneide gehenden Wagerechten, so ist $g'' = 0$ und es wird

$$G'g' = Gg,$$

d. h. die Richtkraft der Waage bleibt trotz der Massenänderung unverändert. Der Pendelarm wird

$$g' = \frac{G}{G'}\, g.$$

Er nimmt in demselben Verhältnis ab, in dem das Gewicht zunimmt und umgekehrt, so daß das Produkt beider unverändert bleibt.

Liegt der Schwerpunkt von $\varDelta M$ nicht in der durch die Stützschneide gehenden wagerechten Ebene, so ändert sich die Richtkraft der Waage. Haben $\varDelta G$ und g'' gleiche Vorzeichen, d. h. besteht $\varDelta G$ in einer Gewichtszunahme und ist der Pendelarm g'' positiv, also von der Stützschneide aus abwärts gerichtet, oder besteht $\varDelta G$ in einer Gewichtsabnahme und ist g'' aufwärts gerichtet, so nimmt in beiden Fällen die Richtkraft zu, und die Waage zeigt zu wenig an. Haben $\varDelta G$ und g'' entgegengesetzte Vorzeichen, so nimmt die Richtkraft ab, und die Waage zeigt zu viel an.

Im allgemeinen ändert sich infolge der Änderung der Masse nicht nur die Richtkraft, sondern auch die Nullage der Waage. Nur in dem Fall, wenn der Schwerpunkt der hinzugekommenen oder verlorengegangenen Masse in der durch die Stützschneide gehenden Lotrechten liegt, bleibt die Nullage erhalten.

An der in der Nullage befindlichen Neigungswaage gibt es daher zwei ausgezeichnete Ebenen oder, die Waage als ebene Figur dargestellt, zwei ausgezeichnete Linien, die durch die Stützschneide gehende Lotrechte und die Wagerechte. Denkt man sich diese beiden Linien als Schienen ausgebildet und mit einem verschiebbaren Gewicht versehen, so kann man das Gewicht auf der lotrechten Schiene beliebig verschieben, ohne die Nullage der Waage zu ändern, und auf der wagerechten Schiene, ohne die Richtkraft zu verändern. Man kann also mit dem lotrecht verschiebbaren Gewicht die Richtkraft einstellen und mit dem wagerecht verschiebbaren die Nullage, ohne den sonstigen Zustand der Waage zu ändern.

Aus den vorstehenden Betrachtungen geht hervor, daß der Einfluß einer Massenänderung auf die Anzeige einer Waage nicht nur von der Größe der hinzugekommenen oder verlorengegangenen Masse abhängt, sondern auch von der Lage ihres Schwerpunktes. Um die Waage in den ursprünglichen fehlerfreien Zustand zurückzuversetzen und sie auf diese Weise zu berichtigen, genügt es daher nicht, die ursprüngliche Masse der Größe nach wieder herzustellen, sondern die Wiederherstellung der Masse muß, auch an der Stelle erfolgen, an der die Änderung eingetreten ist. Man kann daher z. B. eine Waage, die durch eine Massenänderung des Neigungshebels falsch geworden ist, nicht dadurch berichtigen, daß man die Änderung durch Tariermaterial an der Schale ausgleicht. Hierdurch würde sich die Waage nur dann berichtigen lassen, wenn die Masse der Schale selbst sich geändert hätte oder, wenn die Massenänderung zwar am Neigungshebel stattgefunden hätte, der Schwerpunkt der Masse aber zufällig in der durch die Lastschneide gehenden wagerechten Ebene gelegen hätte.

Da man nie wissen kann, an welcher Stelle der Waage eine Änderung der Masse eingetreten ist, so ist eine genaue Herstellung des alten Zustandes nicht möglich. Diese ist aber auch nicht notwendig, weil die Anzeige der Waage nur von dem Produkt Gg abhängt. Es kommt also gar nicht darauf an, daß das Gewicht G der Waage sich ändert, wenn nur der Pendelarm g diesem Gewicht so angepaßt wird, daß das Produkt Gg seinen ursprünglichen richtigen Wert wiedererhält. Man kann demnach die Waage durch Tariermaterial an der Schale in die Nullstellung bringen, muß dann aber mittels des lotrecht verschiebbaren Stellgewichtes die Richtkraft neu einstellen. Man setzt also nach Nulleinstellung, z. B. einer 1000 g-Waage, 1000 g auf die Schale und verstellt das Stellgewicht solange, bis der Zeiger auf 1000 g zeigt.

Die zweite Größe des Ausdruckes $G\dfrac{g}{l}$, der Pendelarm g, kann sich dadurch ändern, daß irgendein Teil der Waage sich lockert und verschiebt. Infolgedessen ändert sich die Lage des Schwerpunktes der Waage und damit im allgemeinen auch die Länge des Pendelarmes. Diese kann sich ferner auch dadurch ändern, daß die Schneiden, Stützschneide und Lastschneide, sich abnutzen. Beides wirkt im Sinne einer Verlängerung des Pendelarmes. Denn die Abnutzung der Stützschneide ist gleichbedeutend mit einer Höherlegung der Schneide im Hebel und die Abnutzung der Lastschneide hat eine Senkung des Schwerpunktes der Waage zur Folge, weil die Schale, deren Masse man sich mit der Lastschneide vereinigt denken muß, sich mit dieser senkt. Die Berichtigung der Waage geschieht in derselben Weise wie bei einer Massenänderung.

Die dritte Größe, der Lastarm l, kann sich dadurch ändern, daß die Schneiden sich mit der Zeit einseitig abnutzen. Hierdurch wird zwar die

Richtkraft der Waage nicht geändert, wohl aber ihre Empfindlichkeit und damit ihre Anzeige. Außerdem ändert sich ihre Nullage. Da es zu umständlich wäre, dem Lastarm durch Nachschleifen der Lastschneide wieder die ursprüngliche Länge zu geben, paßt man besser die Richtkraft durch Verstellen des Stellgewichtes dem veränderten Lastarm an.

Die Änderungen der bisher behandelten drei Konstanten G, g und l beeinflussen die Anzeige der Waage in gleicher Weise. Sie ändern entweder nur die Nullstellung der Waage oder nur ihre Richtkraft oder beides. Ist die Waage von neuem auf Null eingestellt worden, so kommt es, wie aus der Formel ersichtlich ist, nicht darauf an, welche Einzelwerte die drei Größen haben, sondern welchen Gesamtwert der Ausdruck $G\dfrac{g}{l}$ in diesem Zustand der Waage hat. Man kann daher den Gesamtwert dadurch berichtigen, daß man irgendeine der drei Konstanten ändert. Ist er z. B. um 0,01 seines Betrages zu groß, so daß die Waage sämtliche Gewichte um 1 % zu gering anzeigt, so kann man ihn dadurch berichtigen, daß man entweder g um 0,01 seines Betrages verkleinert oder l um denselben Bruchteil vergrößert. Das Gewicht G kommt für die Berichtigung nicht in Betracht, da es sich nicht ändern läßt, ohne daß man gleichzeitig auch g ändert.

Die vierte und letzte Konstante, der Kraftwinkel λ, das ist der Winkel, den die Kraftrichtung der Last, bei der einfachen Waage also die Lotrechte mit dem Lastarm bildet, wenn der Zeiger auf Null zeigt, kann sich entweder dadurch ändern, daß der von der Skale dargestellte feste Neigungsbereich seine Lage ändert gegen den des Zeigers oder dadurch, daß der Neigungsbereich des Zeigers seine Lage ändert gegen den der Skale. Eine Änderung von λ ist also gleichbedeutend mit einer Verschiebung der beiden Neigungsbereiche gegeneinander. Der erste Fall kann entweder dadurch eintreten, daß das Gestell der Waage infolge unsicherer Aufstellung sich in seiner Längsrichtung nach der einen oder anderen Seite neigt, oder dadurch, daß die Skale sich am Gestell verlagert. Der zweite Fall kann dadurch eintreten, daß der Zeiger durch Lockerung oder Verbiegung seine Lage am Neigungshebel ändert.

Eine Neigung des Gestelles der Waage ist an der Libelle leicht zu erkennen und zu beseitigen. Ebenso wird man eine Verbiegung des Zeigers meistens ohne weiteres erkennen und berichtigen können. Ob Zeiger oder Skale sich an ihren Befestigungsstellen gelockert und verlagert haben, kann man dadurch feststellen, daß man die Symmetrie der Ausschläge des Zeigers in bezug auf die Skalenmitte prüft, wie bei Beschreibung des Prüfungsverfahrens zur Justierung der Waage angegeben. Eine etwa vorhandene Unsymmetrie der Ausschläge beseitigt man durch Verstellen entweder des Zeigers oder der Skale.

98. Neigungswaagen mit Kurvenscheibe und Metallband. Allgemeine Kennzeichnung.

Bei den bisher behandelten Neigungswaagen ist die Empfindlichkeit der Waage in der Mitte der Skale am größten. Diese Eigenschaft könnte man eigentlich als einen Vorzug ansehen, weil die Waage gerade in demjenigen Teil des Wägebereiches am empfindlichsten und genauesten ist, in dem sie am meisten gebraucht wird. Man ist jedoch an gleichmäßig eingeteilte Skalen gewöhnt, bei denen man wenigstens die Richtigkeit der Einteilung nach Augenschein einigermaßen beurteilen kann. Auch ist die Herstellung einer gleichmäßigen Skale einfacher als die einer ungleichmäßigen. Neben den Waagen mit Lastschneide am Neigungshebel werden daher vielfach Neigungswaagen hergestellt, die an Stelle der Lastschneide und -pfanne mit Kurvenscheibe und Stahlband versehen werden, um eine gleichmäßige Skale zu erzielen.

Versieht man einen Neigungshebel an Stelle des Lastarmes mit einem Kurvensektor, auf dessen breitem Rand das eine Ende eines vollkommen biegsamen Stahlbandes befestigt ist, während an das andere Ende die Lastschale angehängt ist, so hat man eine Lastarmbegrenzung, bei der der Arm, während dieser bei einer Begrenzung durch Schneide und Pfanne unveränderlich ist, beliebigveränderlich gemacht werden kann.

Der den Lastarm begrenzende Angriffspunkt der in dem Zugband wirkenden Kraft befindet sich an der Stelle, wo das Band die Kurve verläßt. Da nun bei einer Neigung des Hebels das Band sich von der Kurve abwickelt, so wechselt der Endpunkt des Lastarmes seine Lage auf der Kurve und durchläuft die abgewickelte Strecke. Man hat es daher in der Hand, durch besondere Gestaltung der Kurve und besondere Lagerung in bezug auf die Stützschneide den Arm beliebig zu- oder abnehmen zu lassen.

Da das Zugband sich in die Kraftrichtung einstellen muß, so stellt die von der Stützschneide auf die Richtung des Bandes gefällte Senkrechte den Lasthebelarm dar.

Als Kurvensektor benutzt man einen solchen mit kreisförmiger Randfläche, weil diese am leichtesten herzustellen ist.

99. Einhebel-Neigungswaage mit exzentrisch zur Stützschneide gelagerter Kreiskurvenscheibe.

Abb. 48 stelle eine einfache Neigungswaage mit Kreiskurvenscheibe und Band und hängender Gewichtsschale dar. C ist die Stützschneide, um die sich die Kurvenscheibe dreht. O ist der Mittelpunkt der Kreiskurve, $OD = r$ ihr Radius. D ist der Angriffspunkt der Last, der zwar bei Neigungen des Hebels auf der Kurve wechselt, der aber, da die Kraftrichtung der Last stets lotrecht ist, zu O stets so gelegen ist, daß OD wagerecht gerichtet ist. Der Hebelarm der Last setzt sich daher zusammen aus einem unveränderlichen Teil $OD = r$ und einem veränderlichen CE, der sich ebenso verändert, wie der Lasthebelarm der einfachen Neigungswaage mit Lastschneide und Pfanne. Bezeichnet man die Entfernung CO des Mittelpunktes des Kreises von der Stützschneide, die „Exzentrizität" der Kreiskurve, mit e, so ist in der Lage $+ \varphi$ der Waage $CE' = e \sin(\lambda + \varphi)$, der Lasthebelarm wird $= r + e \sin(\lambda + \varphi)$ und das Drehungsmoment der Last $= (L_0 + L)[r + e \sin(\lambda + \varphi)]$.

Da bei dieser Waage der Angriffspunkt der Last seine Lage auf der Kurve wechselt, wenn der Hebel sich neigt, so kann man das Gewicht der Lastschale zu dem des Neigungshebels nicht hinzurechnen, wie es bei der Waage mit Lastschneide geschah. Wir verstehen daher hier unter dem Neigungsgewicht das Gewicht des Neigungshebels mit allem Zubehör ohne Lastschale, und bezeichnen es mit G'. Sein Arm, das ist die Entfernung AD des Schwerpunktes des Neigungshebels von der Stützschneide, sei g' und sein Kraftwinkel in der Nullage der Waage γ'. Dann ist das Drehungsmoment des Neigungsgewichtes in der Nullage der Waage $= G'g' \sin \gamma'$ und in der Lage $+ \varphi$ der Waage $= G'g' \sin(\gamma' - \varphi)$. Führt man noch statt des Kraftwinkels γ' den Winkel φ_0 ein, den g' mit der Lotrechten bildet, so wird $\gamma' = 180^0 - \varphi_0$, $\gamma' - \varphi = 180^0 - (\varphi_0 + \varphi)$ und $\sin(\gamma' - \varphi) = \sin(\varphi_0 + \varphi)$. Folglich ist $G'g'\sin(\gamma' - \varphi) = G'g'\sin(\varphi_0 + \varphi)$ und die Bedingungsgleichung für das Gleichgewicht der Waage in der Lage $+ \varphi$

$$(L_0 + L)[r + e \sin(\lambda + \varphi)] = G'g' \sin(\varphi_0 + \varphi)$$

oder, wenn man hieraus die Nutzlast L berechnet und zugleich in dem Bruch auf der rechten Seite Zähler und Nenner durch e dividiert,

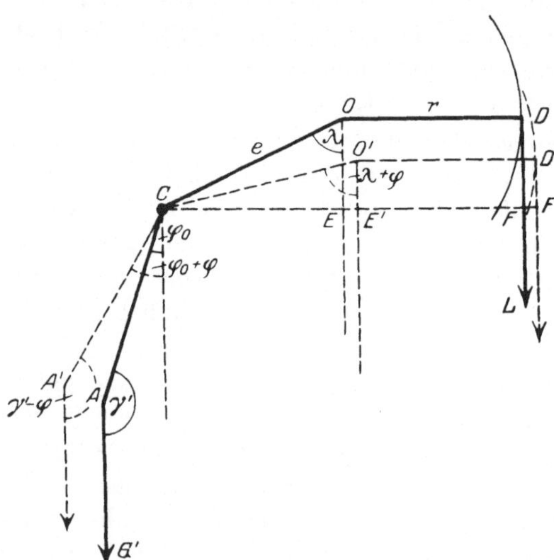

Abb. 48. Kräftebild einer einfachen Neigungswaage mit Kurvenscheibe und Stahlband.

$$L = G' \frac{g'}{e} \frac{\sin(\varphi_0 + \varphi)}{\dfrac{r}{e} + \sin(\lambda + \varphi)} - L_0. \tag{215}$$

Differentiiert man diese Gleichung, so erhält man die Formel für die Trägheit der Waage

$$U = \frac{dL}{d\varphi} = G'\,\frac{g'}{e}\,\frac{\dfrac{r}{e}\cos(\varphi_0+\varphi)+\sin(\lambda-\varphi_0)}{\left[\dfrac{r}{e}+\sin(\lambda+\varphi)\right]^2}. \tag{216}$$

Damit die Einteilung der Skala gleichmäßig wird, muß die Trägheit der Waage über den ganzen Wägebereich hin die gleiche, d. h. es muß U von φ unabhängig sein. Wie man sieht, ist dies nicht der Fall. Mit einer exzentrisch gelagerten Kreiskurvenscheibe läßt sich daher vollkommene Proportionalität zwischen Last und Neigung nicht erzielen. Durch passende Wahl der Konstanten λ und $\dfrac{r}{e}$ kommt man jedoch zu einer sehr engen Annäherung an genaue Proportionalität.

Um zu zeigen, wie die einzelnen Unveränderlichen die Einteilung der Skale beeinflussen, wollen wir mit Hilfe der Gleichung (215) für eine Waage von 1000 g mit einem Neigungsbereich von 30⁰ die Nutzlasten L für Neigungen der Waage von 3 zu 3⁰ berechnen, indem wir für die Unveränderlichen bestimmte Werte annehmen und diese nacheinander variieren. Für das Gewicht der Lastschale nehmen wir stets den gleichen Wert an, nämlich $L_0 = 500$ g. Den Kraftwinkel der Last in der Nullage der Waage, das ist der Winkel, den die Lotrechte mit der Exzentrizität e der Kreiskurve bildet, setzen wir nacheinander $= 80, 85$ und $90⁰$, ferner das Verhältnis des Radius zur Exzentrizität des Kreises $\dfrac{r}{e} = 2, 1$ und $0,5$.

Die beiden letzten Konstanten der Gleichung, den Ausdruck $G'\dfrac{g'}{e}$, den wir als eine einzige Konstante ansehen und kurz mit G'_0 bezeichnen wollen und den Winkel φ_0, den der Arm g' in der Nullage der Waage mit der Lotrechten bildet, kann man aus den drei erstgenannten berechnen.

Da es sich hier nur um Untersuchung der Einteilung der Skale handelt, im besonderen darum, bis zu welchem Genauigkeitsgrad die den Gewichten auf der Lastschale entsprechende Skale mit einer gleichmäßig eingeteilten Skale übereinstimmt, so setzen wir voraus, daß der Zeiger der unbelasteten Waage genau auf den Nullstrich und bei Höchstbelastung der Waage genau auf den Endstrich der gleichmäßigen Strichskale zeigt. Daraus ergeben sich nach Formel (215) zwei Gleichungen, in denen sämtliche Größen mit Ausnahme der beiden Konstanten G'_0 und φ_0 bekannt sind, nämlich in etwas abgeänderter Form

$$(L_0 + L_m)\left[\frac{r}{e} + \sin(\lambda+\varphi_m)\right] = G'_0 \sin(\varphi_0+\varphi_m)$$

und
$$L_0\left(\frac{r}{e} + \sin\lambda\right) = G'_0 \sin\varphi_0.$$

Löst man in der oberen Gleichung $\sin(\varphi_0 + \varphi_m)$ auf, dividiert die obere Gleichung durch die untere und bringt φ_0 auf eine Seite, so wird

$$\operatorname{ctg} \varphi_0 = \frac{L_0 + L_m}{L_0} \cdot \frac{\dfrac{r}{e} + \sin(\lambda + \varphi_m)}{\sin \varphi_m \left(\dfrac{r}{e} + \sin \lambda\right)} - \operatorname{ctg} \varphi_m. \qquad (217)$$

Mit dem hieraus berechneten Winkel φ_0 erhält man weiter aus der unteren Gleichung

$$G_0' = \frac{L_0 \cdot \left(\dfrac{r}{e} + \sin \lambda\right)}{\sin \varphi_0}. \qquad (218)$$

Die für die folgenden Berechnungen gewählten gemeinsamen Konstanten sind, wie oben angegeben, $L_0 = 500$ g, $L_m = 1000$ g und $\varphi_m = 30^0$. Kombiniert man zuerst $\lambda = 80^0$ und $\dfrac{r}{e} = 2$, so erhält man für die beiden unbekannten Konstanten die Werte

$$\operatorname{ctg} \varphi_0 = \frac{500 + 1000}{500} \cdot \frac{2 \sin(80 + 30)^0}{\sin 30^0 (2 + \sin 80^0)} - \operatorname{ctg} 30^0 = 4{,}1774.$$

Hieraus ergibt sich $\varphi_0 = 13^0\ 28'$ und weiter aus Gleichung (218) $G_0' = 6408{,}4$. Damit sind sämtliche Konstanten der Hauptgleichung (215) bekannt, und man kann nun, indem man nacheinander $\varphi = 3, 6, 9, \ldots 30^0$ setzt, die diesen Zeigerstellungen entsprechenden Gewichte berechnen, die sich auf der Lastschale befinden, und sie mit den angezeigten Gewichten vergleichen, die bei der angenommenen Höchstlast von 1000 g in Stufen von 100 zu 100 g fortschreiten. Für die Kombination $\lambda = 80^0$ und $\dfrac{r}{e} = 2$ ergibt sich hiernach folgende Tabelle:

Neigung φ	Angezeigtes Gewicht g	Wirkliches Gewicht g	Die Waage zeigt + = zu viel − = zu wenig an g
0^0	0	0,0	0,0
3^0	100	107,0	− 7,0
6^0	200	212,6	− 12,6
9^0	300	316,5	− 16,5
12^0	400	418,8	− 18,8
15^0	500	519,6	− 19,6
18^0	600	618,9	− 18,9
21^0	700	716,6	− 16,6
24^0	800	812,6	− 12,6
27^0	900	907,2	− 7,2
30^0	1000	1000,0	0,0

Diese Kombination ergibt demnach bedeutende Fehler und ist für eine Waage ungeeignet.

Im folgenden sind neun Tabellen zusammengestellt, die den neun Kombinationen entsprechen, die sich aus drei Werten für λ und drei für $\dfrac{r}{e}$ ableiten lassen. Der Übersichtlichkeit wegen sind nur die Fehler aufgeführt, die eine Waage mit gleichmäßiger Skale unter den verschiedenen Verhältnissen haben würde.

Ange-zeigtes Ge-wicht	Fehler der Waage								
	$\lambda = 80^0$			$\lambda = 85^0$			$\lambda = 90^0$		
	$\dfrac{r}{e} =$			$\dfrac{r}{e} =$			$\dfrac{r}{e} =$		
	2	1	0,5	2	1	0,5	2	1	0,5
g	g	g	g	g	g	g	g	g	g
0	0,0	0,0	0,0	0,0	0,0	0,0	0,0	0,0	0,0
100	− 7,0	− 5,1	− 3,1	− 5,6	− 3,0	− 0,3	− 4,2	− 0,9	+ 2,5
200	− 12,6	− 8,8	− 4,8	− 9,9	− 4,9	+ 0,2	− 7,6	− 1,3	+ 5,2
300	− 16,5	− 10,9	− 5,3	− 13,0	6,0	+ 1,2	− 10,1	− 1,1	+ 7,8
400	− 18,8	− 11,9	− 4,9	− 15,0	− 6,3	+ 2,6	− 11,6	− 0,8	+ 10,0
500	− 19,6	− 11,9	− 4,0	− 15,6	− 6,1	+ 3,8	− 12,1	− 0,3	+ 11,6
600	− 18,9	− 10,8	− 2,7	− 14,9	− 5,3	+ 4,7	− 11,6	+ 0,2	+ 12,4
700	− 16,6	− 9,1	− 1,6	− 13,0	− 4,2	+ 5,2	− 10,3	+ 0,7	+ 11,9
800	− 12,6	− 6,5	− 0,4	− 9,8	− 2,9	+ 4,7	− 8,0	+ 0,9	+ 9,9
900	− 7,2	− 3,5	+ 0,2	− 5,2	− 1,5	+ 3,1	− 4,5	+ 0,7	+ 6,1
1000	0,0	0,0	0,0	0,0	0,0	0,0	0,0	0,0	0,0

In den Abb. 49—51 sind diese neun Fehlertafeln in Kurven dargestellt. Wie man sieht, wirkt in dem Bereich von 80—90⁰ eine Vergröße-

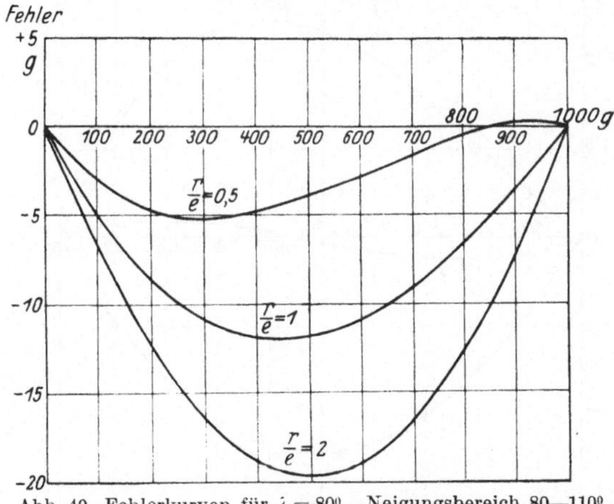

Abb. 49. Fehlerkurven für $\lambda = 80^0$. Neigungsbereich 80—110⁰.

rung des Kraftwinkels λ derart, daß die Fehler sich in positiver Richtung ändern. Im gleichen Sinne wirkt eine Verkleinerung des Verhältnisses $\dfrac{r}{e}$ oder bei gleichbleibender Exzentrizität der Kreiskurve eine Verkleinerung des Radius. Der günstigste Fall tritt ein bei der Kombination $\lambda = 90^0$ und $\dfrac{r}{e} = 1$. Bei dieser bleiben die Fehler innerhalb der Grenze von $\pm 1{,}5$ g.

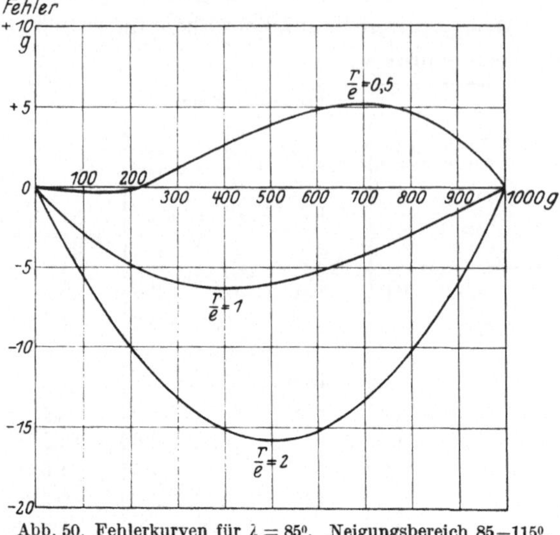

Abb. 50. Fehlerkurven für $\lambda = 85^0$. Neigungsbereich 85—115⁰.

Wird der Radius des Kreises $r = 0$, so geht der Kreissektor in einen Punkt O über, der den festen Angriffspunkt der Last bildet. Aus der

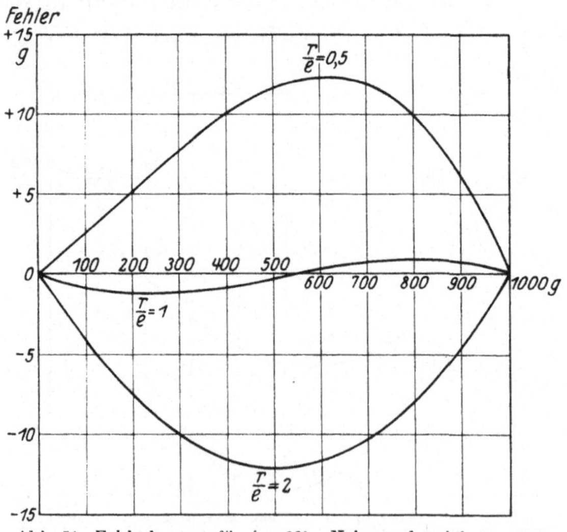

Abb. 51. Fehlerkurven für $\lambda = 90^0$. Neigungsbereich 90—120⁰.

Waage mit Kurvenscheibe und Stahlband wird eine solche mit Lastschneide und Pfanne. Diese stellt demnach einen Grenzfall der Waage mit Kurvenscheibe dar.

Setzt man in der Formel (215) $\dfrac{r}{e} = 0$ und bezeichnet die Exzentrizität e, die nunmehr den ganzen Lastarm bildet, mit l, so erhält man die Sonderformel für die Einhebel-Neigungswaage mit Lastschneide

$$L = G' \frac{g'}{l} \frac{\sin(\varphi_0 + \varphi)}{\sin(\lambda + \varphi)} - L_0, \qquad (219)$$

die eine zweite Form der Bedingungsgleichung für das Gleichgewicht der Waage mit Lastschneide darstellt und die sich in die Gleichung (199) der ersten Form überführen läßt, wenn man beachtet, daß in der vorliegenden Gleichung G' das Gewicht des Neigungshebels ohne Lastschale, in jener dagegen G das Gewicht des Neigungshebels mit Lastschale bedeutet, ferner daß die Drehungsmomente von G' und L_0 in der Nullage der Waage einander gleich sind, und daß die Richtkraft von G gleich der Summe der Richtkräfte von G' und L_0 ist, wenn man also folgende Gleichungen benutzt, um $G'g'$ und φ_0 aus der vorstehenden Gleichung zu eliminieren,

$$G = G' + L_0,$$
$$G'g' \sin\varphi_0 = L_0 l \sin\lambda$$

und
$$Gg = G'g' \cos\varphi_0 - L_0 l \cos\lambda.$$

Im folgenden sind sechs Fehlertafeln angegeben, in denen dieser Grenzfall mit berücksichtigt ist. Die Tafeln sind berechnet für die Werte $L_0 = 500$ g, $\varphi_m = 30^0$, $\lambda = 75^0$ und für sechs verschiedene Werte $\dfrac{r}{e} = 2$, $= 1$, $= 0{,}5$, $= 0{,}2$, $= 0{,}1$ und $= 0$. Der Neigungsbereich des Lastarmes erstreckt sich, da $\lambda = 75^0$ ist, von $90^0 - 15^0$ bis $90^0 + 15^0$. Er liegt demnach symmetrisch zur Wagerechten.

Angezeigtes Gewicht	Fehler einer Waage mit gleichmäßiger Skale $\dfrac{r}{e} =$					
	2	1	0,5	0,2	0,1	0
g	g	g	g	g	g	g
0	0,0	0,0	0,0	0,0	0,0	0,0
100	− 8,5	− 7,3	− 6,0	− 4,7	− 4,1	− 3,4
200	− 15,0	− 12,4	− 9,7	− 7,1	− 5,9	− 4,5
300	− 19,7	− 15,8	− 11,6	− 7,8	− 6,0	− 3,9
400	− 22,6	− 17,5	− 12,4	− 7,3	− 5,0	− 2,2
500	− 23,5	− 17,6	− 11,7	− 6,0	− 3,3	0,0
600	− 22,5	− 16,4	− 10,2	− 4,0	− 1,2	+ 2,2
700	− 19,7	− 13,8	− 7,9	− 2,0	+ 0,6	+ 3,9
800	− 15,1	− 10,3	− 5,4	− 0,4	+ 1,8	+ 4,5
900	− 8,5	− 5,5	− 2,6	+ 0,4	+ 1,7	+ 3,4
1000	0,0	0,0	0,0	0,0	0,0	0,0

In Abb. 52 sind diese sechs Fehlertafeln in Kurven dargestellt. Sie zeigen, wie bei fortgesetzter Verkleinerung von $\dfrac{r}{e}$ ihre Form allmählich

in die der Grenzform übergeht. Wie aus der Grenzkurve zu ersehen ist,
würde eine Neigungswaage mit Lastschneide bei gleichmäßiger Skale die
Hälfte der Höchstlast richtig anzeigen. Darunter würde sie zu wenig und
darüber zu viel anzeigen.

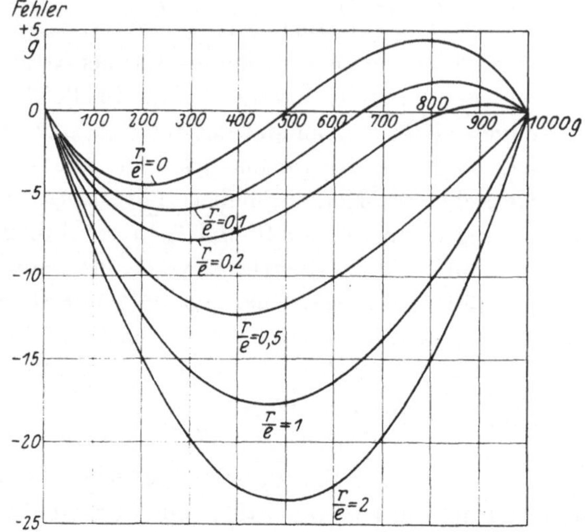

Abb. 52. Fehlerkurven für $\lambda = 75^0$. Neigungsbereich symmetrisch von 75—105^0.

100. Zusammengesetzte Neigungswaagen mit Kurvenscheibe und Metallband.

a) Voraussetzungen.

Für die nachfolgende Behandlung der zusammengesetzten Neigungswaage mit kreisförmiger Kurvenscheibe am Neigungshebel erinnern wir
an die Voraussetzungen, die wir allgemein für zusammengesetzte Neigungswaagen gemacht haben. Es sollten sich die Lasthebel, sowie auch
ihre Belastung in jeder Lage der Waage im indifferenten Gleichgewicht
befinden. Ferner sollte in der Nullage der Waage die Zugstange lotrecht
gerichtet sein, so daß in dieser Lage sämtliche Kräfte, auch die Übertragungskräfte, lotrecht gerichtet sind. Die erste Bedingung ist allgemein
erfüllt, wenn in jeder Lage die Winkelsummen $\gamma + \beta = \gamma + \lambda = 180^0$ sind.
Wenn die Kräfte sämtlich lotrecht gerichtet sind, so ist die Bedingung
erfüllt, wenn sowohl die drei Schneiden, sowie auch der Schwerpunkt des
Balkens in derselben Ebene liegen, und zwar ist in diesem Fall die Bedingung für den ganzen Wägebereich erfüllt, da die geringe Abweichung
der Zugstange von der Lotrechten hierbei von keiner Bedeutung ist.

Trifft diese Bedingung bei einer zusammengesetzten Waage mit Oberschale zu, so ist die Wirksamkeit der Waage genau die gleiche, wie die
einer Zweihebelwaage mit hängender Lastschale. Wir können daher die
Theorie auf diese Waage beschränken.

b) Gleichgewicht.

Da wir bei den Waagen mit Kurvenscheibe als Neigungsgewicht das Gewicht des Neigungshebels mit Zubehör ohne Lastschale ansehen, so können wir die Gleichung (37) der gewöhnlichen Zweihebelwaage benutzen, um aus ihr die der gleichen Waage mit Neigungsgewicht abzuleiten.

Um die gewöhnliche Zweihebelwaage in eine Neigungswaage umzuwandeln, brauchen wir nur die Gewichtsschale wegzulassen und den Balken B_1 durch einen Neigungshebel mit zugehöriger Skale zu ersetzen. In der Gleichung braucht man also nur das $G_0 + G$ enthaltende Glied $= 0$ und das B_1 enthaltende in der für Neigungswaagen gewählten Bezeichnung $= G'g' \sin \gamma' \cdot g_1 \sin \gamma_1$ und an die Stelle des Gliedes mit dem Gewicht zu setzen, da der Balken nun stets im Sinne des Gewichtes wirkt. Man erhält daher die Gleichung

$$(L_0 + L)\, l \sin \lambda \cdot l_1 \sin \lambda_1 + B_1 b_1 \sin \beta_1 \cdot l \sin \lambda = G'g' \sin \gamma' \cdot g_1 \sin \gamma_1$$

oder, wenn man die Gleichung durch $l \sin \lambda \cdot l_1 \sin \lambda_1$ dividiert und beachtet, daß $\beta_1 = \lambda_1$ ist.

$$L + L_0 + \frac{B_1 b_1}{l_1} = G' \frac{g' g_1}{l l_1} \frac{\sin \gamma' \cdot \sin \gamma_1}{\sin \lambda \cdot \sin \lambda_1}.$$

Um auf die Neigungswaage mit Kurvenscheibe überzugehen, müssen wir hierin den Hebelarm $l \sin \lambda$ durch $r + e \sin \lambda$ ersetzen. Dividiert man zugleich Zähler und Nenner auf der rechten Seite durch e, so ergibt sich

$$L + L_0 + \frac{B_1 b_1}{l_1} = G' \frac{g' g_1}{e l_1} \frac{\sin \gamma' \cdot \sin \gamma_1}{\left(\dfrac{r}{e} + \sin \lambda \right) \sin \lambda_1}. \tag{220}$$

Aus dieser für die Nullage der Waage geltenden Gleichung ergibt sich die Bedingungsgleichung für die Lage $+\varphi$ der Waage, wenn man unter Berücksichtigung der Richtungsänderung des Zugbandes zu den Kraftwinkeln die entsprechenden Änderungen hinzufügt, nämlich

$$L + L_0 + B_1 \frac{b_1}{l_1} = G' \frac{g' g_1}{e l_1} \frac{\sin (\gamma' - \varphi) \sin (\gamma_1 - \psi - \varDelta'\varphi)}{\left[\dfrac{r}{e} + \sin (\lambda + \varphi - \varDelta'\varphi) \right] \sin (\lambda_1 + \psi)}. \tag{221}$$

Löst man die $\varDelta'\varphi$ enthaltenden Sinusfunktionen auf in Funktionen von $\varDelta'\varphi$ und des übrigen Teiles und beachtet, daß man $\sin \varDelta'\varphi = \varDelta'\varphi$ und $\cos \varDelta'\varphi = 1$ setzen kann, so ergibt sich

$$L + L_0 + B_1 \frac{b_1}{l_1} = G' \frac{g' g_1}{e l_1} \frac{\sin (\gamma' - \varphi) \left[\sin (\gamma_1 - \psi) - \varDelta'\varphi \cos (\gamma_1 - \psi) \right]}{\sin (\lambda_1 + \psi) \left[\dfrac{r}{e} + \sin (\lambda + \varphi) - \varDelta'\varphi \cos (\lambda + \varphi) \right]}.$$

Dividiert man den im Zähler in der eckigen Klammer stehenden Ausdruck durch $\sin (\gamma_1 - \psi)$, ferner die in der eckigen Klammer im Nenner stehenden beiden letzten Glieder durch $\sin (\lambda + \varphi)$, setzt vor die gewonnenen Ausdrücke $\sin (\gamma_1 - \psi)$. bzw. $\sin (\lambda + \varphi)$ als Faktoren und beachtet, daß, da $\sin(\gamma_1 - \psi) = \sin(\lambda_1 + \psi)$ ist, beide Ausdrücke sich gegeneinander wegheben, so ergibt sich schließlich

$$L + L_0 + B_1 \frac{b_1}{l_1} = G' \frac{g' g_1}{e l_1} \cdot \frac{\sin(\gamma' - \varphi)[1 - \Delta'\varphi \, \text{ctg}(\gamma_1 - \psi)]}{\frac{r}{\varrho} \cdot \sin(\lambda + \varphi)[1 - \Delta'\varphi \, \text{ctg}(\lambda + \varphi)]} \qquad (222)$$

Bringt man den konstanten Teil der linken Seite der Gleichung auf die rechte Seite, führt statt des Kraftwinkels γ' den Winkel φ_0 ein, den der Gewichtsarm g' des Neigungshebels in der Nullage der Waage mit der Lotrechten und statt des Kraftwinkels γ_1 den Winkel ψ_0, den der Gewichtsarm des Lasthebels in derselben Lage mit der Wagerechten bildet, so ergibt sich, da $\gamma' = 180^0 - \varphi_0$, also

$$\sin(\gamma' - \varphi) = \sin[180^0 - (\varphi_0 + \varphi)] = \sin(\varphi_0 + \varphi)$$

und gemäß der zweiten Voraussetzung $\gamma_1 = 90^0 + \psi_0$, also

$$\text{ctg}(\gamma_1 - \psi) = \text{ctg}[90^0 + (\psi_0 - \psi)] = - \text{tg}(\psi_0 - \psi)$$

ist, die Gleichung

$$L = G' \frac{g' g_1}{e l_1} \cdot \frac{\sin(\varphi_0 + \varphi)[1 + \Delta'\varphi \, \text{tg}(\psi_0 - \psi)]}{\frac{r}{\varrho} \cdot \sin(\lambda + \varphi)[1 - \Delta'\varphi \, \text{ctg}(\lambda + \varphi)]} - \left(L_0 + B_1 \frac{b_1}{l_1}\right) \cdot \qquad (223)$$

Da zur Erzielung einer gleichmäßigen Skala, wie oben gezeigt wurde, der Wert $\lambda = 90^0$ der günstigste ist, so wollen wir nur diesen Sonderfall behandeln. Setzt man demgemäß in vorstehender Gleichung $\lambda = 90^0$, so wird $\sin(\lambda + \varphi) = \cos\varphi$ und $\text{ctg}(\lambda + \varphi) = - \text{tg}\varphi$ und die Gleichung nimmt folgende Form an:

$$L = G' \frac{g' g_1}{e l_1} \cdot \frac{\sin(\varphi_0 + \varphi)[1 + \Delta'\varphi \, \text{tg}(\psi_0 - \psi)]}{\frac{r}{\varrho} \cdot \cos\varphi \, (1 + \Delta'\varphi \, \text{tg}\varphi)} - \left(L_0 + B_1 \frac{b_1}{l_1}\right) \cdot \qquad (224)$$

Die beiden letzten Gleichungen gehen in die entsprechenden der einfachen Neigungswaage über, wenn die Richtung der an der Lastschneide des Neigungshebels wirkenden Kraft innerhalb des Neigungsbereiches der Waage die gleiche bleibt, d. h. wenn $\Delta'\varphi = 0$ ist.

     c) **Verhältnis der Neigung des Lasthebels (ψ) zu der des Neigungshebels (φ).**

Das Verhältnis des **Drehungswinkels** ψ des **Lasthebels** zu dem des Neigungshebels ist bei den Waagen mit Kurvenscheibe ein anderes als bei Waagen mit Lastschneide am Neigungshebel. Während bei diesen die Entfernung der beiden Angriffspunkte der Zugstange, das ist der beiden Schneiden, die sie miteinander verbindet, konstant ist, nimmt die Länge des Zugbandes, unter dieser jetzt seine wirkliche Länge von der Gewichtsschneide des Lasthebels bis zur ersten Berührung des Bandes mit der Kurve verstanden, zu, je mehr die Waage sich neigt, weil das Band sich von der Kurve abwickelt. Bei einer Neigung des Neigungshebels um den Winkel φ wickelt es sich um die Strecke $r\varphi$ ab. Infolgedessen erfährt der Lasthebel eine zusätzliche Drehung, deren Winkel, da man bei der Kleinheit des Neigungsbereiches des Lasthebels die Sehne gleich dem Bogen setzen kann.

$$\psi_1 = \frac{r}{g_1} \varphi \qquad\qquad \text{ist.}$$

Der zweite Teil ψ_2 der Drehung des Lasthebels, der unter der Annahme $r = 0$ unmittelbar übertragen wird, ist für den Sonderfall symmetrischer Lage der Neigungsbereiche beider Hebel unter Nr. 95 b berechnet worden. Dabei hatte sich ergeben, daß man mit einer für den vorliegenden Zweck hinreichenden Genauigkeit $\psi_1 = \dfrac{l}{g_1} \varphi$ setzen konnte. Das gleiche gilt auch für unsymmetrische Neigungsbereiche der beiden Hebel.

Beachtet man, daß der größtmögliche Wert des Neigungsbereiches des Neigungshebels $\pm 30^0$ von der Symmetrielage aus beträgt, und setzt man die größte Abweichung des Lasthebels von seiner Symmetrielage auf $\pm 10^0$ fest, so bleibt die Richtungsänderung der Zugstange innerhalb der Grenze von $\pm 1.5^0$. Eine so geringe Drehung der Zugstange kann nun keine merkliche Verschiebung der beiden Endpunkte in lotrechter Richtung hervorbringen, da diese dem Kosinus des Drehungswinkels proportional ist. Man kann daher die Zugstange mit Bezug auf die Senkung ihrer beiden Endpunkte als lotrecht geführt ansehen.

Bei paralleler, im besonderen lotrechter Führung der Zugstange muß die durch eine Neigung der Waage um einen Winkel φ bewirkte Senkung des oberen Endpunktes gleich der des unteren sein. Man erhält daher die allgemeine Gleichung

$$e\left[\cos \lambda - \cos(\lambda + \varphi)\right] = g_1\left[\sin\psi_0 - \sin(\psi_0 - \psi)\right]. \qquad (225)$$

Hieraus ergibt sich für den Sonderfall $\lambda = 90^0$ die Gleichung

$$e \sin \varphi = g_1\left[\sin\psi_0 - \sin(\psi_0 - \psi)\right]. \qquad (226)$$

Nimmt man nun den ungünstigsten Fall an, daß die Neigungsbereiche beider Hebel unterhalb der Wagerechten liegen, ferner, daß $\varphi_m = 30^0$ und $\psi_0 = -7^0$ ist, nimmt man weiter das Verhältnis $\dfrac{e}{g_1} = 0{,}1$ an und setzt diese Werte in die vorstehende Gleichung ein, so wird

$$0{,}1 \cdot \sin 30^0 - \sin(-7^0) = -\sin(-7^0 - \psi)$$

oder

$$\sin(7^0 + \psi) = 0{,}1 \sin 30^0 + \sin 7^0 = 0{,}1719,$$

also $7^0 + \psi = 9^0\,54'$ und $\psi = 2^0\,54'$. Der Winkel φ ist demnach auch in diesem ungünstigsten Fall nahezu gleich dem zehnten Teil von 30^0, entsprechend dem Verhältnis $\dfrac{e}{g_1}$. Man kann daher mit Bezug auf den vorliegenden Zweck setzen

$$\psi_2 = \frac{e}{g_1} \varphi.$$

Der Gesamtdrehungswinkel des Lasthebels ist demnach

$$\psi = \psi_1 + \psi_2 = \frac{r + e}{g_1} \varphi. \qquad (227)$$

d) Richtungsänderung $\Delta'\varphi$ des Zugbandes.

Die Änderung $\Delta'\varphi$, die die **Richtung** des **Zugbandes** durch eine Neigung der Waage um den Winkel $+\varphi$ erfährt, rührt von den in wagerechter Richtung gemessenen **Verschiebungen** der beiden **Endpunkte des Zugbandes** her. Diese können je nach der Lage der beiden Hebel zueinander gleich oder entgegengesetzt gerichtet sein. Im ersten Fall kommt für die Richtungsänderung des Zugbandes die Differenz, im zweiten die Summe beider in Betracht. Befinden sich beide Hebel oberhalb oder beide unterhalb der durch ihre Stützschneiden gelegten wagerechten Ebenen, und sind sie so gelagert, wie in der Abb. 47 angegeben, das ist von dem Zugband aus nach entgegengesetzter Richtung, so erfolgen die Verschiebungen im entgegengesetzten Sinn und addieren sich. Befinden sich die Hebel an entgegengesetzten Seiten der wagerechten Ebenen, so subtrahieren sich die Verschiebungen der beiden Endpunkte des Zugbandes. Man hat es daher in der Hand, durch Verlängerung oder Verkürzung des Zugbandes die Hebel in eine solche gegenseitige Lage zu bringen, daß das Zugband in der Anfangs- und Endstellung der Waage parallel gerichtet ist, und kann von vornherein die Hebel so lagern, daß diese Richtung die lotrechte wird. In den Zwischenstellungen ändert sich zwar die Richtung des Zugbandes. Diese Änderungen sind aber so gering, daß sich die Waage fast wie eine einfache verhält.

Bei Berechnung der Richtungsänderung des Zugbandes sind nicht, wie bisher kurz gesagt, die beiden Enden des Zugbandes, d. h. unten die Gewichtsschneide des Lasthebels und oben die Stelle, an der das Zugband auf die Kreiskurve übergeht, also nicht die beiden Angriffspunkte des Zugbandes maßgebend, sondern die Endpunkte der beiden Hebelarme, d. h. die Fußpunkte der von den Stützschneiden auf das Zugband gefällten Senkrechten. Auch ist als Länge z des Zugbandes die Entfernung dieser beiden Punkte anzusehen, soweit es sich um Aufstellung einer Formel für $\Delta'\varphi$ handelt.

Die Richtung des Zugbandes wird nun nicht nur durch die Drehung der beiden Hebel, sondern auch durch die hierdurch verursachte Richtungsänderung des Bandes selbst beeinflußt, weil sich hierbei die Fußpunkte der beiden Senkrechten auf dem Bande verschieben. Die hierdurch bewirkte wagerechte Verschiebung der beiden Fußpunkte ist aber, wie unmittelbar einleuchtet, so gering, daß sie nicht in Betracht kommt. Bezüglich der Berechnung von $\Delta'\varphi$, sowie auch der Bestimmung des Verhältnisses der beiden Drehungswinkel φ und ψ können wir daher das Zugband als lotrecht geführt ansehen. Die wagerechten Verschiebungen der beiden Fußpunkte in zwei verschiedenen Stellungen der Waage sind daher unmittelbar gleich der Differenz der den beiden Stellungen entsprechenden Hebelarme.

Die wagerechte Verschiebung des oberen Fußpunktes ist demnach bei einer Neigung der Waage um den Winkel $+\varphi$

$$= r + e\sin(\lambda + \varphi) - (r + e\sin\lambda)$$

oder

$$= e\left[\sin(\lambda + \varphi) - \sin\lambda\right].$$

Der Radius r der Kreiskurve hat demnach keinen Einfluß auf die Richtung des Zugbandes, was sich dadurch erklärt, daß r stets wagerecht gerichtet und unveränderlich ist. Als positiv wird die Verschiebung angesehen, wenn sie von der Stützschneide aus nach der Seite der Lastschneide hin, also im Sinn einer Vergrößerung des Hebelarmes erfolgt, das ist in der Abb. 47 nach rechts hin.

Bei Bestimmung der Verschiebung des unteren Fußpunktes müssen wir dieselbe Richtung als positiv annehmen, das ist die Richtung im Sinne einer Verkleinerung des Hebelarmes. Die Verschiebung ist daher

$$= g_1\left[\sin\gamma_1 - \sin(\gamma_1 - \psi)\right].$$

Dividiert man die Differenz beider Verschiebungen durch die hier in Betracht kommende Länge z des Zugbandes, das ist die Entfernung der beiden Fußpunkte oder, was dasselbe ist, der Höhenunterschied der beiden Stützschneiden, so erhält man den Winkel $\varDelta'\varphi$

$$\varDelta'\varphi = \frac{e\left[\sin(\lambda + \varphi) - \sin\lambda\right] - g_1\left[\sin\gamma_1 - \sin(\gamma_1 - \psi)\right]}{z}. \tag{228}$$

Führt man hier mit Hilfe der Gleichung $\gamma_1 = 90^0 + \psi_0$, die unter der Voraussetzung gilt, daß das Zugband in der Anfangslage lotrecht gerichtet ist, den Winkel ψ_0 ein, den der Lasthebel in der Anfangslage mit der Wagerechten bildet und setzt für den von uns zu betrachtenden Sonderfall $\lambda = 90^0$, so ergibt sich nach Umstellung der beiden Glieder in den beiden Klammern und der beiden Hauptglieder selbst

$$\varDelta'\varphi = \frac{g_1\left[\cos(\psi_0 - \psi) - \cos\psi_0\right] - e\left(1 - \cos\varphi\right)}{z}. \tag{229}$$

In der nachfolgenden Tabelle sind die Ablenkungswinkel $\varDelta'\varphi$ des Zugbandes für einen Neigungsbereich von 30^0 von 3 zu 3^0 berechnet, und zwar für drei verschiedene Werte von ψ_0. Dabei ist $g_1 = z = 10\,e = 10\,r$ angenommen. Nach Formel (227) ist daher $\psi = 0{,}2\,\varphi$. Die Werte von ψ_0 stimmen mit den in der nächsten Nummer zur Berechnung von drei Skalen benutzten überein.

Wie aus der ersten Tabelle zu ersehen, ist das Zugband unter Voraussetzung der oben angegebenen Werte in der Anfangs- und Endstellung gleichgerichtet, wenn die Anfangslage des Lasthebels $\psi_0 = +10^0\,21'$ ist, d. h. wenn der Lasthebel in dieser Lage, von der Stützschneide aus betrachtet, um diesen Winkel gegen die Wagerechte ansteigt. In diesem Fall ist das Zugband nahezu lotrecht geführt.

Neigung des Neigungs-hebels q	Ablenkungswinkel des Zugbandes in					
	Bogenmaß	Minuten	Bogenmaß	Minuten	Bogenmaß	Grad Min.
	$\psi_0 = +10^0\,21'$		$\psi_0 = +3^0$		$\psi_0 = -4^0$	
0^0	0	$0'$	0	$0'$	0	$0'$
3^0	$+0{,}0017$	$+6$	$+0{,}0004$	$+1$	$-0{,}0009$	$-3'$
6^0	$+0{,}0030$	$+10$	$+0{,}0004$	$+1$	$-0{,}0022$	$-8'$
9^0	$+0{,}0039$	$+13$	$-0{,}0001$	0	$-0{,}0040$	$-14'$
12^0	$+0{,}0045$	$+15$	$-0{,}0009$	-3	$-0{,}0060$	$-21'$
15^0	$+0{,}0047$	$+16$	$-0{,}0020$	-7	$-0{,}0085$	$-29'$
18^0	$+0{,}0045$	$+15$	$-0{,}0036$	-12	$-0{,}0113$	$-39'$
21^0	$+0{,}0040$	$+14$	$-0{,}0054$	-19	$-0{,}0144$	$-50'$
24^0	$+0{,}0029$	$+10$	$-0{,}0078$	-27	$-0{,}0181$	$-1^0\,2'$
27^0	$+0{,}0017$	$+6$	$-0{,}0104$	-38	$-0{,}0219$	$-1^0\,15'$
30^0	$0{,}0000$	$0'$	$-0{,}0134$	-46	$-0{,}0262$	$-1^0\,30'$

e) Einfluß der Anfangsstellung des Lasthebels auf die Einteilung der Skale. Berechnung von Skalen.

Um an einem Beispiel zu zeigen, wie durch eine Verlängerung oder Verkürzung des Zugbandes, also durch eine Änderung der Anfangslage ψ_0 des Lasthebels die Fehler einer Waage mit gleichmäßiger Skala verändert werden, wollen wir drei Skalen für drei verschiedene Werte von ψ_0 berechnen, und zwar für die bereits in voriger Nummer benutzten Werte $+10^0\,21'$, $+3^0$ und -4^0. Wir wählen hierzu die zur Erzielung einer gleichmäßigen Skala günstigste Kombination $\lambda = 90^0$ und $\dfrac{r}{e} = 1$, nehmen die Höchstlast zu 1000 g und den Ausdruck $L_0 + B_1 \dfrac{b_1}{l_1} = 500$ g an, wie bei der betreffenden einfachen Waage in Nr. 99. Die Konstanten der Gleichung (229), die zur Berechnung der Winkel $\Delta'\varphi$ notwendig sind, seien $g_1 = z = 10\,e = 10\,r$. Den Ausdruck $G' \dfrac{g'g_1}{e\,l_1}$ und den Winkel φ_0 berechnen wir in derselben Weise wie in Nr. 99 aus den beiden Gleichungen für die vollbelastete und für die unbelastete Waage.

Setzt man in Gleichung (224) zur Abkürzung

$$G' \frac{g'g_1}{e\,l_1} = G'_0 \quad \text{und} \quad L_0 + B_1 \frac{b_1}{l_1} = L'_0,$$

bringt $G'_0 \sin(\varphi_0 + \varphi)$. bzw. $G'_0 \sin\varphi_0$ auf die eine Seite, alles übrige auf die andere Seite. so lauten die beiden Gleichungen

$$G'_0 \sin(\varphi_0 + \varphi_m) = (L'_0 + L_m) \cdot \frac{\dfrac{r}{e} + \cos\varphi_m\,(1 + \Delta'\varphi_m\,\mathrm{tg}\,\varphi_m)}{1 + \Delta'\varphi_m \cdot \mathrm{tg}\,(\psi_0 - \varphi_m)}$$

und

$$G'_0 \sin\varphi_0 = L'_0\left(\frac{r}{e} + 1\right).$$

Löst man die Funktion $\sin(\varphi_0 + \varphi_m)$ auf, dividiert die obere Gleichung durch die untere, bringt in der neuen Gleichung $\cos\varphi_m$ auf die rechte Seite und dividiert die Gleichung durch $\sin\varphi_m$, so ergibt sich

$$\operatorname{ctg}\varphi_0 = \frac{L_0' + L_{m}}{L_0'} \cdot \frac{\dfrac{r}{e}\cos\varphi_m (1 + \varDelta'\varphi_m \cdot \operatorname{tg}\varphi_m)}{\left(\dfrac{e}{r}+1\right)\sin\varphi_m \left[1 + \varDelta'\varphi_m \operatorname{tg}(\psi_0 - \psi_m)\right]} - \operatorname{ctg}\varphi_m. \qquad (230)$$

Hieraus erhält man φ_0 und weiter aus der vorletzten Gleichung

$$G_0'' = L_0' \frac{\dfrac{r}{e}+1}{\sin\varphi_0}. \qquad (231)$$

Damit sind sämtliche Konstanten der Gleichung (224) bekannt, und die Skalen lassen sich unter Hinzuziehung der Formel (229) berechnen. In der folgenden Zusammenstellung sind die Fehler der entsprechenden Einhebelwaage aus Nr. 99 zum Vergleich mit angeführt.

In Abb. 53 sind diese Tafeln in Kurven dargestellt. Die der Einhebelwaage ist durch Strichelung hervorgehoben. Wie aus der Tabelle und den Kurven ersichtlich ist, stimmt die Skale der Zweihebelwaage bei einer Anfangsstellung des Lasthebels

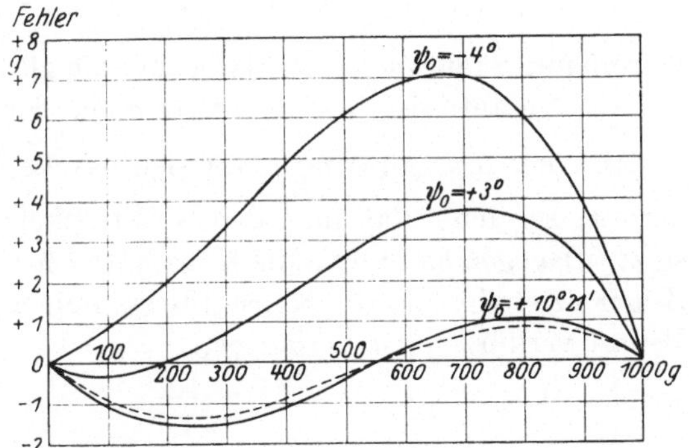

Abb. 53. Fehlerkurven für verschiedene Anfangsstellungen (ψ_0) des Lasthebels. $\lambda = 90^0$. Neigungsbereich von 90—120°.

von $10^0 21'$ nahezu mit derjenigen der Einhebelwaage überein, was auch zu erwarten war, da bei dieser Lage des Lasthebels das Zugband nahezu lotrecht geführt wird. Durch die Verlegung des Neigungsbereiches des Lasthebels unter die Wagerechte ändern sich die Fehler stark im positiven Sinn. Durch Verlängerung des Zugbandes, also Neigung des Lasthebels nach unten, kann man daher die Fehler der Waage im positiven, durch Verkürzung im negativen Sinn ändern, immer vorausgesetzt, daß die Waage bei Null und der Höchstlast richtig eingestellt ist. Denn für diese Voraussetzung gelten die in den verschiedenen Tabellen berechneten Fehler.

Durch Variieren der Konstanten λ, $\dfrac{r}{e}$ und ψ_0 bieten sich viele Möglichkeiten, zu einer gleichmäßigen Skale zu gelangen. So dürfte z. B. die Kombination $\lambda = 85^0$, $\dfrac{r}{e} = 1$ und $\psi_0 = -4^0$ eine günstige sein, da die

Angezeigtes Gewicht	Fehler der Zweihebelwaage			Fehler der Einhebelwaage bei gleichen Verhältnissen
g	g	g	g	g
	$\psi_0 = + 10^0 21'$	$\psi_0 = + 3^0$	$\psi_0 = - 4^0$	
0	0,0	0,0	0,0	0,0
100	− 1,1	− 0,3	+ 0,8	− 0,9
200	− 1,5	0,0	+ 2,0	− 1,3
300	− 1,5	+ 0,7	+ 3,3	− 1,1
400	− 1,0	+ 1,6	+ 4,8	− 0,8
500	− 0,4	+ 2,6	+ 6,1	− 0,3
600	+ 0,3	+ 3,4	+ 6,9	+ 0,2
700	+ 0,9	+ 3,7	+ 7,1	+ 0,7
800	+ 1,0	+ 3,5	+ 5,9	+ 0,9
900	+ 1,0	+ 2,4	+ 3,8	+ 0,7
1000	0,0	0,0	0,0	0,0

betreffende Skale in Nr. 99 fast genau die gleiche, aber entgegengesetzte Fehlerfolge aufweist, wie die dritte Skale der vorstehenden Tabelle.

An einer fertigen Waage läßt sich das Verhältnis $\dfrac{r}{e}$ nicht mehr ändern, es sei denn, daß man den Neigungshebel durch einen anderen ersetzt. Dagegen kann man die Konstante λ leicht ändern, indem man den Zeiger verstellt, und die Konstante ψ_0, indem man das Zugband je nach Bedarf verkürzt oder verlängert.

Sachverzeichnis.

Elementare Einheiten und ihre Messung. Bearbeitet von A. Berroth, C. Cranz, H. Ebert, W. Felgentraeger, F. Göpel, F. Henning, W. Jaeger, V. v. Niesiolowski-Gawin, K. Scheel, W. Schmundt, J. Wallot. Redigiert von Karl Scheel. Band II des „Handbuch der Physik". Herausgegeben von H. Geiger und Karl Scheel. Mit 297 Abbildungen. VIII, 522 Seiten. 1926.   RM 39.60; gebunden RM 42.—

Grundlagen der Mechanik. Mechanik der Punkte und starren Körper. Bearbeitet von H. Alt, C. B. Biezeno, E. Fues, R. Grammel, O. Halpern, G. Hamel, L. Nordheim, Th. Pöschl, M. Winkelmann. Redigiert von R. Grammel. Band V des „Handbuch der Physik". Herausgegeben von H. Geiger und Karl Scheel. Mit 256 Abbildungen. XIV, 623 Seiten. 1927.   RM 51.60; gebunden RM 54.—

Grundlagen und Geräte technischer Längenmessungen. Von Professor Dr. G. Berndt und Dr. H. Schulz, Charlottenburg. Mit 218 Textfiguren. VI, 216 Seiten. 1921.   RM 7.35; gebunden RM 9.—

Technische Winkelmessungen. Von Professor Dr. G. Berndt. (Werkstattbücher, Heft 18.) Mit 121 Textfiguren und 33 Zahlentafeln. 75 Seiten. 1925.   RM 1.80

Beiträge zur technischen Mechanik und technischen Physik. August Föppl zum siebzigsten Geburtstag am 25. Januar 1924 gewidmet von seinen Schülern W. Bäseler, G. Bauer, L. Dreyfus, R. Düll, L. Föppl, O. Föppl, J. Geiger, H. Hencky, K. Huber, Th. v. Kármán, O. Mader, L. Prandtl, C. Prinz, J. Schenk, W. Schlink, E. Schmidt, M. Schuler, F. Schwerd, D. Thoma, H. Thoma, S. Timoschenko, C. Weber. Mit dem Bildnis August Föppls und 111 Abbildungen im Text. VIII, 208 Seiten. 1924.   RM 8.—

Autenrieth-Ensslin, Technische Mechanik. Ein Lehrbuch der Statik und Dynamik für Ingenieure. Neu bearbeitet von Dr.-Ing. Max Ensslin, Eßlingen. Dritte, verbesserte Auflage. Mit 295 Textabbildungen. XVI, 564 Seiten. 1922.   Gebunden RM 15.—

Lehrbuch der technischen Mechanik für Ingenieure und Studierende. Zum Gebrauche bei Vorlesungen an Technischen Hochschulen und zum Selbststudium. Von Prof. Dr.-Ing. Theodor Pöschl, Prag. Mit 206 Abbildungen. VI, 263 Seiten. 1923.   RM 6.—; gebunden RM 7.80

Tafeln zur harmonischen Analyse periodischer Kurven. Von Dr.-Ing. L. Zipperer. Mit 6 Zahlentafeln, 9 Abbildungen und 23 graphischen Berechnungstafeln. IV, 12 Seiten. 1922.
In Mappe RM 4.20; einzelne Grundtafeln je 10 Stück RM —.50

Lehrbuch der Physik in elementarer Darstellung. Von Dr.-Ing. e. h. Dr. phil. Arnold Berliner. Dritte Auflage. Mit 734 Abbildungen. X, 645 Seiten. 1924.   Gebunden RM 18.60

Wissenschaftliche Abhandlungen der Physikalisch-Technischen Reichsanstalt

Band I—III. Vergriffen.
Band IV. Heft 1. Mit 17 Textfiguren und 1 Lichtdrucktafel. 130 Seiten. 1904.
RM 8.—
Heft 2. Mit Textfiguren und 2 lithogr. Tafeln. 136 Seiten. 1905.
RM 8.—
Heft 3. Mit 77 Textabbildungen und 9 Tafeln. 1918. Vergriffen
Band V. Heft 1. Mit zahlreichen Textabbildungen. 266 Seiten. 1921. RM 15.—
Heft 2. Mit zahlreichen Textabbildungen u. 5 Tafeln. IV, 244 Seiten.
1922. RM 15.—
Band VI. Heft 1. Mit zahlreichen Textabbildungen und 3 Tafeln. 136 Seiten.
1923. RM 6.—
Heft 2. Mit zahlreichen Textabbildungen und 3 Tafeln. 156 Seiten.
1923. RM 6.50
Band VII. Heft 1. Mit zahlreichen Textabbildungen und 2 Tafeln. 276 Seiten.
1923. RM 20.80
Heft 2. Mit zahlreichen Textabbildungen. IV, 255 Seiten. 1924.
RM 22.40
Band VIII. Heft 1. 283 Seiten. 1924. RM 29.70
Heft 2. 167 Seiten. 1925. RM 18.—
Band IX. Heft 1. 186 Seiten. 1925. RM 24.—
Heft 2. IV, 54 Seiten. 1926. RM 6.
Band X. Heft 1. 258 Seiten. 1926. RM 24.—
Heft 2. 105 Seiten. 1927. RM 12.—

Inhaltsverzeichnis.

Über den photometrischen Anschluß der Wolfram-Vakuumlampe an die Kohlefadenlampe. Von W. Dziobek. — Die Feinstruktur von Xenon- und Kryptonlinien. Von E. Gehrcke und L. Janicki. — Die Emissionsrichtung sekundärer β-Strahlen. Von Hans Fränz. — Über den Einfluß geringer Zusätze von Alkali oder Erdalkali zu Quecksilber auf den normalen Kathodenfall. Von A. Güntherschulze. — Verfahren zur Messung der Wärmeleitzahl fester Stoffe in Plattenform. Von Max Jakob. — Über einige spezielle magnetische Meßmethoden. Von W. Steinhaus. — Die Bestimmung der Erwärmung bei kleinen Spulen. Von G. Reichardt. — Der Widerstand von Metallen und Metallkristallen bei der Temperatur des flüssigen Heliums. Von Walther Meißner. — Die deutsche Einheit der Röntgenstrahlendosis. Von Hermann Behnken und Robert Jaeger. — Über einen neuen Effekt der anomalen Glimmentladung und seine Beziehung zum Pseudohochvakuum. Von A. Güntherschulze. — Über die Beurteilung der Lagerschmierung nach elektrischen Messungen. Von H. Schering und R. Vieweg. — Tensions- und Widerstandsthermometer im Temperaturgebiet des verflüssigten Stickstoffs und Wasserstoffs. Von F. Henning.

Band XI. Heft 1. 336 Seiten. 1927. RM 27.—

Inhaltsverzeichnis.

Die Ventilwirkung des Silbers in wässerigen Lösungen von Kaliumsilbercyanid. Von A. Güntherschulze. — Objektive Messung der Lichtverteilung von Lampen. Von E. Spiller. — Lichtquanten und Interferenz. Von W. Bothe. — Ludwig Holborn †. Von F. Henning. — Der Gradient in der positiven Säule der Glimmentladung. I. Stickstoff, Wasserstoff, Neon. Von A. Güntherschulze. — Ein Versuch zur magnetischen Beeinflussung des Comptoneffekts. Von W. Bothe. — Gesetzmäßigkeiten im Funkenspektrum von Blei. Von H. Gieseler. — Die Quecksilbernormale der Physikalisch-Technischen Reichsanstalt für das Ohm (Fortsetzung V). Von H. v. Steinwehr und A. Schulze. — Die tägliche Periode der Höhenstrahlung. Von W. Kolhörster und G. v. Salis. — Der Gradient in der positiven Säule der Glimmentladung. II. Sauerstoff, Luft, Wasserdampf, Helium, Argon, Krypton, Xenon, Quecksilber. Von A. Güntherschulze. — Das Aspirationspsychrometer. II. Von H. Ebert. — Atomzertrümmerung durch α-Strahlen von Polonium. Von W. Bothe und H. Fränz. — Die Absolutbestimmung der Dosiseinheit „1 Röntgen" in der Physikalisch-Technischen Reichsanstalt. Von H. Behnken. — Normallampen für hohe Farbtemperaturen. Von W. Dziobek und M. Pirani. — Bemerkung zur Zerstreuung magnetischer Elektronen. Von W. Bothe. — Zähigkeitsmessungen und Untersuchung von Viskosimetern. Von S. Erk. — Untersuchungen an Metallkristallen. V. Elektrizitäts- und Wärmeleitung von ein- und vielkristallinen Metallen des regulären Systems. Von E. Grüneisen und E. Goens.